新世纪电子信息课程系列规划教材

数字系统设计综合实验教程

主　编　李桂林

副主编　张彩荣　刘丽君

刘天飞

东南大学出版社

·南京·

内容提要

本书内容包括绪论、实验内容、实验常见问题及解答、实验软件开发系统（Max＋plusII 和 QuartusⅡ）、实验硬件开发系统（Aquila-M250）使用介绍等。在实验内容安排上，按照实验的难易度及不同的训练目标，将其分成基础实验、综合设计实验、课程设计实验三个层次，共 27 个实验，内容由易到难，由浅入深。每部分内容都按实验目的、实验原理、实验内容及步骤、设计示例、实验报告要求、实验思考题的顺序编撰。在前两类实验的设计示例里，提供详细的参考设计原理图、Verilog HDL 程序及仿真波形图；在课程设计实验里提供设计思路和原理图，以培养学生的独立思考能力和充分发挥学生的创造性。实验常见问题及解答是基于软件 Max＋plusII 和 QuartusII 以及硬件编程语言 Verilog HDL、实验箱的使用而总结归纳出来的。

书中的实验是编者经过反复的实验及实践积累提炼而成，可作为高等学校电类与非电类学生的实验教材，也可作为广大电子设计爱好者及工程技术人员的参考资料。

图书在版编目（CIP）数据

数字系统设计综合实验教程/李桂林主编. —南京：东南大学出版社，2011.3（2013.7 重印）
新世纪电子信息课程系列规划教材
ISBN 978－7－5641－2655－1

Ⅰ.①数… Ⅱ.①李… Ⅲ.①数字系统－系统设计—实验－高等学校—教材 Ⅳ.①TP271－33

中国版本图书馆 CIP 数据核字(2011)第 023214 号

数字系统设计综合实验教程

出版发行 东南大学出版社
出 版 人 江建中
社　　址 南京市四牌楼 2 号
邮　　编 210096

经　　销 全国各地新华书店
印　　刷 南京京新印刷厂
开　　本 787 mm×1092 mm 1/16
印　　张 10.75
字　　数 268 千字
书　　号 ISBN 978－7－5641－2655－1
印　　次 2013 年 7 月第 2 次印刷
版　　次 2011 年 3 月第 1 版
定　　价 24.00 元

（凡有印装质量问题，请与我社读者服务部联系。电话：025—83792328）

前　言

《数字系统设计》是电类的专业基础课，大规模可编程逻辑器件FPGA/CPLD和EDA技术的迅猛发展及广泛应用，对《数字系统设计》课程的教学也提出了更高的要求。

《数字系统设计》是一门实践性很强的课程，实验在其教学内容中占据非常重要的地位。我们编写本书的目的是既让学生学习数字系统基本理论又培养其利用软件开发硬件的基本技能，帮助学生在实践中进一步理解书本知识，提高分析问题、解决问题以及实践应用的能力，从而为学习其他专业课程以及参加全国电子设计大赛、全国机器人大赛，为论文设计以及从事电子产品研发等相关工作打下必要的基础。

本书包括绪论、基础实验、综合设计实验、课程设计实验、实验常见问题及解答、实验软件开发系统、实验硬件开发系统7个部分。其中，基础实验、综合设计实验、课程设计实验共27个，它们由易到难，由浅入深，构成了3个不同层次的实验体系，呈现了实验的难易度及不同的训练目标。本教材的每个实验都按实验目的、实验原理、实验内容及步骤、设计示例、实验报告要求、实验思考题的顺序进行编撰。在基础实验和综合设计实验的设计示例里，提供详细的参考设计原理图、Verilog HDL程序及仿真验证波形图；在课程设计实验里提供设计思路和原理图，以培养学生的独立思考能力，充分发挥学生的创造性。实验常见问题及解答是基于软件Max＋plusII、QuartusII和硬件编程语言Verilog HDL以及实验箱的使用而总结归纳出来的。实验软件系统详细地介绍了目前流行的两种开发软件Max＋plusII和QuartusII，以具体的例子介绍了入门设计及设计提高。实验硬件系统介绍了目前较为流行的Aquila-M250型FPGA实验箱和FPGA10K开发箱。

本书由李桂林主编。第1～第4章由李桂林、刘丽君编写，第5章、第7.2节由刘天飞编写，第6章、第7.1节由张彩荣编写。

由于编者水平有限，错漏之处在所难免，恳请广大读者指正。

编　者
2011年1月

目　录

1 绪 论

1.1 引言

计算机技术和微电子工艺的发展使得现代数字系统的设计和应用进入了新的阶段。传统的设计方法已逐步被基于 EDA 技术的芯片设计技术取代。

对大部分学过数字电路设计的人而言，他们的学习过程大都是从基本的组合逻辑开始，再顺序逻辑、简单的模块设计、至复杂完整的系统设计。传统的实验方式，每做一个实验就必须重组一个硬件线路，特别是复杂的线路，相当耗时且不易进行。大规模可编程器件：复杂可编程逻辑器件 CPLD(Complex Programmable Logic Device)和现场可编程门阵列 FPGA(Field Programmable Gate Array)的出现和广泛使用，改进了以往数字电路的学习方式，并且缩短了开发大型数字电路的时间。FPGA/CPLD 具有性能好、可靠性高、容量大、体积小、微功耗、速度快、使用灵活、设计周期短、开发成本低、静态可重复编程、动态在系统重构、硬件功能可以像软件一样通过编程来修改，极大地提高了电子系统设计的灵活性和通用性。利用它，以个人计算机(PC)为平台、借助 EDA 软件，可以达到电路设计输入、仿真、下载验证、修改、编程下载一气呵成，不仅让数字电路的学习效率变得更高，而且让自行设计开发逻辑芯片的梦想得以实现。

在现代数字系统设计中，使用硬件描述语言进行电路设计已成为一个显著的特征，目前使用最广泛的是 Verilog HDL 语言和 VHDL 语言。Verilog HDL 提供了非常精炼和易读的语法，其功能强大，许多大规模的电路设计都是用 Verilog HDL 来完成的。

目前，学会数字系统设计技术，使用大规模、超大规模可编程逻辑器件，掌握现代 EDA、硬件描述语言已成为从事电子设计人员必须具备的基本能力。

1.2 EDA 技术简介

电子设计自动化(Electronic Design Automation, EDA)技术是以大规模可编程逻辑器件为设计载体，以硬件描述语言为系统逻辑描述的主要表达方式，以计算机、大规模可编程逻辑器件的开发软件及实验开发系统为设计工具，通过有关的开发软件，自动完成用软件的方法设计从电子系统到硬件系统的逻辑编译、逻辑化简、逻辑分割、逻辑综合及优化、逻辑布局布线、逻辑仿真，直至对特定目标芯片的适配编译、逻辑映射、编程下载等工作，最终形成集成电子系统或专用集成芯片的一门新技术。

EDA 技术伴随着计算机、集成电路、电子设计的发展经历了计算机辅助设计(Computer Aided Design, CAD)、计算机辅助工程(Computer Aided Engineering, CAE)、EDA 三个发展阶段。现代 EDA 技术涉及面广，内容丰富，从教学和实用的角度看，主要包括：大规模可编程逻辑器件、硬件描述语言、软件开发工具、实验开发系统四个方面。其中，大规模可编程逻辑器件是利用 EDA 技术进行电子系统设计的载体；硬件描述语言是利用 EDA 技术进行电子系统设计的主要表达手段；软件开发工具是利用 EDA 技术进行电子设计的智能化、自动化设计工具；实验开发系统是利用 EDA 技术进行电子系统设计的下载工具及硬件验证工具。

利用 EDA 技术进行数字系统设计，具有以下特点：

(1) 全自动化：用软件方式设计的系统到硬件系统的转换，是由有关的开发软件自动完成的。

(2) 开放性和标准化：现代 EDA 工具普遍采用标准化和开放性框架结构，任何一个 EDA 系统只要建立了一个符合标准的开放式框架结构，就可以接纳其他厂商的 EDA 工具一起进行设计工作。这样就可以实现各种 EDA 工具间的优化组合，并集成在一个易于管理的统一环境之下，实现资源共享。

(3) 操作智能化：可以使设计人员不必深入学习许多的专业知识，还可以免除许多推导运算即可获得优化的设计成果。

(4) 执行并行化：由于多种工具采用了统一的数据库，使得一个软件的执行结果马上可被另一个软件使用，使得原来要串行的设计步骤变成了并行过程，因此也称为“同时工程(Concurrent Engineering)”。

(5) 成果规范化：采用硬件描述语言可以支持从数字系统到门级的多层次的硬件描述。

1.3 数字系统设计综述

1.3.1 数字系统的基本概念

数字系统是指对数字信息进行存储、传输、处理的电子系统，其输入和输出都是数字量。数字系统通常可分为输入/输出接口、数据处理器、控制器三个部分。图 1.3.1 所示为简单的数字系统结构框图。

其中，输入/输出接口是完成将物理量转化为数字量或将数字量转化为物理量的功能部件。

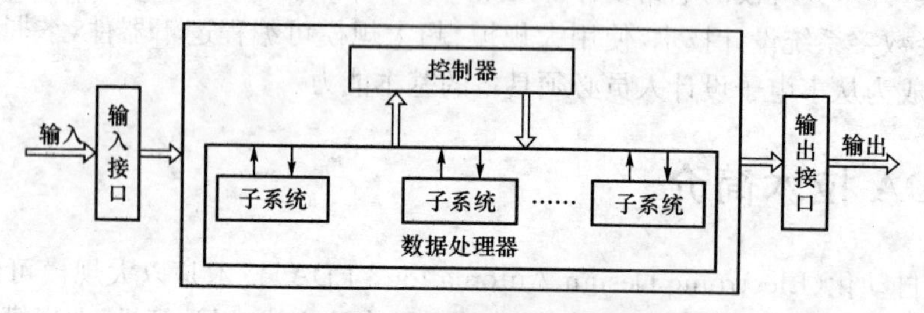

图 1.3.1　数字系统结构框图

数据处理器用于完成数据的采集、存储、运算和传输。数据处理子系统主要由存储器、运算器、数据选择器等功能电路组成。数据处理器与外界进行数据交换，在控制器发出的控制信号的作用下，数据处理器将进行数据的存储和运算等操作。

控制器是执行数字系统算法的核心，具有记忆功能，因此控制器为时序系统。控制器的输入信号是外部控制信号和由数据处理器送来的条件信号，按照数字系统设计方案要求的算法流程，在时钟信号的控制下进行状态的转换，同时产生与状态和条件信号相对应的输出信号。

1.3.2 数字系统的设计方法

EDA 技术的出现使数字系统的设计方法发生了根本的改变。在 EDA 设计中往往采用层次化设计方法，分模块、分层次地进行设计描述。描述系统总功能的设计为顶层设计，描述系统中较小单元的设计为底层设计。整个设计过程可理解为从硬件的顶层抽象描述向底层结构描述的一系列转换过程,直到最后得到可实现的硬件单元描述为止。层次化设计方法比较灵活,既可采用自顶向下(Top-Down)设计也可采用自底向上(Buttom-Up)设计。

1) 自底向上(Buttom-Up)设计方法

Buttom-Up 设计方法的中心思想是:首先根据对整个系统的测试与分析,由各个功能模块连成一个完整的系统,由逻辑单元组成各个独立的功能模块,由基本门构成各个组合与时序逻辑单元。

Buttom-Up 设计方法有以下几个特点:

(1) 从底层逻辑库中直接调用逻辑门单元;

(2) 符合硬件工程师传统的设计习惯;

(3) 在进行底层设计时缺乏对整个电子系统总体性能的把握;

(4) 在整个系统完成后,要进行修改较为困难,设计周期较长;

(5) 随着设计规模与系统复杂度的提高,这种方法的缺点更为突出。

传统的数字系统的设计方法一般都是自底向上的,即首先确定构成系统的最底层的电路模块元件的结构和功能,然后根据主系统的功能要求,将它们组成更大的功能模块,使它们的结构和功能满足高层系统的要求,依此类推,直至完成整个目标系统的 EDA 设计。

2) 自顶向下(Top-Down)设计方法

Top-Down 设计方法的中心思想是:系统层是一个包含输入和输出的顶层模块,并用系统级行为描述加以表达,同时完成整个系统的模块和性能分析;整个系统进一步由各个功能模块组成,每个模块由更细化的行为描述加以表达;由 EDA 综合工具完成到工艺库的映射。

Top-Down 设计方法有以下几个特点:

(1) 结合模块手段,可以从开始就掌握目标系统的性能状况;

(2) 随着设计层次向下进行,系统的性能参数将进一步得到细化和确认;

(3) 可以根据需要及时调整相关的参数,从而保证了设计结果的正确性,缩短了设计周期;

(4) 当规模越大时,这种方法的优越性越明显。

现代数字系统的设计方法一般都是自顶向下的层次化设计方法,即从整个系统的整体要求出发,自上而下地逐步将系统设计内容细化,把整个系统分割为若干功能模块,最后完成整个系统的设计。系统设计自顶向下大致可以分为三个层次:

(1) 系统层:运用概念、数学知识和框图进行推理和论证,形成总体方案。

(2) 电路层:进行电路分析、设计、仿真和优化,把框图与实际的约束条件以及可测性条件相结合,实行测试和模拟(仿真)相结合的科学实验研究方法,制作直到门级的电路图。

(3) 物理层:真正实现电路的工具。同一电路可以有多种不同的方法来实现。物理层包括 PCB、IC、PLD 或 FPGA 和混合电路集成以及微组装电路的设计等。

在 Top-Down 设计方法中必须经过“设计—验证—修改设计—再验证”的过程,多次反复,直至得到的结果能够完全实现所要求的逻辑功能,并在速度、功耗、价格和可靠性方面实现较为合理的平衡。

1.3.3 数字系统的实现方式

随着集成电路技术和计算机技术的发展,数字系统的实现方法经历了分立元件、SSI(小规模数字集成电路)、MSI(中规模数字集成电路)、LSI(大规模数字集成电路)、VLSI(超大规模数字集成电路)的进程。SSI 时代直接以集成门、触发器为基本器件构成系统。MSI 时代用 MSI

器件如:计数器、译码器、数据选择器等功能电路作为模块构成系统,它们一般是指一些通用集成电路。然而,一个复杂的数字系统往往需要许多SSI、MSI器件才能实现,因而支撑的设备体积大、功耗大、成本高,更重要的是用SSI、MSI器件做成的设备可靠性差,因而用标准产品实现数字系统的方法现在已很少使用。

在集成技术高度发展的今天,数字系统的实现主要有两类器件:一类是可编程逻辑器件(PLD),另一类是专用集成电路(ASIC),它们都属于大规模或超大规模器件,且有各自的优点。

1) 可编程逻辑器件(PLD)

PLD主要包括FPGA和CPLD,是一种半定制的器件,器件内已做好各种逻辑资源,用户只需对器件内的资源进行编程连接就可实现所需要的功能,而且可以反复修改,反复编程,直到满足设计要求。用PLD实现设计直接面向用户,具有其他方法无可比拟的方便性、灵活性和通用性,且硬件测试和实现快捷、开发效率高、成本低、风险小。现代FPGA器件集成度不断提高,等效门数已达到千万门级,在器件中,除集成各种逻辑门和寄存器外,还集成了嵌入式块RAM、硬件乘法器、锁相环、DSP块等功能模块,使FPGA的使用更为方便。EDA开发软件对PLD器件也提供了强有力的支持,其功能更全面,兼容性更强。

2) 专用集成电路(Application Specific Integrated Circuit, ASIC)

ASIC是指用全定制方法来实现设计的方式,它在最底层,即物理版图级实现设计,因此也称为掩模(Mask)ASIC。采用ASIC能得到最高速度、最低功耗和最省面积的设计。它要求设计者必须使用版图编辑工具从晶体管的版图尺寸、位置及连线开始进行设计,以得到芯片的最优性能。在版图设计时,设计者需手工设计版图并精心布局布线,以获取最佳的性能和最小的面积。版图设计完成后,还要进行一系列检查和验证,包括设计规则检查、电器规则检查、连接性检查、版图与电路图一致性检查等,全部通过后,才可以将得到的标准格式的版图文件(一般为CIF、GDSII格式)交付半导体厂家进行流片。

是用PLD还是用ASIC来实现设计,需根据具体情况进行选择。对于一般的设计开发而言,采用PLD器件来实现,可使设计周期短、投入资金少、风险小。对于一些成熟的设计来说,可以考虑把系统中的某些模块,或者整个系统,采用ASIC的形式来实现,以获得最优的性价比。

1.4 硬件描述语言简介

硬件描述语言(Hardware Description Language,HDL)是一种用文本形式来描述和设计电路的语言,设计者可利用HDL语言来描述所做的设计,然后利用EDA工具进行综合和仿真,最后变为某种目标文件,再用ASIC或PLD具体实现。

HDL最早是由Iverson公司于1962年提出的,到20世纪80年代时,已出现了数十种硬件描述语言,它们对设计自动化起到了推动和促进作用。但是,这些语言一般面向特定的设计领域和层次,而且众多的语言使用户感到无所适从,因此急需一种面向多领域、多层次,并得到普遍认同的HDL语言。最终,VHDL和Verilog HDL满足了这种趋势的要求,先后成为IEEE标准语言。

1) 超高速集成电路硬件描述语言(Very High Speed Integration Circuit HDL, VHDL)

VHDL是1985年在美国国防部的支持下正式推出的,1987年成为IEEE1076标准,1988年成为工业标准,1993年经过修改成为IEEE1064标准,1996年经电路合成标准程序与规格加入的VHDL,成为IEEE1976.3标准。

VHDL是一种全方位的语言,包括从系统到电路的所有设计层次,在描述风格上支持结构、数据流和行为三种形式的描述方式。VHDL具有以下特点：

(1) 可以将一个系统分成若干层次进行分别设计。

(2) 每一个设计模块都有定义完善的接口和精确的行为说明。

(3) 可以使用算法或硬件结构定义一个模块的行为说明。

(4) 模型化的并发、时序和时钟，支持异步和同步时序电路设计。

2) Verilog HDL

Verilog HDL是另一种应用较为广泛的硬件描述语言，它是在C语言的基础上发展而来的。1983年GDA(Gateway Design Automation)公司的Phil Moorby创造了Verilog HDL，1984—1985年开发出了第一个Verilog仿真器，1989年GDA公司被CADENCE公司收购，Verilog HDL成了CADENCE公司的专利，1995年成为IEEE标准。

Verilog HDL语言适合算法级(Algorithm Level)、寄存器传输级(Register Transfer Level, RTL)、门级(Gate Level)和版图级(Layout Level)等各个层次的设计和描述，也可用于仿真验证、时序分析等。

3) Verilog HDL与VHDL的比较

两者的共同点在于：都能形式化地、抽象地表示电路的结构和行为；支持逻辑设计中层次与结构的表达可借用高级语言来简化电路的描述；具有电路仿真与验证机制以保证设计的正确性；支持电路描述由顶层到底层的综合和转换；便于文档管理，易于理解和移植重用。

Verilog HDL和VHDL有各自的优势和特点：Verilog HDL的设计资源比VHDL更加丰富；与VHDL相比，Verilog HDL的语法结构更加灵活，比较容易掌握，可使用户集中精力投入设计工作，而不必花费太多的时间在语言和语法的学习上。

目前市场上所有的EDA工具都同时支持这两种语言，而在ASIC设计领域，Verilog HDL则占有明显的优势。

1.5 FPGA/CPLD综述

1.5.1 FPGA/CPLD简介

PLD的全称是Programmable Logic Device(可编程逻辑器件)，它是一种数字集成电路的半成品，在其芯片上按一定排列方式集成了大量的门和触发器等基本逻辑元件，用户可利用某种开发工具对其进行加工，即按实际要求将这些片内的元件连接起来(此过程称为编程)，使之完成某个逻辑电路或系统的功能，从而成为一个可在实际电子系统中使用的专用集成电路。现在应用最广泛的PLD主要是FPGA和CPLD。

1985年Xilinx公司首家推出了现场可编程门阵列器件(Field Programmable Gate Array, FPGA)，它是一种新型的高密度PLD，采用CMOS-SRAM工艺制作。其结构和阵列型PLD不同，它的内部由许多独立的可编程逻辑模块组成，逻辑模块之间可以灵活地相互连接，具有密度高、编程速度快、设计灵活和可再配置设计能力等许多优点。FPGA出现后立即受到世界范围内广大电子工程师的普遍欢迎，并得到迅速发展。

20世纪80年代末，在Lattice公司提出在系统可编程(In System Programmable, ISP)技术后，相继出现了一系列具备在系统可编程能力的复杂可编程逻辑器件(Complex Programmable Logic Device, CPLD)，CPLD是在EPLD的基础上发展起来的，它采用E^2CMOS工艺制作，增加了内部连线，改进了内部结构体系，因而其性能更好，设计更加灵活，其发展也非常迅速。

FPGA和CPLD都是可编程逻辑器件，它们是在PAL、GAL等逻辑器件的基础上发展起来的。同以往的PAL、GAL等相比较，FPGA和CPLD的规模比较大，可以代替几十甚至几千块通用IC芯片，并且可以反复地编程、擦除，在外围电路不动的情况下用不同软件就可实现不同的功能。

CPLD和FPGA在结构和应用上在以下方面各有特点和长处：

1）结构

FPGA器件是由逻辑功能块排列为阵列，并由可编程的内部连线连接这些功能块来实现一定的逻辑功能。CPLD是由可编程与/或门阵列以及宏单元构成。

2）集成度

FPGA可以达到比CPLD更高的集成度，同时也具有更复杂的布线结构和逻辑实现。

3）适合结构

CPLD组合逻辑的功能很强，一个宏单元就可以分解10多个甚至20～30个组合逻辑输入，而FPGA的1个LUT只能处理4输入的组合逻辑，因此，CPLD适用于设计译码等复杂的组合逻辑。FPGA的制造工艺确定了FPGA芯片中包含的LUT和触发器的数量非常多，往往达到数千上万个，而CPLD一般只能做到512个逻辑单元，因此，如果设计中需要用到大量的触发器，例如设计一个复杂的时序逻辑，就应使用FPGA。

4）功率消耗

一般情况下，CPLD功能消耗比FPGA要大，且集成密度越高越明显。

5）速度

CPLD的速度优于FPGA。由于FPGA是门级编程，且逻辑块之间是采用分布式互连；而CPLD是逻辑块级编程，且逻辑块互连是集总式的。因此，CPLD比FPGA有较高的速度和较大的时间可预测性。

6）编程方式

目前，CPLD主要是基于E^2PROM或FLASH存储器编程，编程次数达1万次，其优点是在系统断电后，编程信息不丢失。CPLD又可分为在编程器编程和在系统编程两种。在系统编程器件的优点是：不需要编程器可先将器件装焊于印制板，再经过编程电缆进行编程，编程、调试和维护都很方便。

FPGA大部分是基于SRAM编程，其缺点是编程数据信息在系统断电时丢失，每次上电时，需从器件的外部储存器或计算机中将编程数据写到SRAM中。其优点是可进行任意次数的编程，并在工作中快速编程，实现板级和系统级的动态配置，因此可称为在线重配置（In Circuit Reconfigurable，ICR）的PLD或可重配置硬件（Reconfigurable Hardware Product，RHP）。

7）使用方便性

在使用方便性上，CPLD比FPGA要好。CPLD的编程工艺采用E^2PROM或FLASH技术，无需外部存储器芯片，使用简单，保密性好。而基于SRAM编程的FPGA，其编程信息需存放在外部存储器上，需外部存储器芯片，且使用方法复杂，保密性差。

1.5.2　基于FPGA/CPLD的数字系统开发流程

基于FPGA/CPLD器件的数字系统设计流程如图1.5.1所示，主要包括设计输入、设计处理、仿真、编程下载和在线测试等步骤。

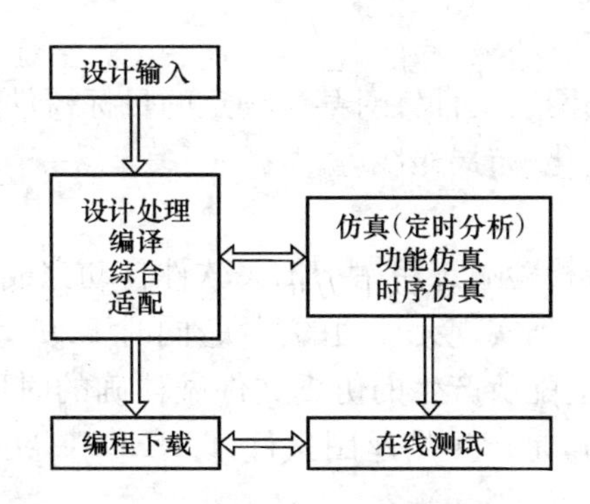

图 1.5.1 基于 FPGA/CPLD 的数字系统开发流程

1) 设计输入

设计输入是由设计者对器件所实现的数字系统的逻辑功能进行描述,主要有原理图输入法、真值表输入法、状态机输入法、波形输入法、硬件描述语言输入法等。常用的有原理图输入法和硬件描述语言输入法。

原理图输入法是基于传统的硬件电路设计思想,把数字逻辑系统用逻辑原理图进行表示的输入方法,使用逻辑器件(即元件符号)和连线等进行描述设计。硬件描述语言输入法是一种用文本形式来描述和设计电路的方法,设计者可利用 HDL 来描述自己的设计,然后利用 EDA 工具进行综合和仿真,最后变为某种目标文件,再用 ASIC 或 FPGA 具体实现。

HDL 和传统的原理图输入法的关系就好比是高级语言和汇编语言的关系。HDL 的可移植性好,使用方便,但效率不如原理图输入法;原理图输入法的可控性好,效率高,比较直观,但设计大规模 PLD 时显得很烦琐,移植性差。

在 Top-Down 设计方法中,描述器件总功能的模块放置在最上层,称为顶层设计;描述器件最基本功能的模块放置在最下层,称为底层设计。可以在任何层次使用原理图或硬件描述语言进行描述。通常做法是:在顶层设计中,使用原理图输入法表达连接关系和芯片内部逻辑到管脚的接口;在底层设计中,使用 HDL 描述各个模块的逻辑功能。

2) 设计处理

设计处理是基于 FPGA/CPLD 的数字系统开发流程中的中心环节,在该阶段,编译软件将对设计输入文件进行逻辑优化、综合,并利用一片或多片 FPGA/CPLD 器件自动进行适配,最后产生可用于编程的数据文件。该环节主要包含设计编译、逻辑综合优化、适配和布局、生成编程文件等。

(1) 设计编译

设计输入完成后,立即进行设计编译,EDA 编译器首先从工程设计文件间的层次结构描述中提取信息,包含每个低层次文件中的错误信息,如原理图中信号线有无漏接、信号有无多重来源、文本输入文件中的关键字有无错误或其他语法错误,并及时标出错误的位置,供设计者排除纠正,然后进行设计规则检查,检查设计有无超出器件资源或规定的限制,并将给出编译报告。

(2) 逻辑综合优化

综合就是将电路的高级语言转换成低级的、可与 FPGA/CPLD 的基本结构相对应的网表文件或程序,由综合器来完成。利用综合器对 HDL 源代码进行综合优化处理,生成门级描述的网表文件,它是将高层次描述转化为硬件电路的关键步骤。

(3) 适配和布局

利用适配器可将综合后的网表文件针对某一确定的目标器件进行逻辑映射，该操作包括底层器件配置、逻辑分割、逻辑优化、布局布线等。

(4) 生成编程文件

适配和布局环节是在设计检验通过后，由 EDA 软件自动完成的，它能以最优的方式对逻辑元件进行逻辑综合和布局，并准确实现元件间的互联，同时 EDA 软件会生成相应的报告文件。适配和布局完成后，可以利用适配所产生的仿真文件做精确的时序仿真，同时产生可用于编程的数据文件。对于 CPLD 而言，是产生熔丝图文件，即 JEDEC 文件；对于 FPGA 而言，则生成数据流文件 BG(Bit-stream Generation)。

3) 仿真与定时分析

仿真和定时分析均属于设计校验，其作用是测试设计的逻辑功能和延时特性。仿真包括功能仿真和时序仿真。功能仿真又称前仿真，这种仿真不考虑信号的延时，主要检验逻辑功能的正确性。时序仿真又称后仿真，是进行布局布线后进行的仿真，它能够模拟器件实际工作时的情况。定时分析器可通过三种不同的分析模式分别对传播延时、时序逻辑性能和建立/保持时间进行分析。

4) 编程与验证

将得到的编程文件通过编程电缆配置 PLD，加入实际激励，进行在线测试。

1.5.3　FPGA/CPLD 主要厂商及产品

目前世界上有十几家生产 FPGA/CPLD 的公司，最大的三家是：Altera 公司、Xilinx 公司、Lattice 公司。

1) Altera 公司 FPGA 和 CPLD 器件系列

(1) Stratix II 系列 FPGA

(2) Stratix 系列 FPGA

(3) ACEX 系列 FPGA

(4) FLEX 系列 FPGA

(5) MAX 系列 CPLD

(6) Cyclone 系列 FPGA 低成本 FPGA

(7) Cyclone II 系列 FPGA

(8) MAX II 系列器件

(9) Altera 宏功能块及 IP 核

2) Xilinx 公司的 FPGA 和 CPLD 器件系列

(1) Virtex-4 系列 FPGA

(2) Spartan Ⅱ & Spartan-3 & Spartan 3E 器件系列

(3) XC9500 & XC9500XL 系列 CPLD

(4) Xilinx FPGA 配置器件 SPROM

(5) Xilinx 的 IP 核

(6) Cyclone 系列 FPGA 低成本 FPGA

3) Lattice 公司 CPLD 器件系列

(1) ispMACH4000 系列

(2) Lattice EC & ECP 系列

需要指出的是,不同厂家对 CPLD 和 FPGA 的称谓不尽相同。Xilinx 公司把基于查找表技术、SRAM 工艺、要外挂配置用的 E^2PROM 的 PLD 称为 FPGA,把基于乘积项技术、Flash ROM 工艺的 PLD 称为 CPLD;Altera 公司把自行生产的 PLD 产品 MAX 系列(乘积项技术、E^2PROM 工艺)和 FLEX 系列(查表技术、SRAM 工艺)都称为 CPLD。由于 FLEX 系列也是基于查表技术、SRAM 工艺、要外挂配置用的 EPROM,且用法和 Xilinx 公司的 FPGA 一样,所以,很多人把 Altera 公司的 FLEX 系列产品也称为 FPGA。

1.5.4 FPGA/CPLD 的 EDA 开发工具

常用的 FPGA/CPLD 的 EDA 开发工具一般有集成开发工具和专业开发工具两种类型。

1) 集成开发工具

此种类型的开发工具是芯片制造厂商为配合自己的 FPGA/CPLD 芯片而推出的一种集成开发环境,基本上能完成其 FPGA/CPLD 开发的所有工作,包括输入、仿真、综合、布线、下载等。此类开发工具应用在其公司的 FPGA/CPLD 芯片上,能提高设计效率,优化设计结果,充分利用芯片资源。其缺点是综合能力较差,不支持其他器件厂商出品的器件。

由 Altera 公司、Xilinx 公司、Lattice 公司开发的集成开发工具如下:

(1) Altera 公司:MAX+plusII、QuartusII。

(2) Xilinx 公司:Foundition、ISE。

(3) Lattice 公司:ispLEVER。

2) 专业开发工具

此种类型的开发工具能进行更为复杂和更高效率的设计。一般有专业设计输入工具、专业逻辑综合器、专业仿真器等。

(1) 常用的专业设计输入工具有:Mentor 公司的 HDL Designer Series,通用编辑器 Ultra-Edit,Innovada 公司的 Visual HDL。

(2) 常用的专业逻辑综合器有:Synplicity 公司的 Synplify 和 Synplify Pro,Synopsys 公司的 FPGA Express、FPGA Complier 和 FPGA ComplierII,Mentor 公司的 Leonardo Spectrum。

(3) 常用的专业仿真器有:Mentor 的子公司的 ModelSim,Cadance 公司的 NC-Verilog/NC-VHDL/NC-Sim Verilog-XL,Synopsys 公司的 VCS/Scriocco,Aldec 公司的 Active HDL。

1.6 数字系统设计实验说明

本书作为《数字系统设计》课程的实验配套教材,可以根据课程的学时安排选择不同的实验内容。《数字系统设计》课程是一门实践性很强的课程,可安排本书 40%~45%的实验内容。

1.6.1 实验规则

为了维护正常的实验教学次序,提高实验课的教学质量,顺利地完成各项实验任务,确保人身安全、设备完好,特制定如下实验规则:

(1) 实验前必须充分预习,认真阅读本实验指导书,掌握本次实验的基本原理,并写出预习报告。

(2) 实验时,认真、仔细地写出源程序,进行调试,有问题及时向指导教师请教。

(3) 实验时应仔细观察,如发现有异常现象(电脑故障或实验箱故障)的发生,必须及时报告指导教师,严禁私自乱动。

(4) 使用实验箱时,应注意:

①打开总电源前,不要打开实验箱电源开关。

②不要随意拔插实验箱上的器件。

③实验完毕,及时关闭电源开关。

(5) 实验过程中,应仔细观察实验现象,认真记录实验数据、波形、逻辑关系及其他现象。

(6) 自觉保持实验室的肃静、整洁;实验结束后,必须清理实验桌,将实验设备按规定放好,并填写仪器设备使用记录。

(7) 每个实验结束后,必须按要求及时撰写实验报告,下次实验时交实验指导教师批阅。未交实验报告者,必须在规定时间内交给实验指导教师,否则视为缺做一次实验。

以上实验规则,请同学们自觉遵守,并互相监督。

1.6.2 实验报告的撰写

实验报告是实验工作的全面总结和最终成果的文本呈现,要求能完整而真实地反映实验结果。

实验报告应书写工整、语句通顺、数据真实、图表清晰,并能从实验过程的观察中找出问题进行分析和讨论,发表自己的见解。

1) 预习报告要求

(1) 实验名称;

(2) 实验目的;

(3) 实验内容及实验原理分析;

(4) 设计原理图或实验源程序;

(5) 主要实验步骤。

2) 实验报告要求

(1) 对预习报告中逻辑图和源程序的补充和修改;

(2) 经过整理后的数据、波形等;

(3) 详细的实验步骤;

(4) 分析和结论。

2 基础实验

本章实验内容主要为数字电路中一些常用的基本数字逻辑单元设计实验和 Verilog HDL 语言基本设计方法训练实验。设置这部分实验有两个目的:一是熟悉实验基本设计流程并初步学会实验箱的使用;二是为后面的综合设计实验及课程设计实验打下基础,同时为复杂电路提供已设计好且经过验证的模块,以备使用。

2.1 基本组合逻辑电路设计实验

实验 1 加法器设计

1) 实验目的

(1) 复习加法器的分类及工作原理。

(2) 掌握用图形法设计半加器的方法。

(3) 掌握用元件例化法设计全加器的方法。

(4) 掌握用元件例化法设计多位加法器的方法。

(5) 掌握用 Verilog HDL 语言设计多位加法器的方法。

(6) 学习运用波形仿真验证程序的正确性。

(7) 学习定时分析工具的使用方法。

2) 实验原理

加法器是能够实现二进制加法运算的电路,是构成计算机中算术运算电路的基本单元。目前,在数字计算机中,无论加、减、乘、除法运算,都是化为若干步加法运算来完成的。加法器可分为 1 位加法器和多位加法器两大类。1 位加法器又可分为半加器和全加器两种,多位加法器可分为串行进位加法器和超前进位加法器两种。

(1) 半加器

如果不考虑来自低位的进位而将两个 1 位二进制数相加,称半加。实现半加运算的电路则称为半加器。若设 A 和 B 是两个 1 位的加数,S 是两者相加的和,C 是向高位的进位。则由二进制加法运算规则可以得到:

$$\begin{aligned} S&=A'B+AB'=A\oplus B \\ C&=AB \end{aligned} \tag{2.1.1}$$

(2) 全加器

在将两个 1 位二进制数相加时,除了最低位以外,每一位都应该考虑来自低位的进位,即将两个对应位的加数和来自低位的进位三个数相加,这种运算称全加。实现全加运算的电路则称为全加器。

若设 A、B、CI 分别是两个 1 位的加数、来自低位的进位，S 是相加的和，C 是向高位的进位。则由二进制加法运算规则可以得到：

$$\begin{aligned} S &= A'B'CI' + AB'CI + A'BCI + ABCI' = A \oplus B \oplus CI \\ C &= A'B' + B'CI' + A'CI' = (A \oplus B)CI + AB \end{aligned} \tag{2.1.2}$$

3）实验内容及步骤

（1）用图形法设计半加器，仿真设计结果。

（2）用元件例化的方法设计全加器，仿真设计结果。

（3）用元件例化的方法设计一个 4 位二进制加法器，仿真设计结果，进行定时分析。

（4）用 Verilog HDL 语言设计一个 4 位二进制加法器，仿真设计结果，进行定时分析。

（5）分别下载用上述两种方法设计的 4 位加法器，并进行在线测试。

4）设计示例

（1）用图形法设计的半加器如图 2.1.1 所示，由其生成的符号如图 2.1.2 所示。

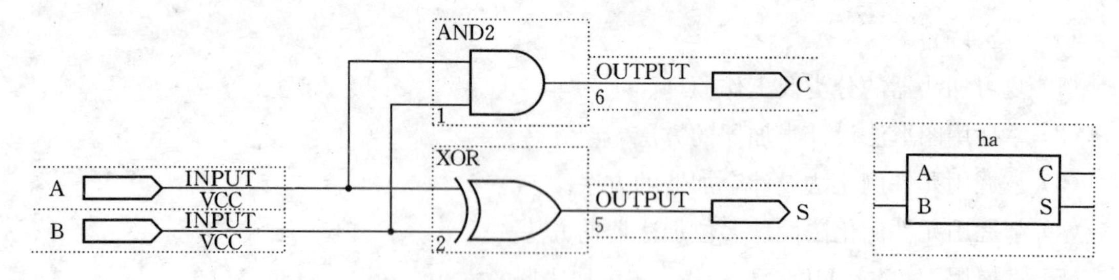

图 2.1.1　半加器原理图　　　　**图 2.1.2　半加器符号**

（2）用元件例化的方法设计的全加器如图 2.1.3 所示，由其生成的符号如图 2.1.4 所示。

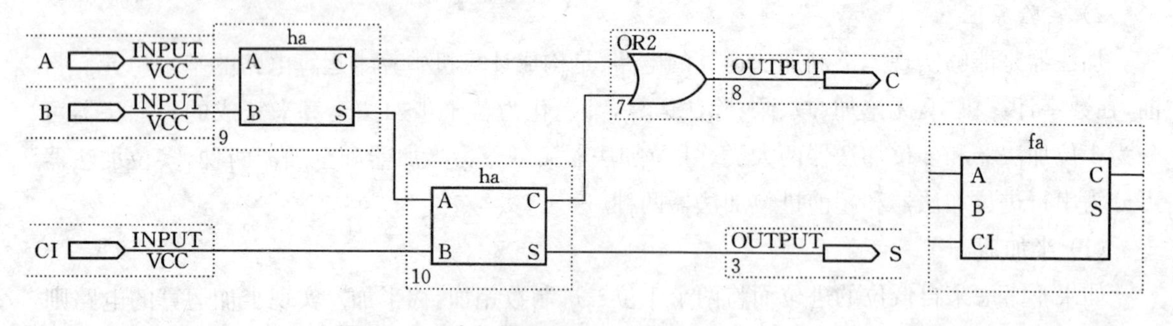

图 2.1.3　全加器原理图　　　　**图 2.1.4　全加器符号**

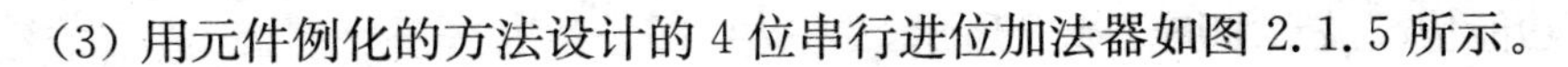

(3) 用元件例化的方法设计的 4 位串行进位加法器如图 2.1.5 所示。

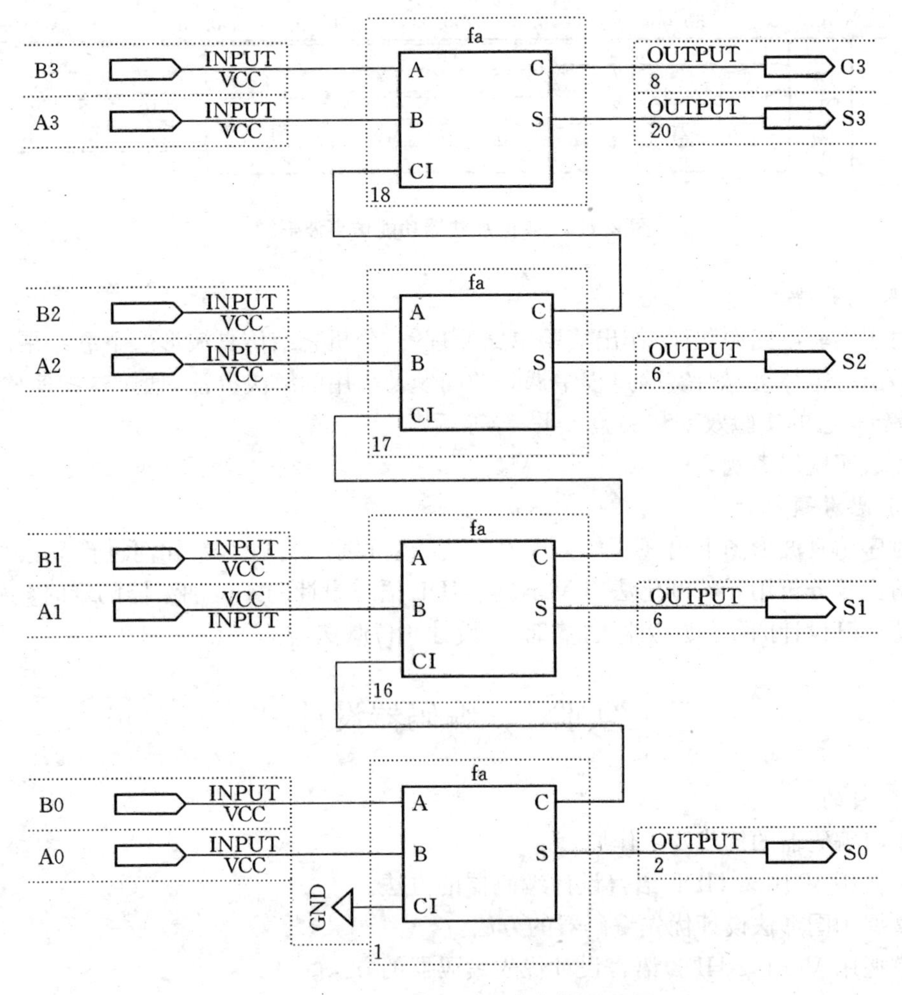

图 2.1.5　4 位串行进位全加器原理图

(4) 用 Verilog HDL 语言设计的 4 位加法器程序 FA_4. v 如下：

```
module FA_4(A,B,CI,S,C);
input [3:0] A,B; input CI;
output [3:0] S; output C;
assign {C,S}=A+B+CI;
endmodule
```

(5) 全加器时序仿真波形如图 2.1.6 所示。

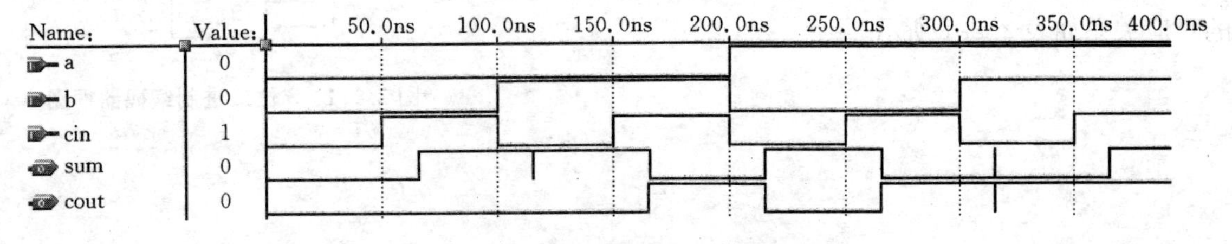

图 2.1.6　全加器时序仿真波形图

(6) 4 位加法器功能仿真波形如图 2.1.7 所示。

Name:	Value:		50.0ns	100.0ns	150.0ns	200.0ns	250.0ns	300.0ns	350.0ns
cin	1								
b[3..0]	D7	0	1	2	3	4	5	6	7
a[3..0]	D14	0	2	4	6	8	10	12	14
s[3..0]	D6	0	3	7	10	13	0	3	6
c	1								

图 2.1.7　4 位加法器功能仿真波形图

5) 实验报告要求

(1) 写出实验电路源程序，作出实验电路原理图，分析总结仿真波形及下载结果。

(2) 写出心得体会，如：实验过程中遇到的问题及采用的解决办法，通过这次实验有哪些收获，怎样提高自己的实验效率和实验水平，等等。

(3) 完成实验思考题。

6) 实验思考题

(1) 时序仿真波形图上出现了什么现象？其产生的原因是什么？如何进行消除？

(2) 请比较分析用元件例化法与 Verilog HDL 语言设计的 4 位加法器的定时分析结果。

(3) 请在已设计的 4 位加法器的基础上，设计 4 位减法器。

实验 2　编码器设计

1) 实验目的

(1) 复习编码器的构成及工作原理。

(2) 掌握用 Verilog HDL 语言设计编码器的方法。

(3) 掌握用图形法设计优先编码器的方法。

(4) 掌握用 Verilog HDL 语言设计优先编码器的方法。

(5) 进一步学习运用波形仿真验证程序的正确性。

2) 实验原理

编码器(Encoder)的逻辑功能是将输入的每一个高、低电平信号编成一个对应的二进制代码。目前，经常使用的编码器有普通编码器和优先编码器两类。

(1) 普通编码器

在普通编码器中，任何时刻只允许输入一个编码信号，否则输出将发生混乱。图 2.2.1 是 3 位二进制编码器框图，它的输入是 $I_0 \sim I_7$ 八个高电平信号，输出是 3 位二进制代码 Y_2、Y_1、Y_0，为此，又称为 8 线—3 线编码器。其输出与输入的对应关系如表 2.2.1 所示。

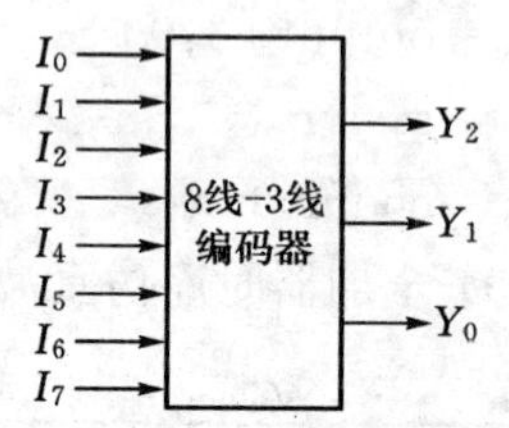

图 2.2.1　3 位二进制编码器框图

表 2.2.1 3 位二进制编码器的真值表

输入								输出		
I_0	I_1	I_2	I_3	I_4	I_5	I_6	I_7	Y_2	Y_1	Y_0
1	0	0	0	0	0	0	0	0	0	0
0	1	0	0	0	0	0	0	0	0	1
0	0	1	0	0	0	0	0	0	1	0
0	0	0	1	0	0	0	0	0	1	1
0	0	0	0	1	0	0	0	1	0	0
0	0	0	0	0	1	0	0	1	0	1
0	0	0	0	0	0	1	0	1	1	0
0	0	0	0	0	0	0	1	1	1	1

(2) 优先编码器

在优先编码器(Priority Encoder)中,允许同时输入两个以上的编码信号。不过在设计优先编码器时已将所有的输入信号按优先顺序进行排队,当几个输入信号同时出现时,只对其中优先权最高的一个进行编码。优先编码器经常用于具有优先级处理的数字系统中,例如,中断管理系统通常用优先编码器实现。8 线—3 线优先编码器 74148 的真值表如表 2.2.2 所示。

表 2.2.2 8 线—3 线优先编码器 74148 的真值表

输入									输出				
$\bar{I}_s$	$\bar{Y}_0$	$\bar{Y}_1$	$\bar{Y}_2$	$\bar{Y}_3$	$\bar{Y}_4$	$\bar{Y}_5$	$\bar{Y}_6$	$\bar{Y}_7$	$\bar{A}_2$	$\bar{A}_1$	$\bar{A}_0$	Y_s	$\bar{Y}_{ex}$
1	×	×	×	×	×	×	×	×	1	1	1	1	1
0	1	1	1	1	1	1	1	1	1	1	1	0	1
0	×	×	×	×	×	×	×	0	0	0	0	1	0
0	×	×	×	×	×	×	0	1	0	0	1	1	0
0	×	×	×	×	×	0	1	1	0	1	0	1	0
0	×	×	×	×	0	1	1	1	0	1	1	1	0
0	×	×	×	0	1	1	1	1	1	0	0	1	0
0	×	×	0	1	1	1	1	1	1	0	1	1	0
0	×	0	1	1	1	1	1	1	1	1	0	1	0
0	0	1	1	1	1	1	1	1	1	1	1	1	0

3) 实验内容及步骤

(1) 用 Verilog HDL 语言设计 8 线—3 线普通编码器,仿真设计结果。

(2) 用图形法设计实现 74148 功能的优先编码器,仿真设计结果,进行定时分析。

(3) 用 Verilog HDL 语言设计 8 线—3 线优先编码器,仿真设计结果,进行定时分析。

(4) 分别下载用上述两种方法所设计的优先编码器,并进行在线测试。

4) 设计示例

(1) Verilog HDL 语言设计的 8 线—3 线普通编码器程序 encoder8_3. v 如下:

```
module encoder8_3(in, outcode);
input [7:0] in;
output[2:0] outcode;
```

```
reg[2:0] outcode;
always @(in)
begin
case(in)
8'b00000001:outcode=3'd0;
8'b00000010:outcode=3'd1;
8'b00000100:outcode=3'd2;
8'b00001000:outcode=3'd3;
8'b00010000:outcode=3'd4;
8'b00100000:outcode=3'd5;
8'b01000000:outcode=3'd6;
8'b10000000:outcode=3'd7;
endcase
end
endmodule
```

(2) 用图形法设计的优先编码器 74148 原理图如图 2.2.2 所示。

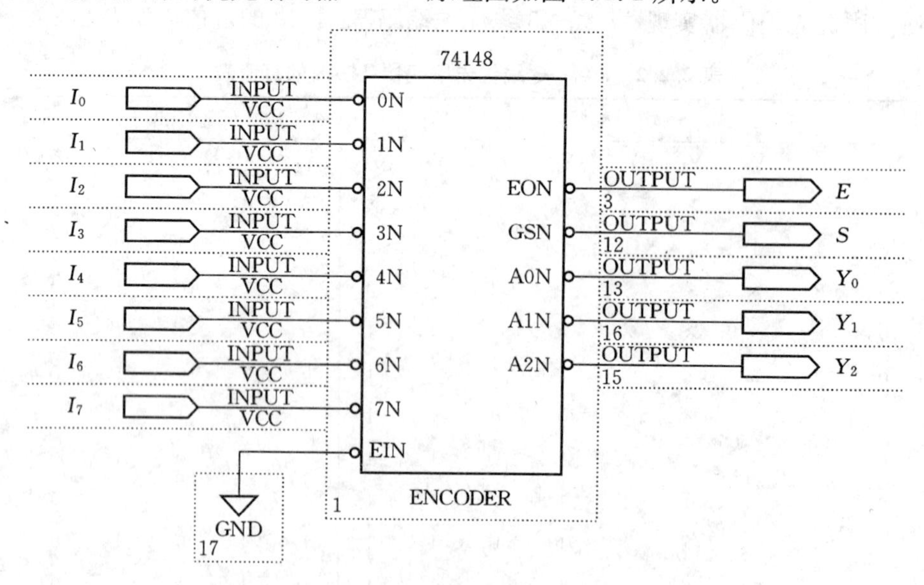

图 2.2.2　优先编码器 74148

(3) 用 Verilog HDL 语言设计的 8 线—3 线优先编码器程序 Pencoder8_3.v 如下：

```
module Pencoder8_3(none_on,coutcode,a,b,c,d,e,f,g,h);
input a,b,c,d,e,f,g,h;
output[2:0] outcode;
output none_on;
reg[3:0] outtemp;
assign {none_on,outcode}=outtemp;
always @(a or b or c or d or e or f or g or h)
begin
```

```
if(h)           outtemp=4'b0111;
else if(g)      outtemp=4'b0110;
else if(f)      outtemp=4'b0101;
else if(e)      outtemp=4'b0100;
else if(d)      outtemp=4'b0011;
else if(c)      outtemp=4'b0010;
else if(b)      outtemp=4'b0001;
else if(a)      outtemp=4'b0000;
else            outtemp=4'b1000;
end
endmodule
```

(4) 优先编码器功能仿真波形如图 2.2.3 所示。

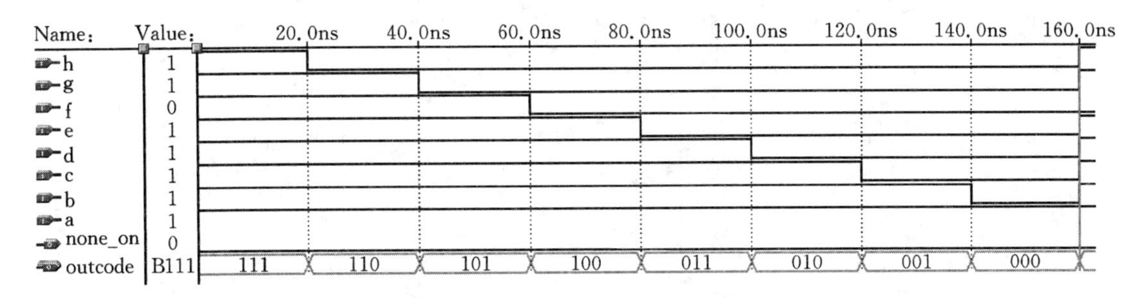

图 2.2.3 优先编码器功能仿真波形图

5) 实验报告要求

(1) 写出实验电路源程序，作出实验电路原理图，分析总结仿真波形并下载结果。

(2) 写出心得体会，如：实验过程中遇到的问题及采用的解决办法，通过这次实验有哪些收获，怎样提高自己的实验效率和实验水平，等等。

(3) 完成实验思考题。

6) 实验思考题

(1) 在程序 Pencoder8_3.v 中，若去掉 assign 连续赋值语句，只用 always 过程语句来描述，程序应如何修改?

(2) 请比较分析用元件实例化法与 Verilog HDL 语言设计的优先编码器的定时分析结果。

实验 3 译码器设计

1) 实验目的

(1) 复习二进制译码器及显示译码器的构成及工作原理。

(2) 掌握用 Verilog HDL 语言设计二进制译码器的方法。

(3) 掌握用 Verilog HDL 语言设计显示译码器的方法。

(4) 进一步学习运用波形仿真验证程序的正确性。

2) 实验原理

译码器是数字系统中常用的组合逻辑电路，其逻辑功能是将每个输入的二进制代码译成对应的高、低电平信号并输出。译码是编码的反操作。常用的译码器电路有二进制译码器、二-十进制译码器和显示译码器三类。

(1) 3 线—8 线译码器

3 线—8 线译码器是二进制译码器的一种。其输入为一组 3 位二进制代码，而输出则是一路高、低电平信号。图 2.3.1 是 3 线—8 线译码器 74138 的逻辑框图。其中，A_2、A_1、A_0 为 3 位二进制代码输入端，$\overline{Y}_0 \sim \overline{Y}_7$ 是 8 个输出端，S_1、$\overline{S}_2$、$\overline{S}_3$ 为 3 个输入控制端。它们之间的关系如表 2.3.1 所示。

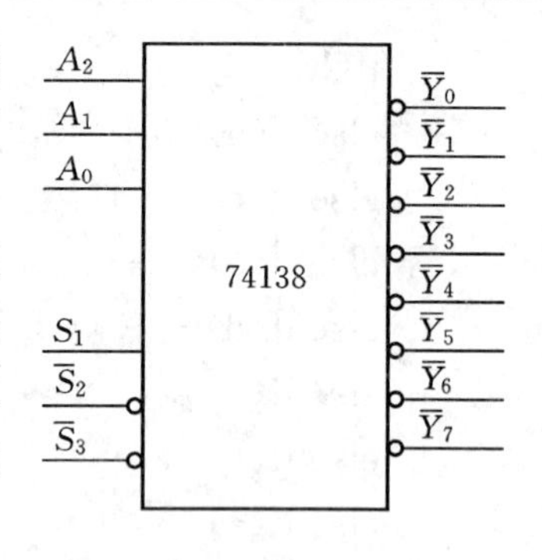

图 2.3.1　74138 逻辑框图

表 2.3.1　3 线—8 线译码器 74138 的真值表

输入					输出							
S_1	$\overline{S}_2+\overline{S}_3$	A_2	A_1	A_0	$\overline{Y}_0$	$\overline{Y}_1$	$\overline{Y}_2$	$\overline{Y}_3$	$\overline{Y}_4$	$\overline{Y}_5$	$\overline{Y}_6$	$\overline{Y}_7$
1	0	0	0	0	0	1	1	1	1	1	1	1
1	0	0	0	1	1	0	1	1	1	1	1	1
1	0	0	1	0	1	1	0	1	1	1	1	1
1	0	0	1	1	1	1	1	0	1	1	1	1
1	0	1	0	0	1	1	1	1	0	1	1	1
1	0	1	0	1	1	1	1	1	1	0	1	1
1	0	1	1	0	1	1	1	1	1	1	0	1
1	0	1	1	1	1	1	1	1	1	1	1	0
0	×	×	×	×	1	1	1	1	1	1	1	1
×	1	×	×	×	1	1	1	1	1	1	1	1

(2) 七段数码显示译码器

为了能以十进制数码直观地显示数字系统的运行数据，目前广泛使用七段数码显示译码器来显示字符，因这种字符显示器由七段可发光的线段拼合而成，又称为七段数码管。

半导体数码管的每条线段都是一个发光二极管。如果七个发光二极管的公共端是阴极并且接在一起，则称为共阴极数码管，反之，称为共阳极数码管。

半导体数码管可以用 TTL 或 CMOS 集成电路直接驱动。为此，就需要使用显示译码器将 BCD 代码译成数码管所需要的驱动信号，以便数码管以十进制数字显示出 BCD 代码所表示的数值。如图 2.3.2 所示。

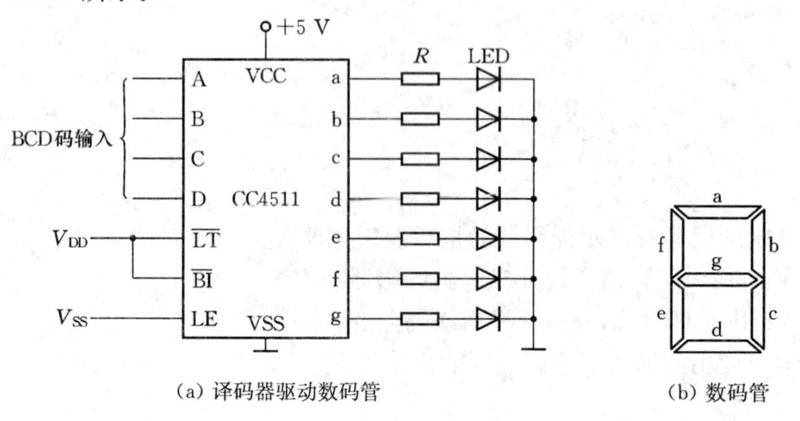

图 2.3.2　七段数码显示译码器及七段数码管

3）实验内容及步骤

(1) 用 Verilog HDL 语言设计 3 线—8 线译码器，仿真设计结果。

(2) 用 Verilog HDL 语言设计七段数码显示译码器，仿真设计结果，进行定时分析。

(3) 下载七段数码显示译码器，并进行在线测试。

4）设计示例

(1) 用 Verilog HDL 语言设计的 3 线—8 线译码器程序 decoder_38. v 如下：

```
module decoder_38(out,in);
output[7:0] out;
input[2:0] in;
reg[7:0] out;
always@(in)
begin
case(in)
3'd0:out=8'b11111110;
3'd1:out=8'b11111101;
3'd2:out=8'b11111011;
3'd3:out=8'b11110111;
3'd4:out=8'b11101111;
3'd5:out=8'b11011111;
3'd6:out=8'b10111111;
3'd7:out=8'b01111111;
endcase
end
endmodule
```

(2) 用 Verilog HDL 语言设计的七段数码显示译码器程序 decode4_7. v 如下：

```
module decode4_7(a,b,c,d,e,f,g,D3,D2,D1,D0);
output  a,b,c,d,e,f,g;
input  D3,D2,D1,D0;
reg a,b,c,d,e,f,g;
always @(D3 or D2 or D1 or D0)
begin
case({D3,D2,D1,D0})
0:{a,b,c,d,e,f,g}=7'b1111110; 1:{a,b,c,d,e,f,g}=7'b0110000;
2:{a,b,c,d,e,f,g}=7'b1101101; 3:{a,b,c,d,e,f,g}=7'b1111001;
4:{a,b,c,d,e,f,g}=7'b0110011; 5:{a,b,c,d,e,f,g}=7'b1011011;
6:{a,b,c,d,e,f,g}=7'b1011111; 7:{a,b,c,d,e,f,g}=7'b1110000;
8:{a,b,c,d,e,f,g}=7'b1111111; 9:{a,b,c,d,e,f,g}=7'b1111011;
default:{a,b,c,d,e,f,g}=7'bx;
endcase
end
endmodule
```

(3) 七段数码显示译码器的功能仿真波形如图 2.3.3 所示。

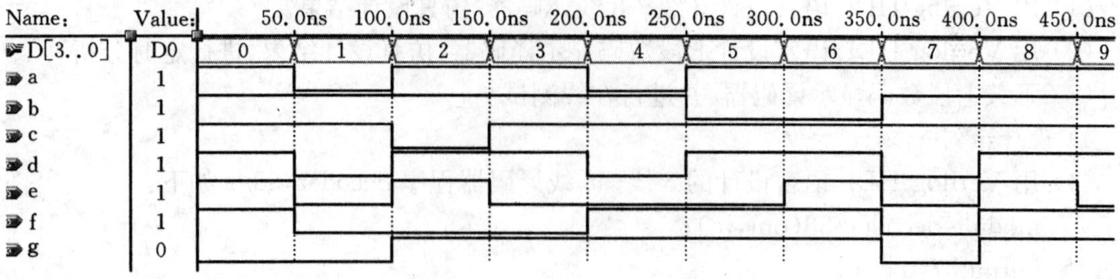

图 2.3.3 七段数码显示译码器的功能仿真波形图

5) 实验报告要求

(1) 写出实验电路源程序,作出实验电路原理图,分析总结仿真波形并下载结果。

(2) 写出心得体会,如:实验过程中遇到的问题及采用的解决办法,通过这次实验有哪些收获,怎样提高自己的实验效率和实验水平,等等。

(3) 完成实验思考题。

6) 实验思考题

若要求显示数字 0～F,程序 decode4_7.v 应怎样修改?

实验 4 数据选择器设计

1) 实验目的

(1) 复习数据选择器的构成及工作原理。

(2) 掌握用 Verilog HDL 语言设计数据选择器的方法。

(3) 进一步加深对仿真结果和仿真过程的理解。

2) 实验原理

数据选择器又叫多路开关,简称 MUX(Multiplexer)。数据选择器的逻辑功能是在地址选择信号的控制下,从多路数据中选择一路数据作为输出信号,数据选择器原理示意图如图 2.4.1所示。常用的数据选择器有双四选一数据选择器 74153、八选一数据选择器 74151。其中,74151 的逻辑图如图 2.4.2 所示,其真值表如表 2.4.1 所示。

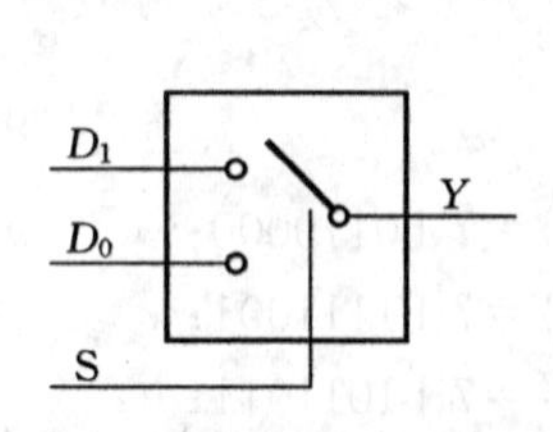

图 2.4.1 数据选择器原理示意图

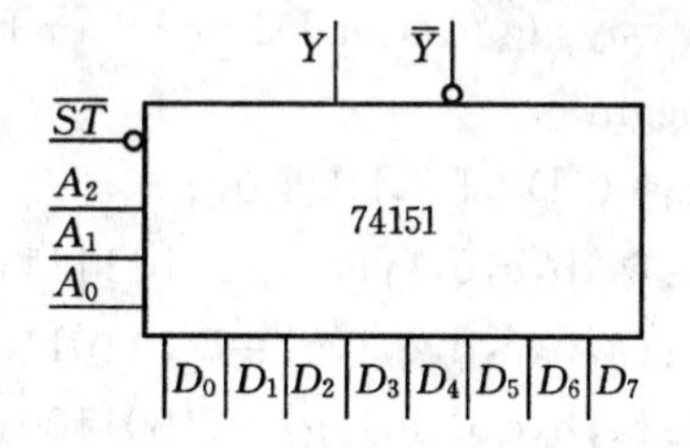

图 2.4.2 八选一数据选择器 74151 逻辑图

表 2.4.1 74151 真值表

输入				输出	
$\overline{ST}$	A_2	A_1	A_0	Y	$\overline{Y}$
1	×	×	×	0	1
0	0	0	0	D_0	$\overline{D}_0$
0	0	0	1	D_1	$\overline{D}_1$
0	0	1	0	D_2	$\overline{D}_2$
0	0	1	1	D_3	$\overline{D}_3$
0	1	0	0	D_4	$\overline{D}_4$
0	1	0	1	D_5	$\overline{D}_5$
0	1	1	0	D_6	$\overline{D}_6$
0	1	1	1	D_7	$\overline{D}_7$

3）实验内容及步骤

(1) 用 Veriog HDL 语言设计四选一数据选择器，仿真设计结果。

(2) 用 Verilog HDL 语言设计实现 74151 功能的数据选择器，仿真设计结果。

(3) 下载该 74151 数据选择器，进行在线测试。

4）设计示例

(1) 用 Verilog HDL 语言设计的四选一数据选择器程序 mux4_1.v 如下：

```
module mux4_1(out,in0,in1,in2,in3,sel);
output out;  input in0,in1,in2,in3;
input[1:0] sel;
reg out;
always @(in0 or in1 or in2 or in3 or sel)
begin
if(sel==2'b00)        out=in0;
else if(sel==2'b01)   out=in1;
else if(sel==2'b10)   out=in2;
else                  out=in3;
end
endmodule
```

(2) 实现 74151 数据选择器逻辑功能的 Verilog HDL 程序 mux74151.v 如下：

```
module mux74151(sel,D,GN,Y);
output Y; input [2:0] sel;
input [7:0] D;
input GN;
reg Y;
always@(sel or GN)
begin
if (GN==1)  Y=1'bz;
else begin
```

```
case(sel)
3'b000:Y=D[0];
3'b001:Y=D[1];
3'b010:Y=D[2];
3'b011:Y=D[3];
3'b100:Y=D[4];
3'b101:Y=D[5];
3'b110:Y=D[6];
3'b111:Y=D[7];
endcase
end   end   endmodule
```

(3) 四选一数据选择器的功能仿真波形如图 2.4.3 所示。

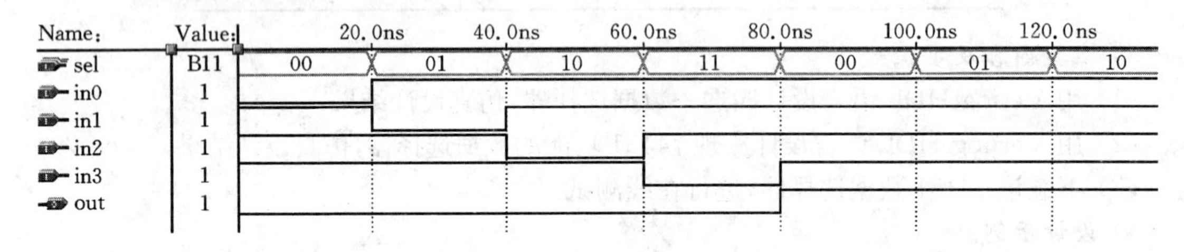

图 2.4.3　四选一数据选择器的功能仿真波形图

5) 实验报告要求

(1) 写出实验电路源程序,作出实验电路原理图,分析总结仿真波形并下载结果。

(2) 写出心得体会,如:实验过程中遇到的问题及采用的解决办法,通过这次实验有哪些收获,怎样提高自己的实验效率和实验水平,等等。

(3) 完成实验思考题。

6) 实验思考题

(1) 请在程序 mux4_1.v 中,将 if_else 语句改写为条件运算符。

(2) 请用 Verilog HDL 语言编写实现四位数据总线宽度的四选一数据选择器,并使输出具有三态功能。

实验 5　数值比较器设计

1) 实验目的

(1) 复习数值比较器的构成及工作原理。

(2) 掌握用 Verilog HDL 语言设计多位数值比较器的方法。

2) 实验原理

在一些数字系统(如数字计算机)中经常要求比较两个数值的大小。为完成这一功能所设计的各种逻辑电路统称为数值比较器。1 位二进制数的比较是数值比较器的基础。表 2.5.1列出了 1 位二进制数比较电路的真值表。从真值表可以写出 1 位二进制数比较电路的逻辑方程式(2.5.1),画出逻辑图如图 2.5.1 所示。

$$Y_{(A>B)}=A\overline{B}$$

$$Y_{(A=B)}=\bar{A}\bar{B}+AB$$

$$Y_{(A<B)}=\bar{A}B \tag{2.5.1}$$

位数较多的二进制数的比较电路较为复杂，常用的 4 位数值比较器有 74LS85，用它可以构成位数较多的二进制数比较电路，如 8 位、16 位、24 位、32 位的比较器。

表 2.5.1　1 位二进制数比较电路的真值表

输　入		输　出		
A	B	$Y_{(A>B)}$	$Y_{(A=B)}$	$Y_{(A<B)}$
0	0	0	1	0
0	1	0	0	1
1	0	1	0	0
1	1	0	1	0

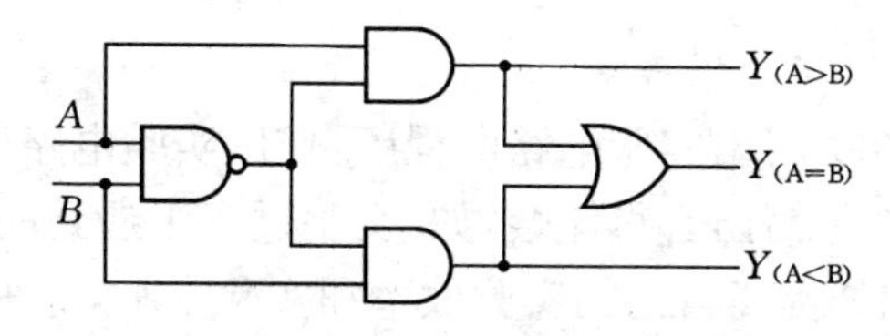

图 2.5.1　1 位数值比较器逻辑图

3）实验内容及步骤

(1) 写出实验电路源程序，作出实验电路原理图，分析总结仿真波形及下载结果。

(2) 用 Verilog HDL 语言设计一个位数可以由用户自定义的比较电路模块，仿真设计结果。

(3) 下载所设计的多位数值比较器，并进行在线测试。

4）设计示例

(1) 用 Verilog HDL 语言设计的 1 位数值比较器程序 compare_1. v 如下：

```
module compare_1(a,b,result_1);
input a,b; output result_1;
reg result_1;
always @(a or b)
result_1=(a>b)? 1:0;
endmodule
```

(2) 位数可由用户自定义的数值比较器 Verilog HDL 程序 compare_n. v 如下：

```
module compare_n(X,Y,XGY,XSY,XEY);
parameter width=8;
input [width-1:0] X,Y;
output XGY,XSY,XEY;
reg XGY,XSY,XEY;
always @(X or Y)
begin
if(X==Y) XEY=1;
else   XEY=0;
if(X>Y) XGY=1;
else XGY=0;
if(X<Y) XSY=1;
else XSY=0;
end
endmodule
```

(3) 程序 compare_n. v 的功能仿真波形如图 2. 5. 2 所示。

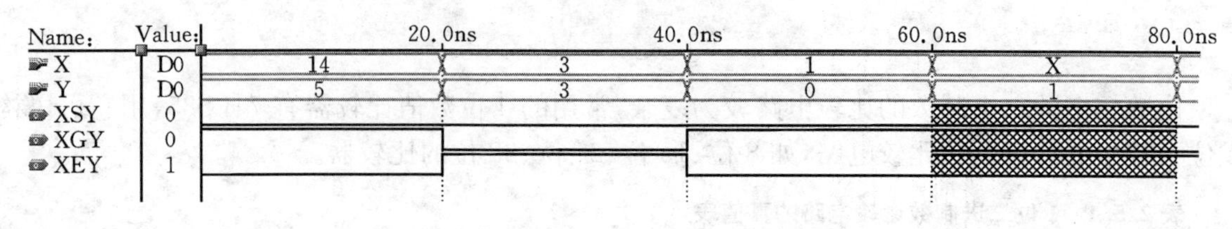

图 2. 5. 2　8 位数值比较器的功能仿真波形图

5) 实验报告要求

(1) 写出实验电路源程序,作出实验电路原理图,分析总结仿真波形及下载结果。

(2) 写出心得体会,如:实验过程中遇到的问题及采用的解决办法,通过这次实验有哪些收获,怎样提高自己的实验效率和实验水平,等等。

(3) 完成实验思考题。

6) 实验思考题

如果将程序 compare_n. v 中的 parameter width=8 移至第五行,对运行结果会不会有影响?

实验 6　三态门设计

1) 实验目的

(1) 复习三态门的构成及工作原理。

(2) 掌握用 Verilog HDL 语言设计单向三态门的方法。

(3) 了解用 Verilog HDL 语言设计双向三态总线的方法。

2) 实验原理

三态总线缓冲器是接口电路和总线缓冲常用电路,一般由三态门构成。三态门的原理图如图 2. 6. 1 所示。当 *EN* 有效时输出;当 *EN* 无效时,输出为高阻态,其真值表如表 2. 6. 1 所示。在可编程器件中,编程为三态输出时,一般只在输出级使用,可编程器件内部不能使用三态编程,这是由可编程器件的内部结构所决定的,与程序设计无关。常用的三态缓冲器可分为单向总线缓冲器和双向总线缓冲器。在 Verilog HDL 语言中,可用“*Z*”表示高阻态。

A　B　&　Y　$\overline{EN}$

图 2. 6. 1　三态门逻辑符号

表 2. 6. 1　三态门真值表

输入			输出
$\overline{EN}$	*A*	*B*	*Y*
1	×	×	高阻态
0	0	0	0
0	0	1	0
0	1	0	0
0	1	1	1

3) 实验内容及步骤

(1) 用 Verilog HDL 语言设计一个单向三态门,仿真设计结果。

(2) 用 Verilog HDL 语言设计一个三态双向总线,仿真设计结果。

(3) 下载所设计的单向三态门,并进行在线测试。

4）设计示例

(1) 用 Verilog HDL 语言的 assign 语句描述的单向三态门程序 tri_2. v 如下：

```
module tri_2(out,in,en);
output out;
input in,en;
assign out=en? in:'bz;
endmodule
```

(2) 用 Verilog HDL 语言设计的 8 位双向三态总线程序 bidir. v 如下：

```
module bidir(bidir,en,clk);
inout[7:0] bidir;
input en,clk;
reg[7:0] temp;
assign bidir=en? temp:8'bz;
always@(posedge clk)
begin
if(en) temp=bidir;
else temp=temp+1;
end
endmodule
```

(3) 8 位双向三态总线时序仿真波形如图 2. 6. 2 所示。

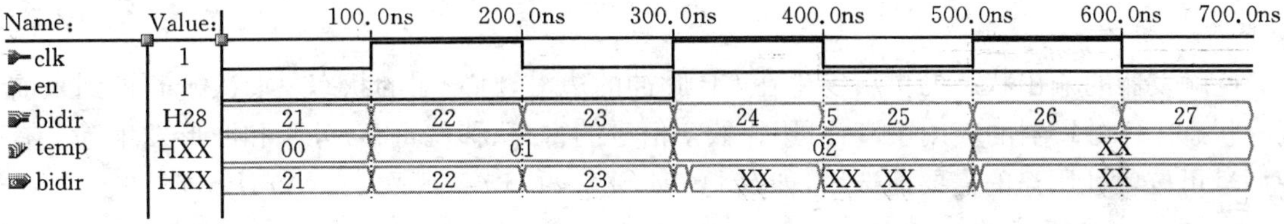

图 2. 6. 2 8 位双向三态总线时序仿真波形图

5）实验报告要求

(1) 写出实验电路源程序，作出实验电路原理图，分析总结仿真波形及下载结果。

(2) 写出心得体会，如：实验过程中遇到的问题及采用的解决办法，通过这次实验有哪些收获，怎样提高自己的实验效率和实验水平，等等。

(3) 完成实验思考题。

6）实验思考题

请用 Verilog HDL 语言编写一个 8 位单向三态总线程序。

2.2 基本时序逻辑电路设计实验

实验 7 触发器设计

1）实验目的

(1) 复习 JK 触发器和 D 触发器的构成及工作原理。

(2) 掌握用 Verilog HDL 语言设计触发器的基本方法。

(3) 学习时序逻辑电路波形仿真方法。

2) 实验原理

触发器是具有记忆功能的基本逻辑单元，它能接收、保存和输出数码 0 和 1，常用的触发器有 RS 触发器、JK 触发器、D 触发器、T 触发器等，用这些触发器可以构成各种时序电路。在可编程逻辑器件中一般都包含基本的 D 触发器结构，它与其他控制电路一起可以形成各种不同性能的触发器。在实际的设计工程中，开发系统会根据设计描述自动地综合为不同类型的触发器，以达到设计要求。如图 2.7.1为开发系统所提供的 D 触发器元件图。

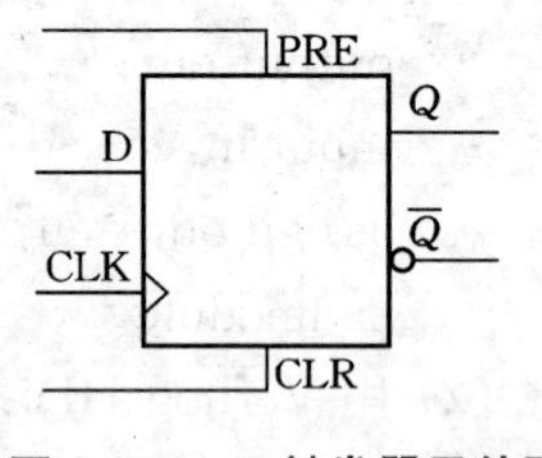

图 2.7.1　D 触发器元件图

(1) JK 触发器

在输入信号为双端的情况下，JK 触发器是功能完善、使用灵活和通用性较强的一种触发器。JK 触发器的状态方程为：

$$Q^{n+1} = J\,\overline{Q^n} + \overline{K}Q^n \tag{2.7.1}$$

J 和 K 是数据输入端，是触发器状态更新的依据，若 J、K 有两个或两个以上输入端时，组成“与”的关系。Q 与 $\overline{Q}$ 为两个互补输出端。通常把 $Q=0, \overline{Q}=1$ 的状态定为触发器“0”状态；而把 $Q=1, \overline{Q}=0$ 的状态定为触发器“1”状态。

(2) D 触发器

在输入信号为单端的情况下，D 触发器用起来最为方便，其状态方程为：

$$Q^{n+1} = D \tag{2.7.2}$$

D 触发器的输出状态的更新发生在 CP 脉冲的边沿，触发器的状态只取决于时钟到来前 D 端的状态。D 触发器的应用很广，可用作数字信号的寄存、移位寄存、分频和波形发生等。有多种型号可按各种用途的需要而选用，如双 D 74LS74、四 D 74LS175、六 D 74LS174 等。

3) 实验内容及步骤

(1) 用 Verilog HDL 语言设计同步复位和异步置位的 D 触发器，仿真设计结果。

(2) 用 Verilog HDL 语言设计异步复位和同步置位的 JK 触发器，仿真设计结果。

(3) 分别下载所设计的两种触发器，并进行在线测试。

4) 设计示例

(1) 用 Verilog HDL 语言描述的 D 触发器程序 D_FF. v 如下：

```
module   D_FF(q,qn,d,clk,set,reset);
input d,clk,set,reset;
output q,qn;
reg q,qn;
always @(posedge clk or posedge set)
begin if(set) begin q<=1;qn<=0;end
else if(reset)   begin q<=0;qn<=1;end
else begin q<=d;qn<=~d; end
end
endmodule
```

(2) 用 Verilog HDL 语言描述的 JK 触发器程序 JK_FF. v 如下：

```
module JK_FF(CLK,J,K,Q,RS,SET);
input   CLK,J,K,SET,RS;
output Q;
reg Q;
always @(posedge CLK or negedge RS)
begin   if(! RS) Q<=1'B0;
else if(! SET)   Q<=1'B1;
else case({J,K})
2'b00:Q<=Q;
2'b01:Q<=1'b0;
2'b10:Q<=1'b1;
2'b11:Q<=~Q;
endcase
end
endmodule
```

(3) JK 触发器的时序仿真波形如图 2.7.2 所示。

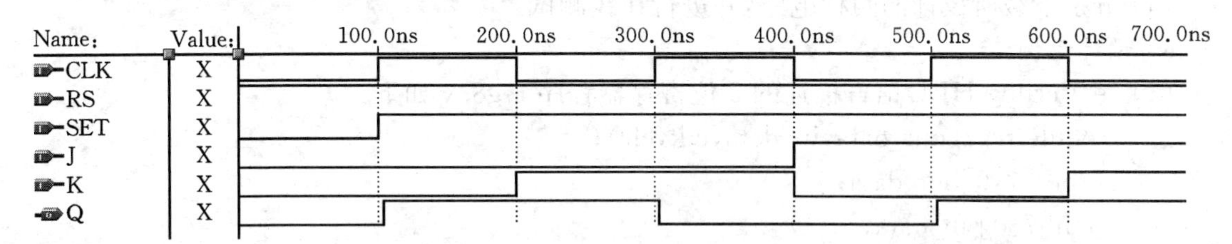

图 2.7.2 JK 触发器的时序仿真波形图

5) **实验报告要求**

(1) 写出实验电路源程序，作出实验电路原理图，分析总结仿真波形及下载结果。

(2) 写出心得体会，如：实验过程中遇到的问题及采用的解决办法，通过这次实验有哪些收获，怎样提高自己的实验效率和实验水平，等等。

(3) 完成实验思考题。

6) **实验思考题**

请用 Verilog HDL 语言编写一个带清 0 和置 1 功能的 T 触发器程序。

实验 8 寄存器和锁存器设计

1) **实验目的**

(1) 复习寄存器和锁存器的工作原理及区别。

(2) 掌握用 Verilog HDL 语言设计寄存器的方法。

(3) 掌握用 Verilog HDL 语言设计锁存器的方法。

(4) 提高分析比较不同仿真波形结果的能力。

2）实验原理

寄存器(Register)用来寄存一组二值代码，它被广泛地用于各类数字系统和数字计算机中。用 N 个触发器组成的寄存器能存储 N 位二值代码。

锁存器和寄存器的功能是相同的，两者的区别在于：锁存器一般由电平信号触发，寄存器一般由同步时钟信号触发。锁存器在触发电平有效期间，输出 Q 的状态会跟随输入端状态而改变；而寄存器的输出状态仅仅取决于时钟边沿时刻到达时输入的状态。

寄存器的原理框图可用图 2.8.1 来表示，锁存器的原理框图可用图 2.8.2 所示。

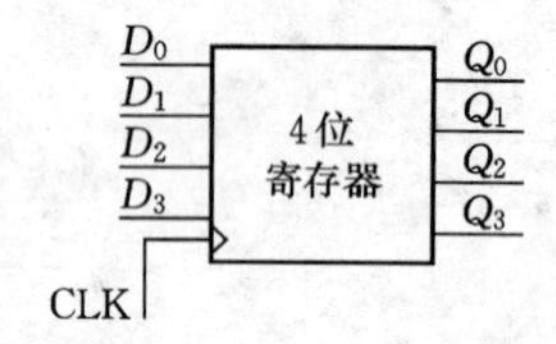

图 2.8.1　4 位寄存器原理框图

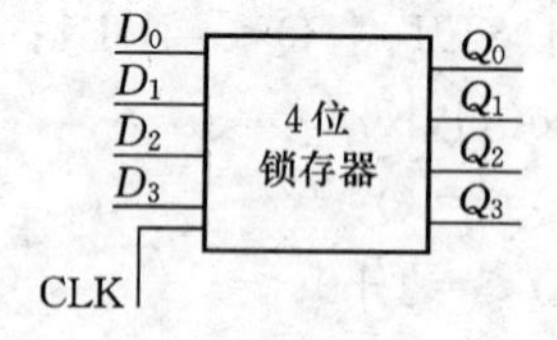

图 2.8.2　4 位锁存器原理框图

3）实验内容及步骤

(1) 用 Verilog HDL 语言设计一个 8 位寄存器，仿真设计结果。

(2) 用 Verilog HDL 语言设计一个 8 位锁存器，仿真设计结果。

(3) 分析比较以上两个仿真结果。

(4) 分别下载所设计的两种电路，并进行在线测试。

4）设计示例

(1) 用 Verilog HDL 语言描述的 8 位寄存器程序 reg8. v 如下：

```
module reg8(out_data,in_data,clk,clr);
output[7:0]out_data;
input[7:0] in_data;
input clk,clr;
reg[7:0]out_data;
always @(posedge clk or posedge clr)
begin
if(clr)          out_data=0;
else             out_data=in_data;
end
endmodule
```

(2) 用 Verilog HDL 语言描述的 8 位锁存器程序 latch8. v 如下：

```
module latch8(qout,data,clk);
output[7:0] qout;
input[7:0] data;
input clk;
reg[7:0] qout;
always @(clk or data)
begin
if(clk) qout=data;
end
endmodule
```

(3) 8位寄存器的功能仿真波形如图2.8.3所示。

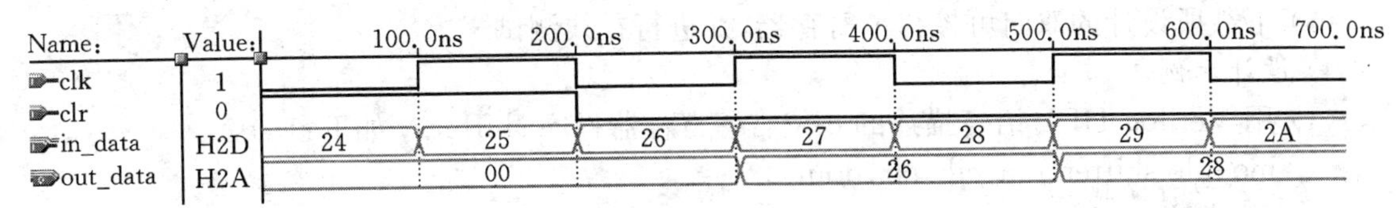

图2.8.3　8位寄存器的功能仿真波形图

(4) 8位锁存器的功能仿真波形如图2.8.4所示。

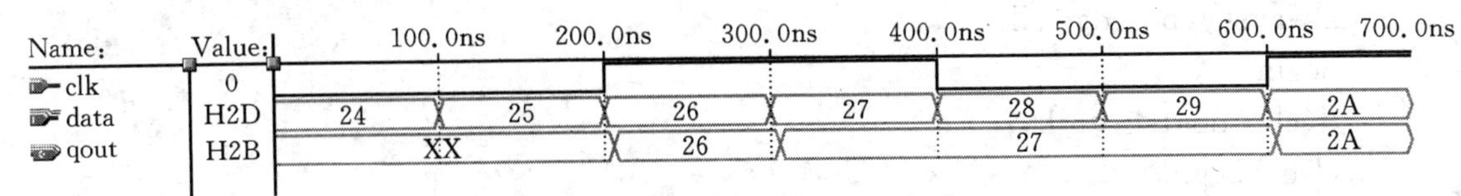

图2.8.4　8位锁存器的功能仿真波形图

5) 实验报告要求

(1) 写出实验电路源程序,分析总结仿真波形及下载结果。

(2) 写出心得体会,如:实验过程中遇到的问题及采用的解决办法,通过这次实验有哪些的收获,怎样提高自己的实验效率和实验水平,等等。

(3) 完成实验思考题。

6) 实验思考题

(1) 请比较锁存器和寄存器在设计上有什么不同。

(2) 请比较锁存器和寄存器两者的使用场合有什么不同。

实验9　移位寄存器设计

1) 实验目的

(1) 复习移位寄存器的工作原理。

(2) 掌握移位寄存器的设计方法。

(3) 学习移位寄存器的仿真方法。

2) 实验原理

移位寄存器是数字逻辑电路的一个基本单元,既具有存储寄存功能,也具有数码移动的功能,可以在移位脉冲的作用下,使数码进行左右移动,其原理图如图2.9.1所示。从图2.9.1中可以看出,移位寄存器是由D型触发器构成的,将前一个触发器的输出作为后一个触发器的输入,每个触发器的时钟连接成同步方式。常用的移位寄存器有并行输入/串行输出移位寄存器和串行输入/并行输出移位寄存器,这些移位寄存器常用作串/并转换电路。常见的移位寄存器芯片为74LS194,是由4个触发器构成的双向移位寄存器。

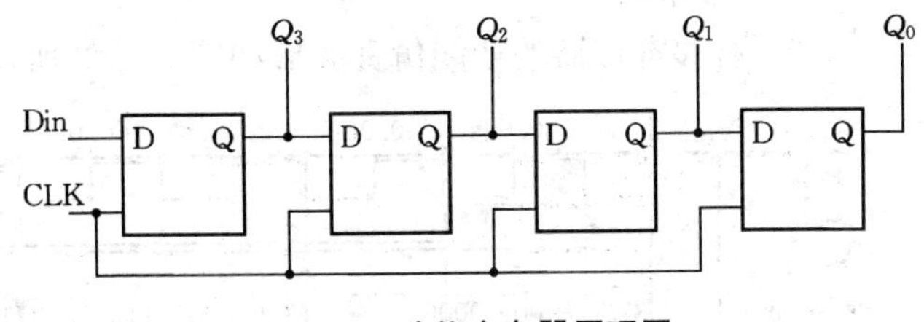

图2.9.1　移位寄存器原理图

3) 实验内容及步骤

(1) 用Verilog HDL语言设计一个8位右移寄存器,仿真设计结果。

(2) 用 Verilog HDL 语言设计一个双向可控移位寄存器,仿真设计结果。

(3) 下载所设计的双向可控移位寄存器,并进行在线测试。

4) 设计示例

(1) 用 Verilog HDL 语言描述的 8 位右移寄存器程序 shifter. v 如下:

```
module shifter(din,clk,clr,dout);
input din,clk,clr;
output[7:0] dout;
reg[7:0] dout;
always@(posedge clk)
begin
if(clr) dout<=8'b0;
else  begin
dout<=dout>>1;
dout[7]<=din;
end
end
endmodule
```

(2) 用 Verilog HDL 语言描述的双向可控移位寄存器程序 double_shifter. v 如下:

```
module double_shifter(l_din,r_din,clk,clr,dout,dir);
input l_din,r_din,clk,clr,dir;
output[7:0] dout;
reg[7:0] dout;
always@(posedge clk)
begin
if(clr) dout<=8'b0;
else  begin  if(dir==0) dout<= {dout<<1, l_din};
else  dout<={r_din,dout>>1};
end
end
endmodule
```

(3) 右移寄存器的功能仿真波形如图 2.9.2 所示。

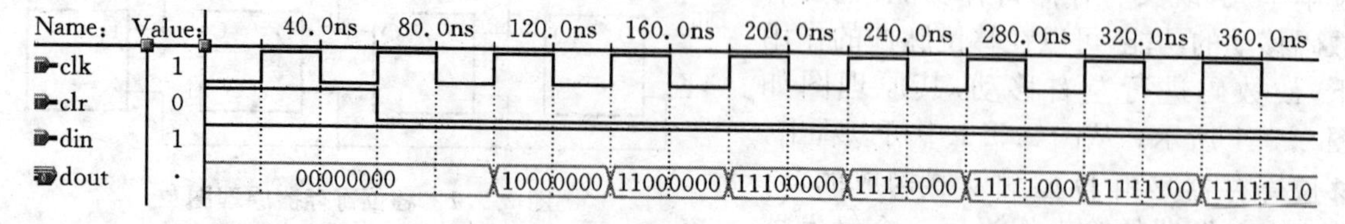

图 2.9.2　右移寄存器的功能仿真波形图

5) 实验报告要求

(1) 写出实验电路源程序,分析总结仿真波形及下载结果。

(2) 写出心得体会,如:实验过程中遇到的问题及采用的解决办法,通过这次实验有哪些收获,怎样提高自己的实验效率和实验水平,等等。

(3) 完成实验思考题。

6）实验思考题

(1) 请将程序 double_shifter.v 中的双向移位寄存器添加置数及保持功能。

(2) 请用 Verilog HDL 语言编写并行输入/串行输出移位寄存器程序。

(3) 请用图形法设计 4 位右移移位寄存器。

实验 10 计数器设计

1）实验目的

(1) 复习计数器的构成及工作原理。

(2) 掌握用图形法设计计数器的方法。

(3) 掌握用 Verilog HDL 语言设计计数器的方法。

(4) 进一步掌握时序逻辑电路的仿真方法。

2）实验原理

计数器是数字系统中使用最多的时序电路。计数器最常见的用途是能对时钟脉冲进行计数。按计数器的计数容量来分类，计数器可分为二进制计数器、十进制计数器、任意进制计数器三类，其中，二进制计数器的模值等于 2^n（n 为触发器个数）。可以用已有固定进制的计数器通过外电路的不同连接方式来构成任意进制的计数器，具体有反馈清零、反馈置数、同步级联（并行连接）、异步级联（串行连接）、整体置零、整体置数等方式。常见的计数器芯片有 74160（十进制）、74161（4 位二进制）、74192（双时钟可逆十进制）等。

3）实验内容及步骤

(1) 用图形法设计一个十进制计数器，仿真设计结果。

(2) 用 Verilog HDL 语言设计一个十进制计数器（要求加法计数；时钟上升沿触发；异步清零，低电平有效；同步置数，高电平有效），并进行仿真验证。

(3) 下载所设计的十进制计数器，并进行在线测试。

4）设计示例

(1) 用图形法设计的十进制计数器如图 2.10.1 所示。

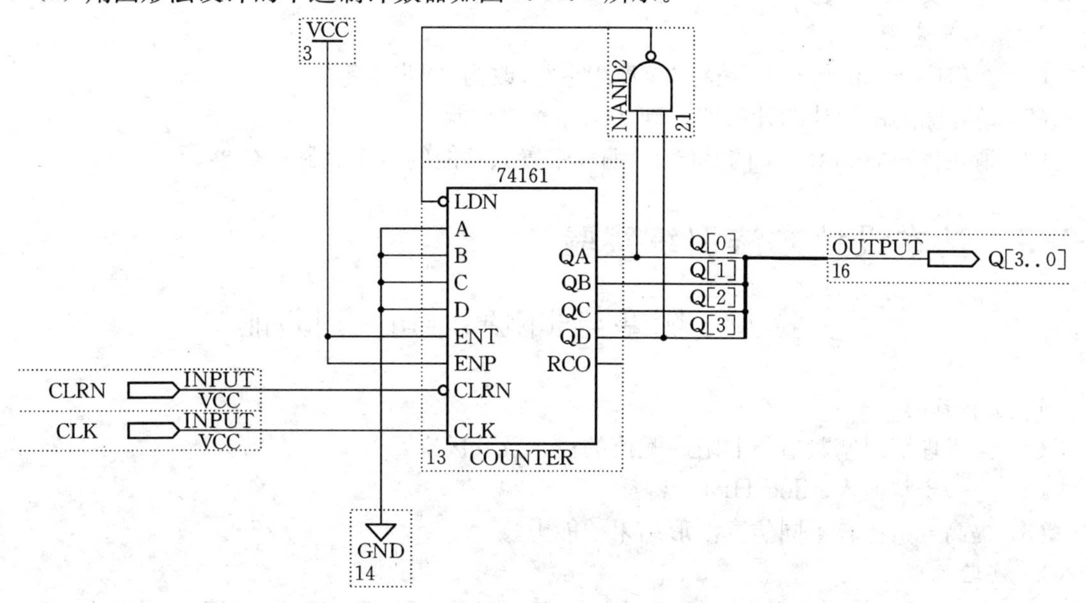

图 2.10.1 用 74161 设计的十进制计数器原理图

(2) 用 Verilog HDL 语言描述的十进制计数器程序 count10. v 如下：

```
module count10(clk,d,clr,load,out);
input clk,clr,load;
input [3:0] d;
output [3:0] out;
reg [3:0] out;
always @(posedge clk or negedge clr)
begin   if(! clr) out<=0;
else if(load) out<=d;
else if(out==9) out<=0;
else out<=out+1;   end
endmodule
```

(3) 十进制计数器的功能仿真波形如图 2.10.2 所示。

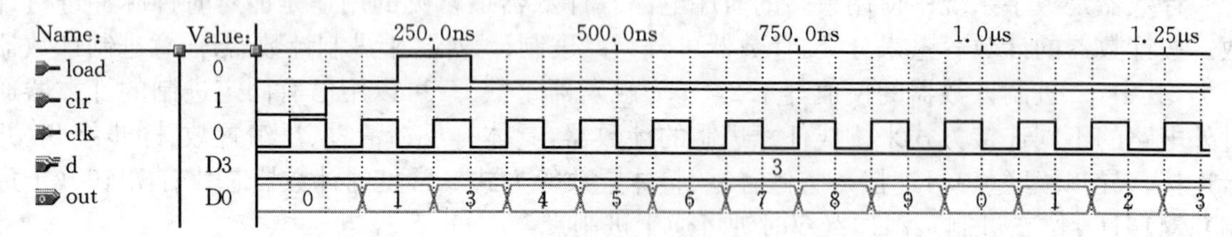

图 2.10.2 十进制计数器的功能仿真波形图

5) 实验报告要求

(1) 写出实验电路源程序，分析总结仿真波形及下载结果。

(2) 写出心得体会，如：实验过程中遇到的问题及采用的解决办法，通过这次实验有哪些收获，怎样提高自己的实验效率和实验水平，等等。

(3) 完成实验思考题。

6) 实验思考题

(1) 在程序 count10. v 中，请将“异步清零”端改为“同步清零”。

(2) 请在图形法设计的计数器基础上添加置数功能。

(3) 请在程序 count10. v 的基础上，编写带置数功能的六十进制计数器。

2.3 基本设计方法训练实验

实验 11 阻塞与非阻塞语句区别验证

1) 实验目的

(1) 深入理解阻塞赋值与非阻塞赋值的概念及其区别。

(2) 进一步掌握 Verilog HDL 语言。

(3) 提高分析比较不同仿真波形结果的能力。

2) 实验原理

在 Verilog HDL 语言当中，一般用在过程语句里的赋值语句被称为过程赋值语句，它包括阻塞赋值和非阻塞赋值两种方式。

(1) 阻塞赋值语句

赋值符号为“＝”。阻塞赋值语句执行的过程是：首先计算右端赋值表达式的取值，然后立即将计算结果赋值给(“＝”)左端的被赋值变量。如果在一个块语句中，有多条阻塞赋值语句，那么在前面的赋值语句没有完成之前，后面的语句就不能被执行，仿佛被阻塞了一样，因此称为阻塞赋值方式。

(2) 非阻塞赋值语句

赋值符号为“＜＝”。非阻塞赋值符“＜＝”与小于等于符“＜＝”看起来是一样的，但意义完全不同，小于等于符是关系运算符，用于比较大小，而非阻塞赋值符用于赋值操作。非阻塞赋值方式的特点是：在整个过程块结束时才完成赋值操作。

在 always 过程块中，阻塞赋值语句可以理解为赋值语句是顺序执行的，而非阻塞赋值语句是并发执行的。

3) 实验内容及步骤

(1) 将【设计示例】所给的两段 Verilog 源程序补充完整，给其添加相同的输入激励波形，分别进行功能仿真。

(2) 比较仿真结果，判断阻塞赋值语句与非阻塞赋值语句的区别。

4) 设计示例

(1) 用 Verilog HDL 语言编写的两段示例程序如下：

【示例 1】

```
always@(posedge clk)
begin
b<=a;
c<=b;
end
```

【示例 2】

```
always@(posedge clk)
begin
b=a;
c=b;
end
```

(2) 【示例 1】、【示例 2】的功能仿真波形分别如图 2.11.1、图 2.11.2 所示。

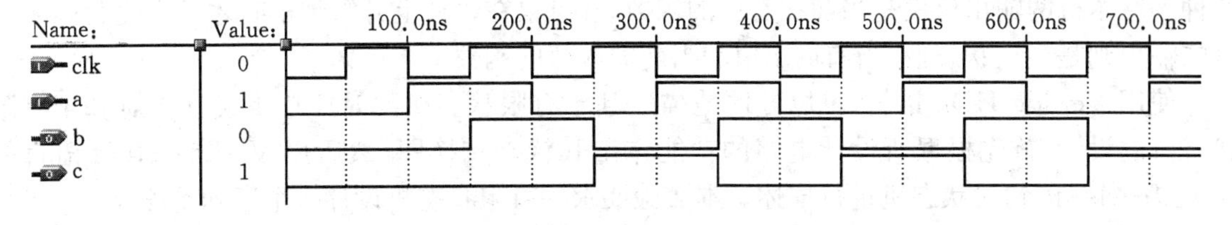

图 2.11.1 【示例 1】功能仿真波形图

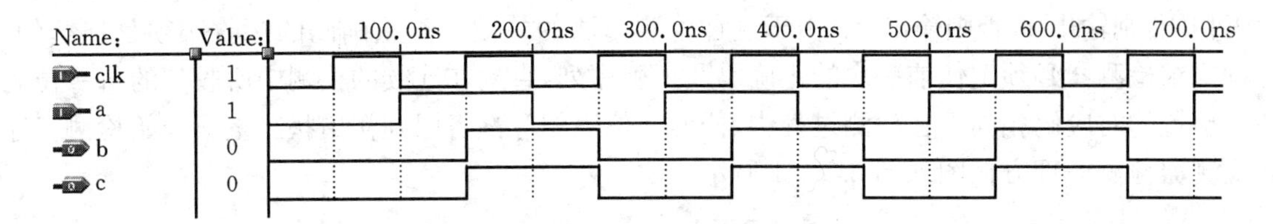

图 2.11.2 【示例 2】功能仿真波形图

5) 实验报告要求

(1) 写出实验电路源程序，分析总结仿真波形。

(2) 完成实验思考题。

6）实验思考题

（1）将【示例2】中的语句

```
always @(posedge clk)
begin b=a;c=b;end
```

替换为如下的语句：

```
always @(posedge clk) b=a;
always @(posedge clk) c=b;
```

仿真的结果会有什么样的变化？请做出仿真波形。

（2）判断如下两段 Verilog 程序的运行结果的差别。

```
always@(posedge clk)        always@(posedge clk)
begin                       begin
b<=a;                       b=a;
a<=b;                       a=b;
end                         end
```

实验12 有限状态机设计

1）实验目的

（1）掌握序列检测器的工作原理。

（2）掌握利用有限状态机进行时序逻辑电路设计的方法。

2）实验原理

有限状态机(Finite State Machine,FSM)是时序逻辑电路设计中经常使用的一种方法。在状态连续变化的数字系统设计中，采用状态机的设计思想有利于提高设计效率，增加程序的可读性，减少错误的发生几率。一般来说，标准状态机可以分为摩尔(Moore)机和米立(Mealy)机两种。摩尔机的输出仅仅是当前状态值的函数，并且仅在时钟上升沿到来时才发生变化。米立机的输出则是当前状态值、当前输出值和当前输入值的函数。

使用 Verilog HDL 语言，可以方便地描述基于有限状态机的时序逻辑设计。对基于有限状态机的设计，首先根据所设计电路的功能作出其状态转换图，然后用 Verilog HDL 语言的 case、if…else 语句对状态机进行描述。本实验要求用有限状态机设计一个序列检测器。

序列检测器用于检测一组或多组由二进制码组成的脉冲序列信号，它在数字通信系统中有着广泛的应用。当序列检测器连续收到一组串行二进制码后，如果这组码与检测器中预先设置的码相同，则输出1，否则输出0。由于这种检测方法的关键在于正确码的接收必须是连续的，这就要求检测器必须记住前一次的正确码及正确序列，直到在连续的检测中所收到的每一位码都与预置的对应码相同。在检测过程中，任何一位不相等都将回到初始状态重新开始检测。序列检测器检测原理方框图如图2.12.1所示。

图2.12.1 序列检测器检测原理方框图

本实验要利用有限状态机设计一个时序逻辑电路，其功能是检测一个4位二进制序列"1111"，即输入序列中如果有4个或4个以上连续的"1"出现，输出为1，其他情况下，输出为0。其输入、输出如下：

输入 x：000 101 010 110 111 101 111 110 101

输出 z：000 000 000 000 000 100 001 110 000

根据上面的输入、输出，作出其状态转换图，如图2.12.2所示。有限状态机共包含S0、S1、S2、S3、S4共5个状态（包括初始状态S0）。

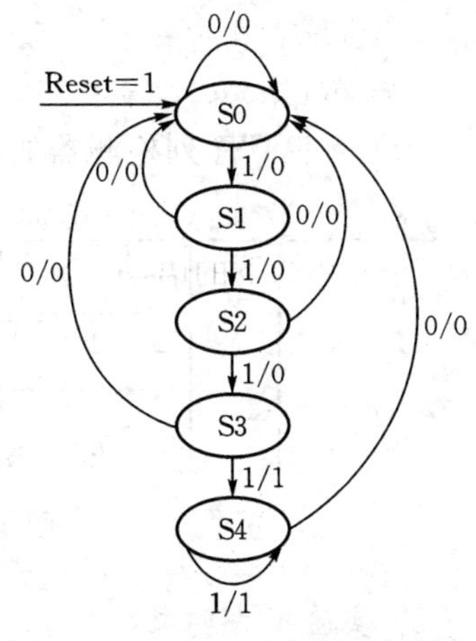

图2.12.2 "1111"序列检测器的状态转换图

3）实验内容及步骤

（1）用Verilog HDL语言设计出描述如上的"1111"序列检测器，并进行仿真验证。

（2）下载该电路，并进行在线测试。

4）设计示例

（1）用Verilog HDL语言描述的"1111"序列检测器程序fsm_seq.v如下：

```
module fsm_seq(x,z,clk,reset,state);
input x,clk,reset;
output z;
output[2:0] state;
reg[2:0] state;reg z;
parameter s0='d0,s1='d1,s2='d2,s3='d3,s4='d4;
always @(posedge clk)  begin  if(reset)
begin   state<=s0;z<=0; end
else casex(state)
s0: begin  if(x==0) begin state<=s0;z<=0;end
           else begin  state<=s1;z<=0;end
    end
s1: begin  if(x==0) begin state<=s0;z<=0;end
           else begin  state<=s2;z<=0;end
    end
s2: begin  if(x==0) begin state<=s0;z<=0;end
           else begin  state<=s3;z<=0;end
    end
s3: begin  if(x==0) begin state<=s0;z<=0;end
           else begin  state<=s4;z<=1;end
    end
s4: begin  if(x==0) begin state<=s0;z<=0;end
           else begin  state<=s4;z<=1;end
    end
default:   state<=s0;
endcase
```

```
    end
    endmodule
```

(2)“1111”序列检测器的功能仿真波形如图 2.12.3 所示。

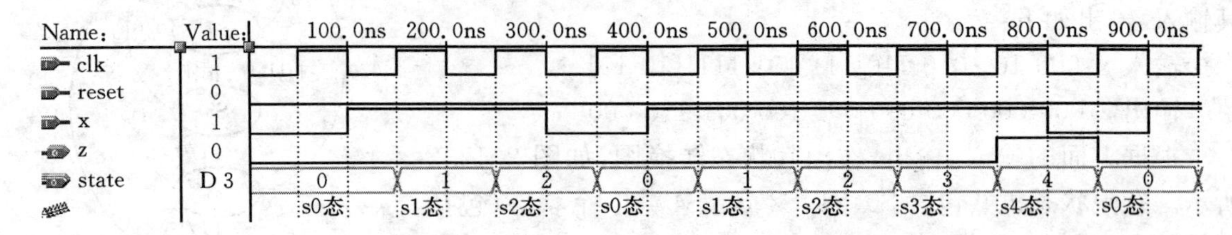

图 2.12.3　“1111”序列检测器的功能仿真波形

5）实验报告要求

(1) 写出实验电路源程序，分析总结仿真波形及下载结果。

(2) 写出心得体会，如：实验过程中遇到的问题及采用的解决办法，通过这次实验有哪些的收获，怎样提高自己的实验效率和实验水平，等等。

(3) 完成实验思考题。

6）实验思考题

(1) 请总结使用有限状态机进行时序电路设计的要点。

(2) 参考本实验，设计一个“1001”串行数据检测器。其输入、输出如下：

输入 x：000 101 010 010 011 101 001 110 101

输出 z：000 000 000 010 010 000 001 000 000

3 综合设计实验

本章实验内容主要为综合设计实验。这里的每个实验均包含多个知识点，同时又有重点训练目标，通过这些实验，学生能提高自身的综合设计能力，掌握系统设计的思路和方法。

实验1 累加器设计

1）实验目的

（1）了解累加器工作原理。

（2）掌握多层次结构的设计思路。

（3）掌握综合应用原理图和文本相结合的设计方法。

2）实验原理

在运算器中，专门存放算术或逻辑运算的一个操作数和运算结果的寄存器被称为累加器。它能进行加、减、读出、移位、循环移位和求补等操作，是运算器的主要组成部分。累加器的主要功能是对数据进行累加，并可以暂存运算结果。累加器在不同的应用场合，所起的作用有所不同。

在中央处理器CPU中，累加器（Accumulator）是一种暂存器，用来储存计算所产生的中间结果。如果没有像累加器这样的暂存器，那么在每次计算（加、减、移位等）后就必须把结果写回到内存，然后再读出来。然而存取主内存的速度要比从算术逻辑单元（ALU）到有直接路径的累加器存取更慢。

在汇编语言程序中，累加器AX是一个非常重要的寄存器，但在程序中用它来保存临时数据时，最好将其转存到其他寄存器或内存单元中，以防止在其他指令的执行过程中使其中的数据被修改，从而得到不正确的结果，为程序的调试带来不必要的麻烦。

本实验要求设计一个简易的8位累加器ACC，用于对输入的8位数据进行累加。可以把累加器分为两个模块：一个是8位全加器，一个是8位寄存器。全加器负责对不断输入的数据和进位进行累加，寄存器负责暂存累加和，把累加和输出并反馈到累加器输入端，以进行下一次的累加。划分好模块后，再把每个模块的端口和连接关系设计完毕，就可以设计各个功能模块了。

3）实验内容及步骤

（1）用Verilog HDL语言分别设计8位全加器和8位寄存器，生成符号，并分别进行仿真验证。

（2）用图形法设计8位累加器，生成符号，并进行仿真验证。

（3）下载该累加器，并进行在线测试。

4）设计示例

（1）用Verilog HDL语言设计的8位加法器add8.v如下，由其生成的符号如图3.1.1所示。

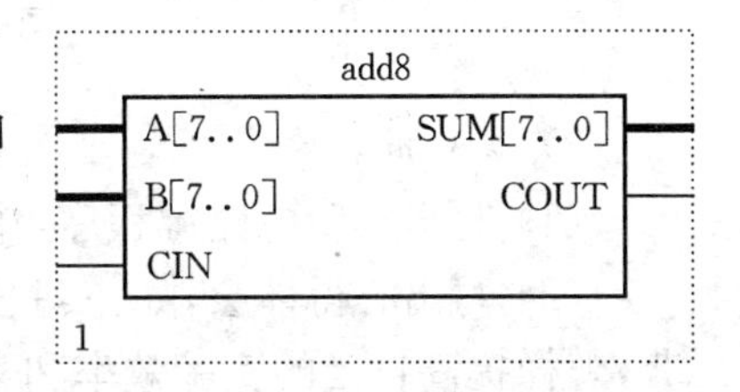

图3.1.1　8位加法器的符号

```
module add8(sum,cout,a,b,cin);
output[7:0] sum;
output cout;
input[7:0]a,b;
```

```
input cin;
assign  {cout,sum}=a+b+cin;
endmodule
```

(2) 用 Verilog HDL 语言设计的 8 位寄存器 reg8.v 如下，由其生成的符号如图 3.1.2 所示。

```
module reg8(qout,in,clk,clr);
output[7:0] qout;
input[7:0] in;
input clk,clr;
reg[7:0] qout;
always @(posedge clk or posedge clr)
begin  if(clr)   qout=0;
else             qout=in;
end
endmodule
```

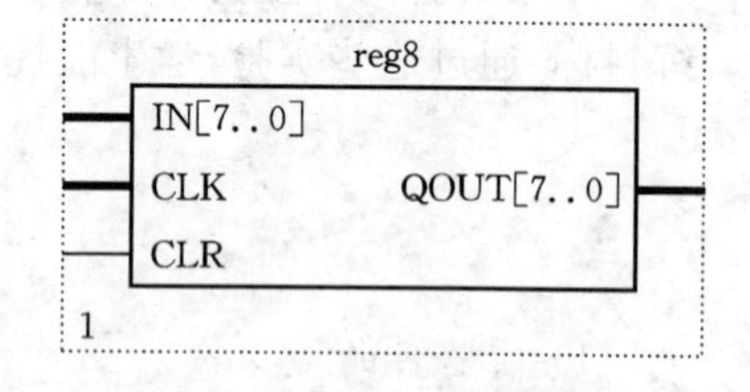

图 3.1.2　8 位寄存器符号

(3) 用图形法设计的 8 位累加器如图 3.1.3 所示。

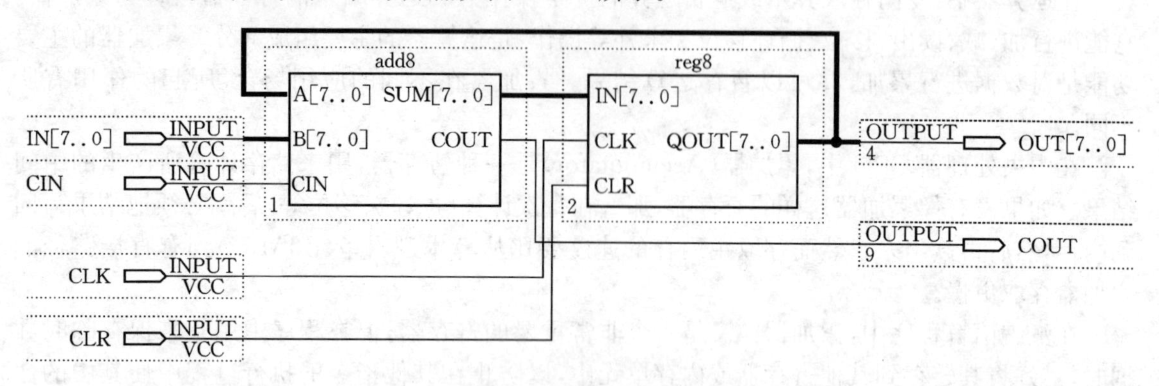

图 3.1.3　累加器顶层模块电路原理图

(4) 8 位累加器的功能仿真波形如图 3.1.4 所示。

Name: | Value: | 100.0ns | 200.0ns | 300.0ns | 400.0ns | 500.0ns | 600.0ns | 700.0ns

CLR 0
CLK 0
CIN 1
IN[7..0] D 80 : 80, 81, 82, 83, 84, 85, 86, 87
OUT[7..0] D 0 : 0, 81, 164, 249, 80
COUT 0

图 3.1.4　8 位累加器的功能仿真波形图

5) 实验报告要求

(1) 写出实验电路源程序，作出实验电路原理图，分析总结仿真波形及下载结果。

(2) 写出心得体会，如：实验过程中遇到的问题及采用的解决办法，通过这次实验有哪些收获，怎样提高自己的实验效率和实验水平，等等。

(3) 完成实验思考题。

6）实验思考题

请用 Verilog HDL 语言编写 8 位累加器电路顶层模块的源程序。

实验 2　数码管扫描显示电路设计

1）实验目的

（1）掌握数码管扫描显示的工作原理。

（2）进一步掌握多层次结构电路的设计方法。

（3）掌握实验硬件系统的使用方法。

2）实验原理

若数码显示板上有 6 个数码管，按照传统的数码管驱动方式，则需要 6 个七段显示译码器进行驱动，这样既浪费资源，又使电路工作不可靠。所以目前最常见的数码管驱动电路为动态扫描显示，这样既节省资源，只需一个译码器就可以实现电路正常、可靠地工作，因此，传统的一个译码器驱动一个数码管的电路模式已经不用了。数码管扫描显示的工作原理如下：

6 个数码管在同一时间进行显示可用两种方式获得：一是传统的方式；二是利用人眼的视觉暂留效应，把 6 个数码管按一定顺序（从左至右或从右至左）进行点亮，当点亮的频率（即扫描频率）不大时，我们看到的是数码管一个个的点亮，然而，当点亮频率足够大时，我们看到的不再是一个一个的点亮，而是全部同时显示（点亮），与传统方式得到的结果完全一样。因此我们只要给数码管一个足够大的扫描频率，就可以实现 6 个（或更多）数码管同时点亮。而这个频率可以通过一个计数器来产生。

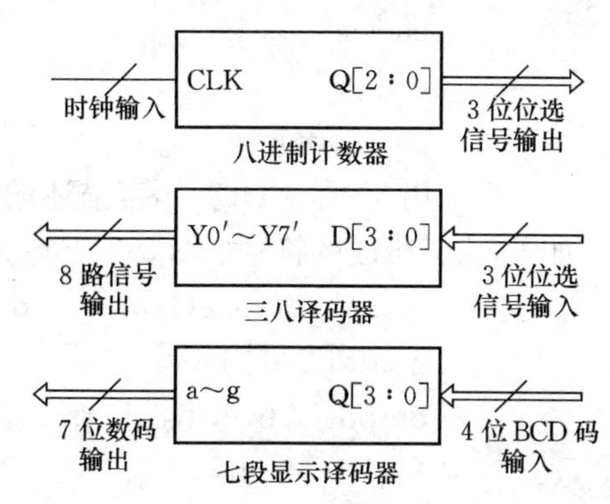

图 3.2.1　数码管扫描显示电路原理图

同时，动态数码扫描显示的硬件电路设计要求：对共阴极数码管，将其公共端阴极接三八译码器的输出，三八译码器的输入为位选信号输入；将 8 个（或更多）数码管的相同段接在一起，然后引出。原理图如图 3.2.1 所示。

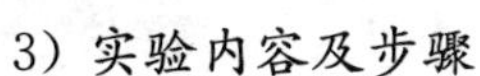

3）实验内容及步骤

（1）用 Verilog HDL 语言设计构成“扫描信号发生器”电路的子模块，生成符号，并进行仿真验证。

（2）用 Verilog HDL 语言设计“七段显示译码器”，生成符号，进行仿真验证。

（3）用图形法设计出“数码管扫描显示电路”，进行仿真验证。

（4）下载该电路，并进行在线测试。

4）设计示例

（1）用 Verilog HDL 语言描述的计数模块程序 count6. v 如下，由其生成的符号如图 3.2.2 所示。

图 3.2.2　计数器模块的符号

```
module count6(clk,Q);
input clk;
output [2:0] Q; reg [2:0] Q;
always @(posedge clk)
begin
```

```
if(Q==5) Q<=0;
else Q<=Q+1;
end
endmodule
```

(2) 用 Verilog HDL 语言描述的译码模块程序 decode3_6.v 如下，由其生成的符号如图 3.2.3 所示(输出高电平有效)。

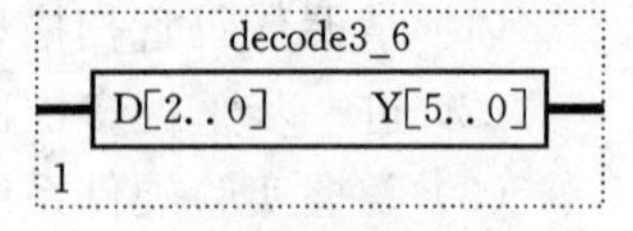

图 3.2.3　译码模块的符号

```
module decode3_6(D,Y);
input [2:0] D;
output [5:0] Y;
reg [5:0] Y;
always @(D) begin
case(D)
0:Y=6'b000001;1:Y=6'b000010;
2:Y=6'b000100;3:Y=6'b001000;
4:Y=6'b010000;5:Y=6'b100000;
default:Y=6'b000000;
endcase
end
endmodule
```

(3) 用 Verilog HDL 语言描述的七段显示译码器程序 decode.v 如下，由其生成的符号如图 3.2.4 所示。

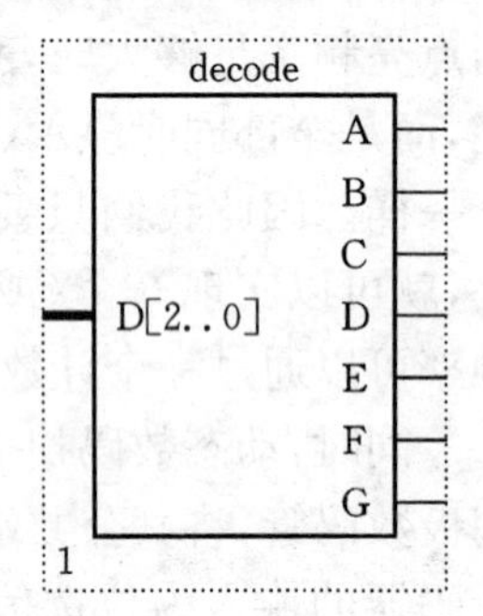

图 3.2.4　七段显示译码器模块的符号

```
module decode(D,a,b,c,d,e,f,g);
input [2:0] D;
output a,b,c,d,e,f,g;
reg a,b,c,d,e,f,g;
always @(D)  begin
case(D)
0:{a,b,c,d,e,f,g}=7'b1101101;
1:{a,b,c,d,e,f,g}=7'b1111110;
2:{a,b,c,d,e,f,g}=7'b1111110;
3:{a,b,c,d,e,f,g}=7'b1111111;
4:{a,b,c,d,e,f,g}=7'b1111110;
5:{a,b,c,d,e,f,g}=7'b1111001;
default:{a,b,c,d,e,f,g}=7'b0000000;
endcase
end
endmodule
```

(4) 图形法设计的数码扫描显示电路原理图如图 3.2.5 所示。

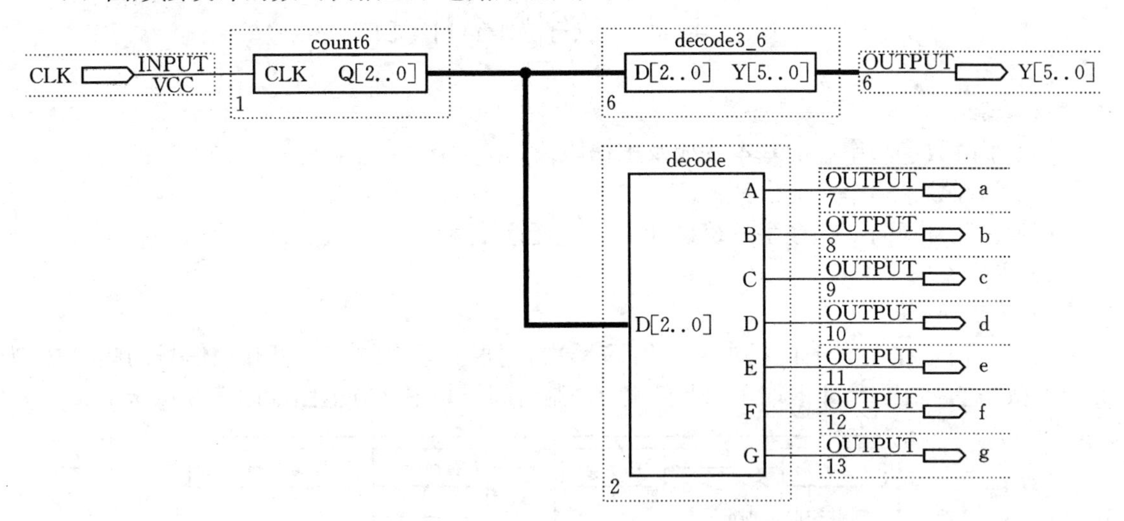

图 3.2.5 数码管扫描显示电路原理图

(5) 数码管扫描显示电路时序仿真波形如图 3.2.6 所示。

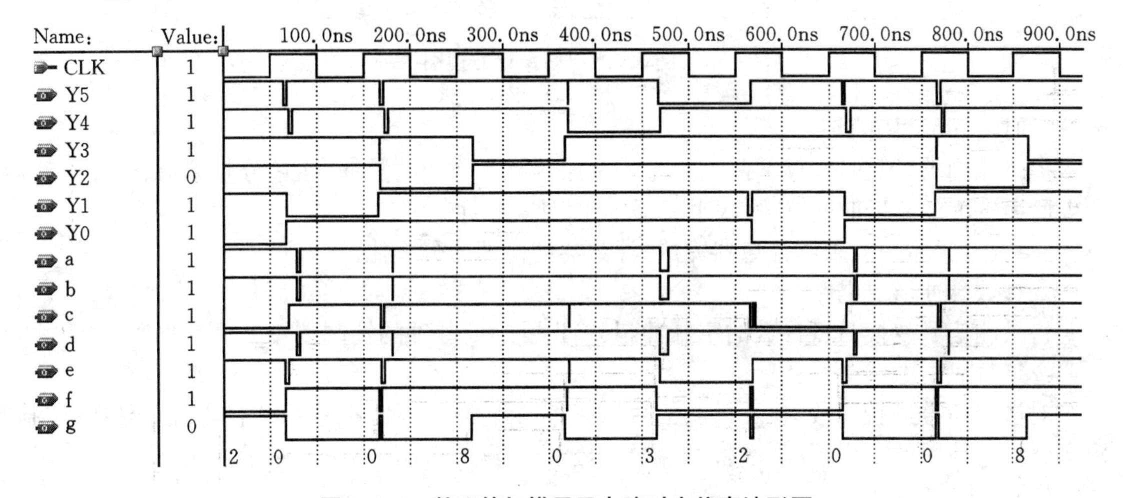

图 3.2.6 数码管扫描显示电路时序仿真波形图

5) 实验报告要求

(1) 写出实验电路源程序,作出实验电路原理图,分析总结仿真波形及下载结果。

(2) 写出心得体会,如:实验过程中遇到的问题及采用的解决办法,通过这次实验有哪些收获,怎样提高自己的实验效率和实验水平,等等。

(3) 完成实验思考题。

6) 实验思考题

(1) 请将所有模块都改为由原理图设计。

(2) 请利用本次实验的原理将第 2 章【实验 10】中计数器的输出用数码管进行显示。

(3) 谈谈扫描在视频显示中的应用。

实验 3　数字频率计设计

1) 实验目的

(1) 了解数字频率计的基本构成及工作原理。

(2) 掌握数字频率计的设计方法。

(3) 掌握自顶向下的数字系统设计方法,体会其优越性。

2) 实验原理

(1) 测频原理

若某一信号在 T 秒时间里重复变化了 N 次,则根据频率的定义可知该信号的频率 f_s 为:$f_s=N/T$,通常测量时间 T 取 1 s 或它的十进制时间。频率计方框图如图 3.3.1 所示。

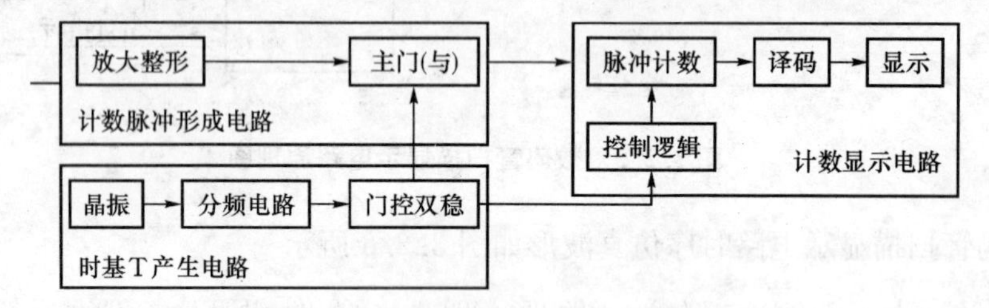

图 3.3.1　频率计方框图

①时基 T 产生电路

提供准确的计数时间 T。晶振产生一个振荡频率稳定的脉冲,通过分频整形、门控双稳后,产生所需宽度的基准时间 T 的脉冲,又称闸门时间脉冲。

注意:分频器一般采用计数器完成,计数器的模即为分频比。

②计数脉冲形成电路

将被测信号变换为可计数的窄脉冲,其输出受闸门脉冲的控制。

③计数显示电路

对被测信号进行计数,显示被测信号的频率。计数器一般采用多位十进制计数器;控制逻辑电路控制计数的工作程序:准备—计数—显示—复位—准备下一次测量。

(2) 具体实现

①功能要求

a. 在单位时间 1 s 里对被测信号的脉冲个数进行计数,记得的脉冲个数 N 即为信号的频率。

b. 每隔 2 s 进行 1 次频率测量,每次测量开始时,能对计数模块进行清零。

c. 能够将被测信号的频率在 4 个数码管(测量范围为:1～9 999 Hz)上显示出来,每次显示的时间为 2 s。

②模块划分

数字频率计模块的划分如图 3.3.2 所示。

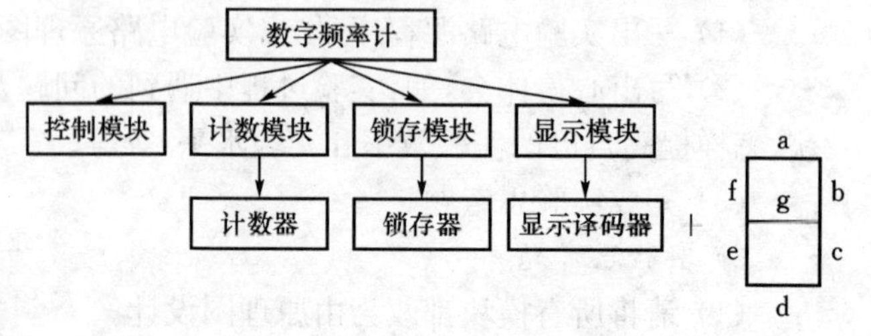

图 3.3.2　数字频率计模块的划分

a. 控制模块 ctrl

控制模块的作用是产生测频所需要的各种控制信号。控制模块所产生的 5 个控制信号的时序关系如图 3.3.3 所示。从图中可以看出,计数使能信号 count_en 在 1 s 的高电平后,利用其反相的上升沿产生一个锁存信号 load，随后产生清零信号上升沿 count_clr。

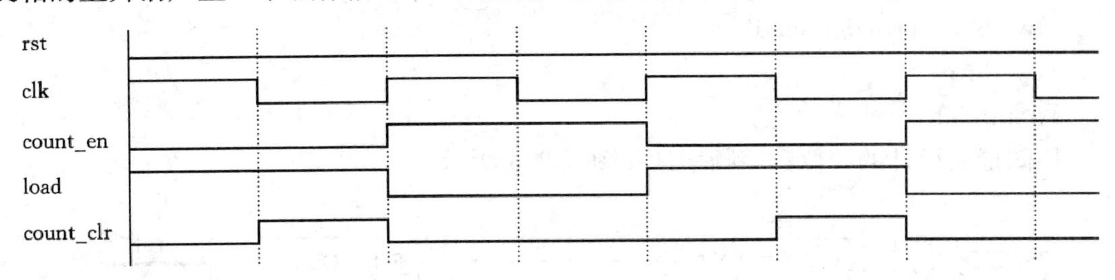

图 3.3.3　数字频率计时序图

b. 锁存模块 latch_16

锁存模块必不可少。控制模块测量完后，在 load 信号的上升沿时刻将测量值锁存到寄存器中，然后输出，送到实验箱上的数码管显示相应的数值。因为本实验箱没有 BCD 码——七段数码管译码电路，所以还需要设计显示译码电路。

c. 计数模块 count10

计数模块用于在单位时间内对输入信号的脉冲进行计数，该模块必须有计数允许、异步清零等端口，以便控制模块对其进行控制。

3）实验内容及步骤

(1) 用 Verilog HDL 语言设计出数字频率计的控制电路，进行仿真验证，并生成符号。

(2) 用图形法设计出 4 位数字频率计，进行仿真验证。

(3) 下载该电路，并进行在线测试。

4）设计示例

(1) 用 Verilog HDL 语言描述的频率计控制模块 ctrl. v 如下，由其生成的符号如图 3.3.4 所示。

```
module ctrl(clk,rst,en,clr,load);
input clk,rst; output en,clr,load;
reg en,load;
always @(posedge clk)
begin
if(rst) begin en<=0;load<=1;end
else
begin en<=~en;
load<=en;
end
end
assign clr=(~clk)&load;
endmodule
```

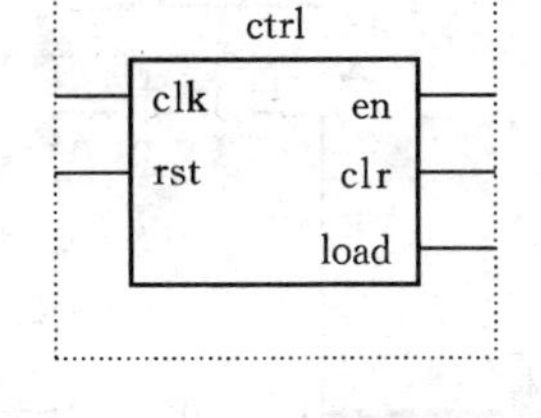

图 3.3.4　控制模块的符号

(2) 用 Verilog HDL 语言描述的 16 位锁存模块 latch_16. v 如下，由其生成的符号如图 3.3.5所示。

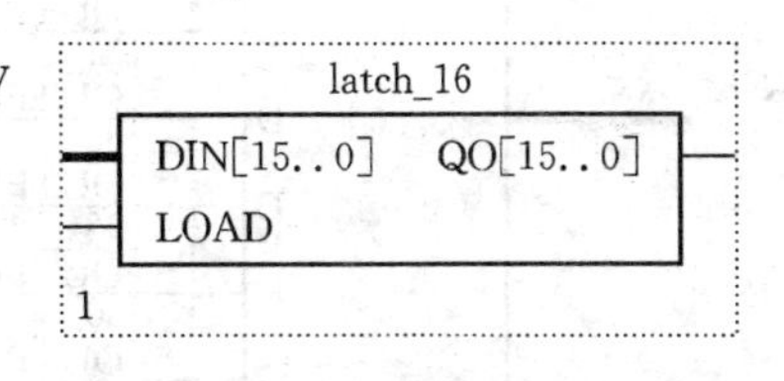

图 3.3.5　锁存模块的符号

```
module latch_16(qo,din,load);
output[15:0] qo;
input[15:0] din;
input load;
```

```
reg[15:0] qo;
always @(posedge load)
qo=din;
endmodule
```

(3) 用图形法设计的 4 位数字频率计如图 3.3.6 所示。

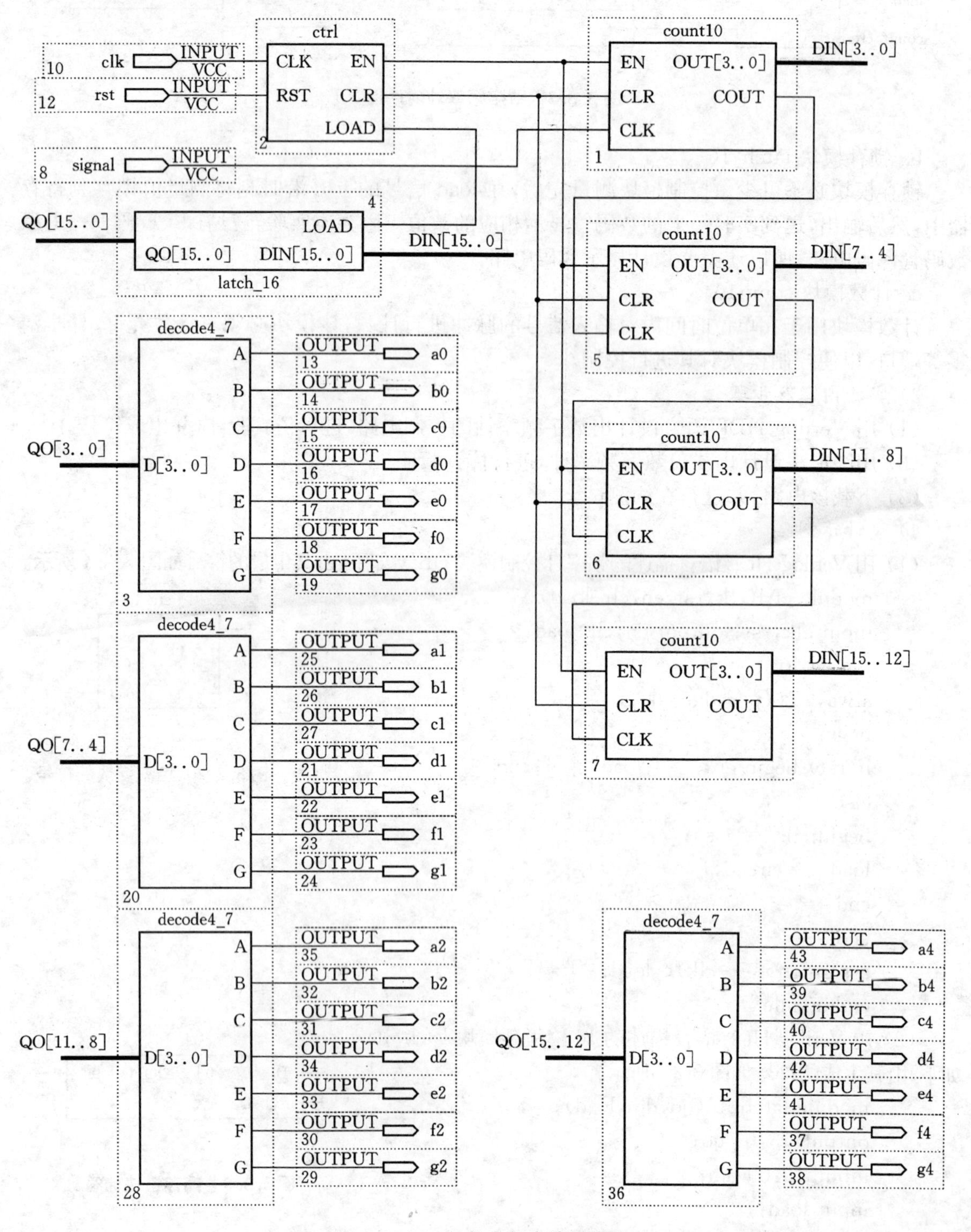

图 3.3.6 4 位数字频率计原理图

(4) 4 位数字频率计的功能仿真波形如图 3.3.7 所示。

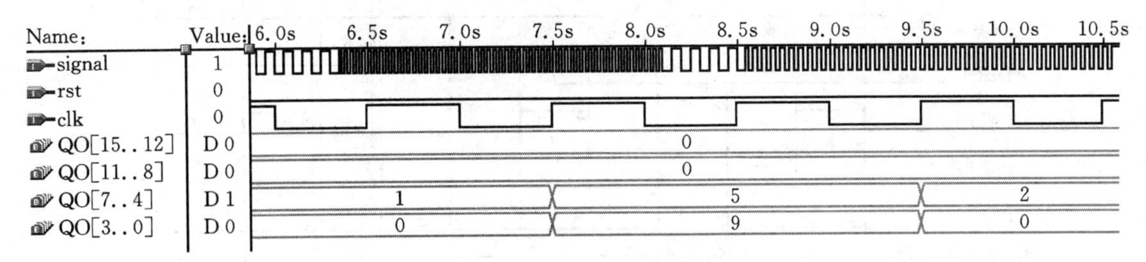

图 3.3.7　4 位数字频率计的功能仿真波形

5) 实验报告要求

(1) 写出实验电路源程序,作出实验电路原理图,分析总结仿真波形及下载结果。

(2) 写出心得体会,如:实验过程中遇到的问题及采用的解决办法,通过这次实验有哪些收获,怎样提高自己的实验效率和实验水平,等等。

(3) 完成实验思考题。

6) 实验思考题

(1) 如何实现测频范围的扩大?

(2) 如何提高测量的精确度?

实验 4　步进电机控制电路设计

1) 实验目的

(1) 了解异步电机控制基本原理。

(2) 掌握 Verilog 函数的定义及调用。

(3) 熟练掌握多层次结构设计方法。

2) 实验原理

步进电机是数字控制电机,它将脉冲信号转变成角位移,即输入一个脉冲信号,步进电机就转动一个角度。步进电机区别于其他控制电机的最大特点是:步进电机是通过输入脉冲信号进行控制的,即电机的总转动角度由输入脉冲数决定,而电机的转速由脉冲信号的频率决定。

本实验采用 FPGA 对四相步进电机进行控制,通过 FPGA 的 4 路脉冲输出作为步进电机的控制信号。

该步进电机驱动的具体操作过程如下:

(1) 预置方向控制 DIR,以确定 4 路脉冲信号的输出顺序;

(2) 加复位信号 $\overline{\text{CLR}}$,初始化系统。

顺序操作上述两个步骤,以输出不同顺序的 4 路脉冲信号,即按照 OUT0～OUT3 的顺序输出,或者按照 OUT3～OUT0 的顺序输出,从而驱动电机朝不同的方向转动。这一过程可用如图3.4.1所示的时序来描述。

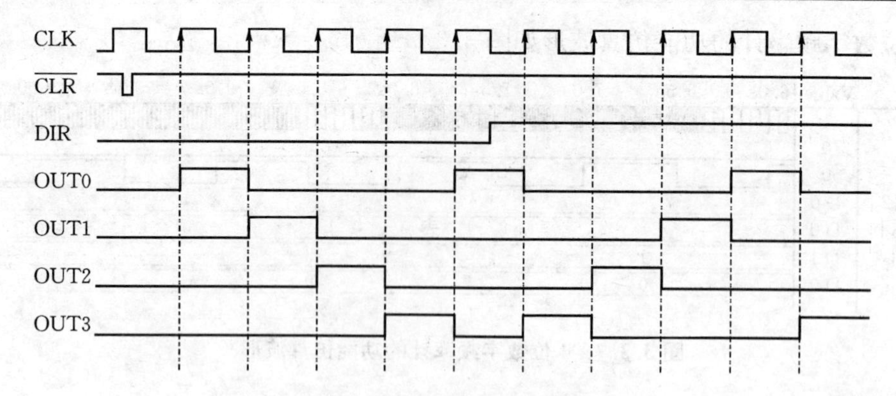

图 3.4.1　步进电机驱动的时序图

从图 3.4.1 中可以看出，预置 DIR 端和复位系统后，每来一个时钟脉冲 CLK 的上升沿，就会产生 1 路脉冲输出。当 DIR 的值变化时，在 OUT0～OUT3 上会周期性地输出多组 4 路脉冲信号。

由于步进电机为 4 组，所以它转动 1 个周期会产生四种状态，且每 1 种状态必定有 1 路输出为高电平，而其余 3 路输出为低电平。若假设四相步进电机转动 1 个周期的时间为 T，其中出现的四种状态为 S0、S1、S2 和 S3，则步进电机驱动的状态表如表 3.4.1 所示。

表 3.4.1　步进电机驱动的状态表

输入＼输出	OUT0	OUT1	OUT2	OUT3
S0	1	0	0	0
S1	0	1	0	0
S2	0	0	1	0
S3	0	0	0	1

从表 3.4.1 中可以看出，在转动周期 T 的每一个 4 等分时间 $tn(1 \leqslant n \leqslant 4)$ 中，必定会出现一种状态，如图 3.4.2 所示。

根据图 3.4.2 可以得到如表 3.4.2 所示的 $tn(1 \leqslant n \leqslant 4)$ 和 $Sn(0 \leqslant n \leqslant 3)$ 的对应表。

从表 3.4.2 中可以看出，若 DIR＝0，则在 1 个转动周期 T 中，依次出现的状态为 S0、S1、S2 和 S3；而反之，依次出现的状态为 S3、S2、S1 和 S0。

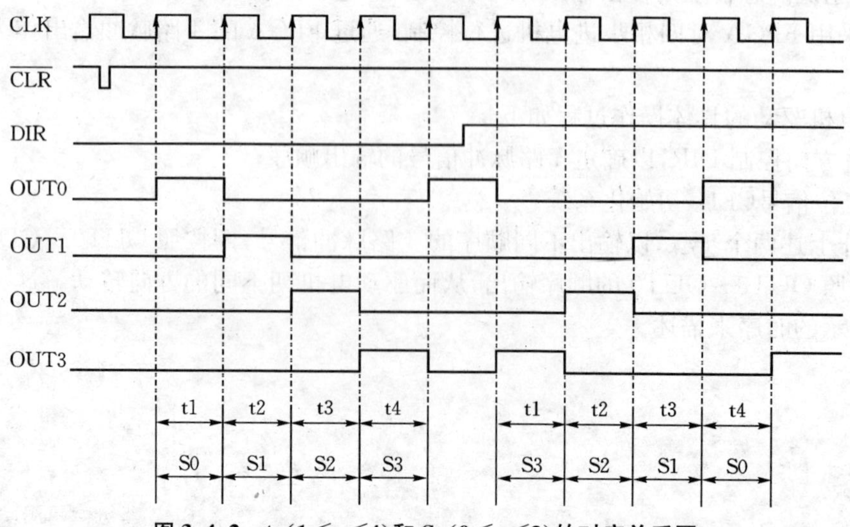

图 3.4.2　$tn(1 \leqslant n \leqslant 4)$ 和 $Sn(0 \leqslant n \leqslant 3)$ 的对应关系图

根据用 n 个代码可以表示 2^n 种状态的原理，得出四种状态可以用 2 位二进制数表示。因此，可将 S0、S1、S2 和 S3 这四种状态用 2 位二进制数表示。为了在时钟脉冲 CLK 输入的情况下，方便地产生四种状态，可将它们表示如下：S0＝00，S1＝01，S2＝10，S3＝11。因此，表 3.4.2 可以转换为表 3.4.3。

表 3.4.2　tn(1≤n≤4)和 Sn(0≤n≤3)的对应表(a)

DIR / tn	0	1
t1	S0	S3
t2	S1	S2
t3	S2	S1
t4	S3	S0

表 3.4.3　tn(1≤n≤4)和 Sn(0≤n≤3)的对应表(b)

DIR / tn	0	1
t1	00	11
t2	01	10
t3	10	01
t4	11	00

将表 3.4.2 和 3.4.3 合并成一个表，就可以清楚地观察到在 1 个转动周期 T 中，状态 Sn(0≤n≤3) 和输出 OUT0～OUT3 的关系，如表 3.4.4 所示。

表 3.4.4　Sn(0≤n≤3) 和输出 OUT0～OUT3 的对应表

DIR / tn	0					1				
		OUT0	OUT1	OUT2	OUT3		OUT0	OUT1	OUT2	OUT3
t1	00(S0)	1	0	0	0	11(S3)	0	0	0	1
t2	01(S1)	0	1	0	0	10(S2)	0	0	1	0
t3	10(S2)	0	0	1	0	01(S1)	0	1	0	0
t4	11(S3)	0	0	0	1	00(S0)	1	0	0	0

由表 3.4.4 可以推出：

(1) 当 DIR＝0 和 DIR＝1 时，状态 Sn(0≤n≤3)和输出 OUT0～OUT3 都存在固定的关系，如表 3.4.5 所示。其中，IN1 和 IN2 分别表示状态 Sn 的 2 位二进制数的高位和低位。

表 3.4.5　Sn(0≤n≤3)和 OUT0～OUT3 的关系

IN1	IN2	OUT3	OUT2	OUT1	OUT0
0	0	0	0	0	1
0	1	0	0	1	0
1	0	0	1	0	0
1	1	1	0	0	0

(2) 当 DIR＝0 时，按照 OUT0～OUT3 的顺序输出，即对应的状态依次为 S0、S1、S2 和 S3，也就是 00、01、10 和 11；当 DIR＝1 时，按照 OUT3～OUT0 的顺序输出，即对应的状态依次为 S3、S2、S1 和 S0，也就是 11、10、01 和 00。因此，可得：在每个转动周期 T 中，当方向 DIR 的值不同时，输出 OUTm(0≤m≤3)的顺序正好相反，则对应的状态值 Sn(0≤n≤3)也正好相反。

以上两点，可分别用两个模块来完成，分别称之为“译码模块”和“计数模块”。因此，可得如图 3.4.3 所示的步进电机驱动的逻辑框图。

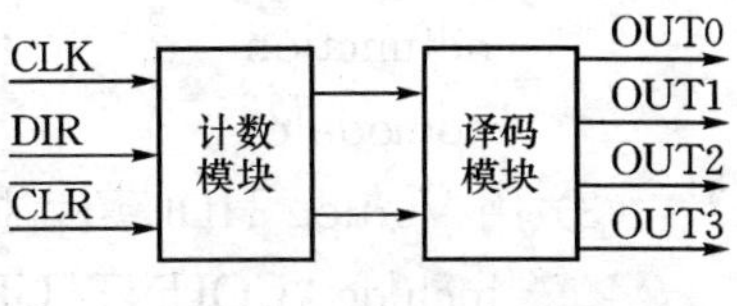

CLK　DIR　CLR　计数模块　译码模块　OUT0　OUT1　OUT2　OUT3

图 3.4.3　步进电机驱动逻辑框图

3）实验内容及步骤

(1) 分别用 Verilog HDL 语言设计出计数模块、译码模块，进行仿真验证，并生成符号。

(2) 用 Verilog HDL 语言编写异步电机控制电路顶层模块，进行仿真验证。

(3) 下载该电路，并进行在线测试。

4）设计示例

(1) 用 Verilog HDL 语言描述的译码模块程序 COUNT_UP_DOWN. v 如下：

```
module COUNT_UP_DOWN (CLR,CLK,DIR,Q);
input CLR,CLK,DIR;
output [1:0] Q;
reg [1:0] Q;
always @ (posedge CLK or negedge CLR)
begin
if(! CLR)   Q=0;
else        begin
if(! DIR)   Q=Q+1;
else        Q=Q-1;
end
end
endmodule
```

(2) 用 Verilog HDL 语言描述的译码模块程序 DEC2_4. v 如下：

```
'define OUT_0 4'b0001
'define OUT_1 4'b0010
'define OUT_2 4'b0100
'define OUT_3 4'b1000
module DEC2_4 (IN, OUT);
input    [1:0] IN;
output   [3:0] OUT;
function [3:0] FUNC_DEC;
input [1:0] IN;
case (IN)
2'b00:FUNC_DEC='OUT_0;
2'b01:FUNC_DEC='OUT_1;
2'b10:FUNC_DEC='OUT_2;
2'b11:FUNC_DEC='OUT_3;
endcase
assign OUT=FUNC_DEC(IN);
endfunction
endmodule
```

(3) 用 Verilog HDL 语言描述的步进电机驱动电路顶层模块程序 DRIVER. v 如下：

```
'include "COUNT_UP_DOWN. v"
'include "DEC2_4. v"
```

```
module DRIVER (CLK, CLR, DIR, OUT);
input     CLR, DIR, CLK;
output    [3:0] OUT;
wire      [1:0] Q;
COUNT_UP_DOWN   COUNT_UP_DOWN (CLK, CLR, DIR, Q);
DEC2_4   DEC2_4 (Q, OUT);
endmodule
```

(4) 步进电机顶层模块功能仿真波形如图 3.4.4 所示。

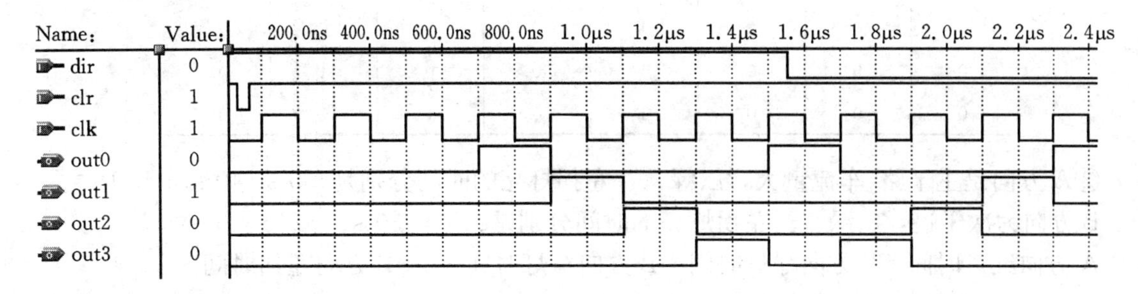

图 3.4.4 步进电机顶层模块功能仿真波形图

5) 实验报告要求

(1) 写出实验电路源程序,分析总结仿真波形并下载结果。

(2) 写出心得体会,如:实验过程中遇到的问题及采用的解决办法,通过这次实验有哪些收获,怎样提高自己的实验效率和实验水平,等等。

(3) 完成实验思考题。

6) 实验思考题

(1) 请用图形法设计异步电机控制电路顶层模块。

(2) 请通过修改源程序使其能够对异步电机进行调速。

实验 5 交通灯控制器设计

1) 实验目的

(1) 了解交通灯控制器的工作原理。

(2) 掌握用 Verilog HDL 语言设计多进程的方法。

(3) 掌握数字系统层次设计方法,学会利用总线表示电路的连接。

2) 实验原理

随着我国人口的不断增多和经济的快速发展,城市街道车辆大幅增加,给城市交通带来巨大压力,虽然城市建设了很多如立交桥、地下通道、地铁等立体交通设施,但应用范围有限,成本太高。所以,在平面交通中,提高通行效率是首要解决的问题。在十字路口设置交通灯且合理分配红绿灯时间是解决城市交通拥挤现象最简单、最有效、最常见的办法。

(1) 交通灯系统要求

①在十字路口的 A 方向和 B 方向各设红(R)、黄(Y)、绿(G)、左拐(L)四盏灯。

②4 盏灯按合理的顺序亮灭,如表 3.5.1 所示。

表 3.5.1　交通灯控制器状态转换表

A方向				B方向			
G1(绿)	Y1(黄)	L1(左)	R1(红)	G2(绿)	Y2(黄)	L2(左)	R2(红)
1	0	0	0	0	0	0	1
0	1	0	0	0	0	0	1
0	0	1	0	0	0	0	1
0	1	0	0	0	0	0	1
0	0	0	1	1	0	0	0
0	0	0	1	0	1	0	0
0	0	0	1	0	0	1	0
0	0	0	1	0	1	0	0

③A 方向是主干路，车流量大，红、绿、黄、左拐灯亮的时间分别是：55 s、40 s、5 s、15 s。

B 方向为次干道，红、绿、黄、左拐灯亮的时间分别是：65 s、30 s、5 s、15 s。

A 方向红灯时间＝B 方向绿灯时间＋B 方向黄灯时间 ∗ 2＋B 方向左拐时间。

B 方向红灯时间＝A 方向绿灯时间＋A 方向黄灯时间 ∗ 2＋A 方向左拐时间。

(2) 系统总体结构设计

系统总体结构如图 3.5.1 所示。包括总控制模块及 A、B 两方向控制及倒计时模块、显示译码模块。

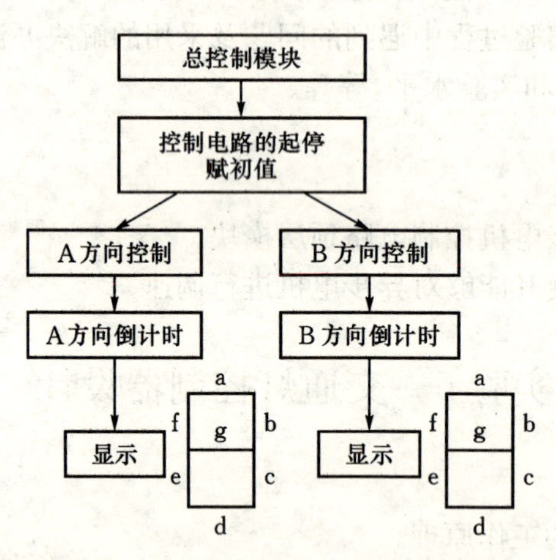

图 3.5.1　交通灯控制器系统总体结构图

3) 实验内容及步骤

(1) 用 Verilog HDL 语言设计交通灯控制器的控制及倒计时模块，仿真设计结果。

(2) 用 Verilog HDL 语言设计交通灯控制器的显示译码模块，仿真设计结果。

(3) 用原理图法设计顶层模块，仿真设计结果。

(4) 下载所设计的交通灯控制器，并进行在线测试。

4) 设计示例

(1) 用 Verilog HDL 语言描述的控制模块程序 traffic1. v 如下，仿真结果分别如图 3.5.2、图 3.5.3 所示。

```
module traffic1(CLK,EN,LAMPA,LAMPB,ACOUNT,BCOUNT);
```

```
output[7:0] ACOUNT,BCOUNT; output[3:0] LAMPA,LAMPB;
input CLK,EN;
reg[7:0] numa,numb; reg tempa,tempb;
reg[2:0] counta,countb;
reg[7:0] ared,ayellow,agreen,aleft,bred,byellow,bgreen,bleft;
reg[3:0] LAMPA,LAMPB;
always @(! EN)
begin
ared <=8'd55;  ayellow<=8'd5;
agreen<=8'd40; aleft<=8'd15;
bred<=8'd65;   byellow<=8'd5
bgreen<=8'd30; bleft<=8'd15;
end
assign ACOUNT=numa;
assign BCOUNT=numb;
always @(posedge CLK)
begin
if(EN)
begin
if(! tempa)
begin  tempa<=1;
case(counta)
0:begin numa<=agreen;     LAMPA<=2;counta<=1;end
1:begin numa<=ayellow;    LAMPA<=4;counta<=2;end
2:begin numa<=aleft;      LAMPA<=1;counta<=3;end
3:begin numa<=ayellow;    LAMPA<=4;counta<=4;end
4:begin numa<=ared;       LAMPA<=8;counta<=0;end
default:LAMPA<=8;
endcase
end
else
begin
if(numa>1)    numa<=numa-1;
if(numa==2)   tempa<=0;
end
end
else begin LAMPA<=8;counta<=0;end
end
always @(posedge CLK)
begin  if(EN)
begin if(! tempb)
```

```
begin  tempb<=1;
case(countb)
0:begin numb<=bred;      LAMPB<=8;countb<=1;end
1:begin numb<=bgreen;    LAMPB<=2;countb<=2;end
2:begin numb<=byellow;   LAMPB<=4;countb<=3;end
3:begin numb<=bleft;     LAMPB<=1;countb<=4;end
4:begin numb<=byellow;   LAMPB<=4;countb<=0;end
default:LAMPB<=8;
endcase
end
else
begin
if(numb>1)
numb<=numb-1;  if(numb==2)  tempb<=0;
end
end
else begin LAMPB<=8;countb<=0;end
end
endmodule
```

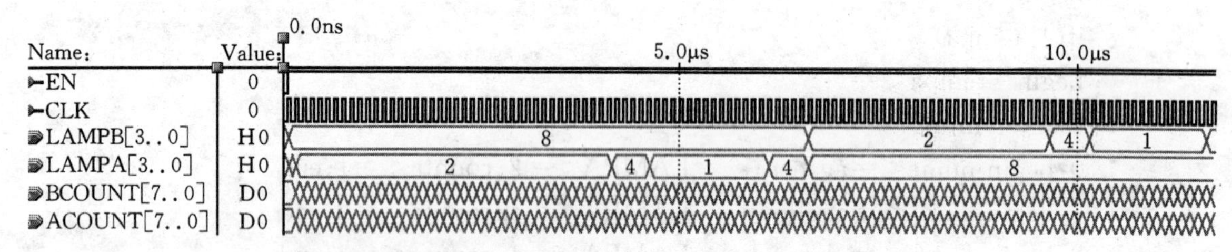

图 3.5.2　交通灯控制器灯的状态功能仿真波形图

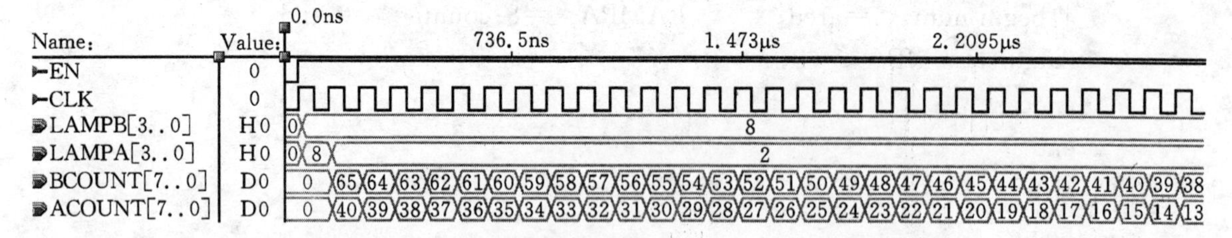

图 3.5.3　交通灯控制器灯的倒计时功能仿真波形图

(2) 用 Verilog HDL 语言描述的显示译码模块 bcd2.v 如下，仿真结果如图 3.5.4 所示。

```
module bcd2(D7,D6,D5,D4,D3,D2,D1,D0,a1,b1,c1,k1,
e1,f1,g1,a2,b2,c2,k2,e2,f2,g2);
input D7,D6,D5,D4,D3,D2,D1,D0;
output a1,b1,c1,k1,e1,f1,g1,a2,b2,c2,k2,e2,f2,g2;
reg a1,b1,c1,k1,e1,f1,g1,a2,b2,c2,k2,e2,f2,g2;
always@(D7 or D6 or D5 or D4 or D3 or D2 or D1 or D0)
begin
```

```
case({D7,D6,D5,D4,D3,D2,D1,D0})
8'd0:{a1,b1,c1,k1,e1,f1,g1,a2,b2,c2,k2,e2,f2,g2}=14'b1111110_1111110;
8'd1:{a1,b1,c1,k1,e1,f1,g1,a2,b2,c2,k2,e2,f2,g2}=14'b1111110_0110000;
8'd2:{a1,b1,c1,k1,e1,f1,g1,a2,b2,c2,k2,e2,f2,g2}=14'b1111110_1101101;
8'd3:{a1,b1,c1,k1,e1,f1,g1,a2,b2,c2,k2,e2,f2,g2}=14'b1111110_1111001;
8'd4:{a1,b1,c1,k1,e1,f1,g1,a2,b2,c2,k2,e2,f2,g2}=14'b1111110_0110011;
8'd5:{a1,b1,c1,k1,e1,f1,g1,a2,b2,c2,k2,e2,f2,g2}=14'b1111110_1011011;
8'd6:{a1,b1,c1,k1,e1,f1,g1,a2,b2,c2,k2,e2,f2,g2}=14'b1111110_1011111;
8'd7:{a1,b1,c1,k1,e1,f1,g1,a2,b2,c2,k2,e2,f2,g2}=14'b1111110_1110000;
8'd8:{a1,b1,c1,k1,e1,f1,g1,a2,b2,c2,k2,e2,f2,g2}=14'b1111110_1111111;
8'd9:{a1,b1,c1,k1,e1,f1,g1,a2,b2,c2,k2,e2,f2,g2}=14'b1111110_1111011;
8'd10:{a1,b1,c1,k1,e1,f1,g1,a2,b2,c2,k2,e2,f2,g2}=14'b0110000_1111110;
8'd11:{a1,b1,c1,k1,e1,f1,g1,a2,b2,c2,k2,e2,f2,g2}=14'b0110000_0110000;
8'd12:{a1,b1,c1,k1,e1,f1,g1,a2,b2,c2,k2,e2,f2,g2}=14'b0110000_1101101;
8'd13:{a1,b1,c1,k1,e1,f1,g1,a2,b2,c2,k2,e2,f2,g2}=14'b0110000_1111001;
8'd14:{a1,b1,c1,k1,e1,f1,g1,a2,b2,c2,k2,e2,f2,g2}=14'b0110000_0110011;
8'd15:{a1,b1,c1,k1,e1,f1,g1,a2,b2,c2,k2,e2,f2,g2}=14'b0110000_1011011;
8'd16:{a1,b1,c1,k1,e1,f1,g1,a2,b2,c2,k2,e2,f2,g2}=14'b0110000_1011111;
8'd17:{a1,b1,c1,k1,e1,f1,g1,a2,b2,c2,k2,e2,f2,g2}=14'b0110000_1110000;
8'd18:{a1,b1,c1,k1,e1,f1,g1,a2,b2,c2,k2,e2,f2,g2}=14'b0110000_1111111;
8'd19:{a1,b1,c1,k1,e1,f1,g1,a2,b2,c2,k2,e2,f2,g2}=14'b0110000_1111011;
8'd20:{a1,b1,c1,k1,e1,f1,g1,a2,b2,c2,k2,e2,f2,g2}=14'b1101101_1111110;
8'd21:{a1,b1,c1,k1,e1,f1,g1,a2,b2,c2,k2,e2,f2,g2}=14'b1101101_0110000;
8'd22:{a1,b1,c1,k1,e1,f1,g1,a2,b2,c2,k2,e2,f2,g2}=14'b1101101_1101101;
8'd23:{a1,b1,c1,k1,e1,f1,g1,a2,b2,c2,k2,e2,f2,g2}=14'b1101101_1111001;
8'd24:{a1,b1,c1,k1,e1,f1,g1,a2,b2,c2,k2,e2,f2,g2}=14'b1101101_0110011;
8'd25:{a1,b1,c1,k1,e1,f1,g1,a2,b2,c2,k2,e2,f2,g2}=14'b1101101_1011011;
8'd26:{a1,b1,c1,k1,e1,f1,g1,a2,b2,c2,k2,e2,f2,g2}=14'b1101101_1011111;
8'd27:{a1,b1,c1,k1,e1,f1,g1,a2,b2,c2,k2,e2,f2,g2}=14'b1101101_1110000;
8'd28:{a1,b1,c1,k1,e1,f1,g1,a2,b2,c2,k2,e2,f2,g2}=14'b1101101_1111111;
8'd29:{a1,b1,c1,k1,e1,f1,g1,a2,b2,c2,k2,e2,f2,g2}=14'b1101101_1111011;
8'd30:{a1,b1,c1,k1,e1,f1,g1,a2,b2,c2,k2,e2,f2,g2}=14'b1111001_1111110;
8'd31:{a1,b1,c1,k1,e1,f1,g1,a2,b2,c2,k2,e2,f2,g2}=14'b1111001_0110000;
8'd32:{a1,b1,c1,k1,e1,f1,g1,a2,b2,c2,k2,e2,f2,g2}=14'b1111001_1101101;
8'd33:{a1,b1,c1,k1,e1,f1,g1,a2,b2,c2,k2,e2,f2,g2}=14'b1111001_1111001;
8'd34:{a1,b1,c1,k1,e1,f1,g1,a2,b2,c2,k2,e2,f2,g2}=14'b1111001_0110011;
8'd35:{a1,b1,c1,k1,e1,f1,g1,a2,b2,c2,k2,e2,f2,g2}=14'b1111001_1011011;
8'd36:{a1,b1,c1,k1,e1,f1,g1,a2,b2,c2,k2,e2,f2,g2}=14'b1111001_1011111;
8'd37:{a1,b1,c1,k1,e1,f1,g1,a2,b2,c2,k2,e2,f2,g2}=14'b1111001_1110000;
8'd38:{a1,b1,c1,k1,e1,f1,g1,a2,b2,c2,k2,e2,f2,g2}=14'b1111001_1111111;
8'd39:{a1,b1,c1,k1,e1,f1,g1,a2,b2,c2,k2,e2,f2,g2}=14'b1111001_1111011;
8'd40:{a1,b1,c1,k1,e1,f1,g1,a2,b2,c2,k2,e2,f2,g2}=14'b0110011_1111110;
```

```
8'd41:{a1,b1,c1,k1,e1,f1,g1,a2,b2,c2,k2,e2,f2,g2}=14'b0110011_0110000;
8'd42:{a1,b1,c1,k1,e1,f1,g1,a2,b2,c2,k2,e2,f2,g2}=14'b0110011_1101101;
8'd43:{a1,b1,c1,k1,e1,f1,g1,a2,b2,c2,k2,e2,f2,g2}=14'b0110011_1111001;
8'd44:{a1,b1,c1,k1,e1,f1,g1,a2,b2,c2,k2,e2,f2,g2}=14'b0110011_0110011;
8'd45:{a1,b1,c1,k1,e1,f1,g1,a2,b2,c2,k2,e2,f2,g2}=14'b0110011_1011011;
8'd46:{a1,b1,c1,k1,e1,f1,g1,a2,b2,c2,k2,e2,f2,g2}=14'b0110011_1011111;
8'd47:{a1,b1,c1,k1,e1,f1,g1,a2,b2,c2,k2,e2,f2,g2}=14'b0110011_1110000;
8'd48:{a1,b1,c1,k1,e1,f1,g1,a2,b2,c2,k2,e2,f2,g2}=14'b0110011_1111111;
8'd49:{a1,b1,c1,k1,e1,f1,g1,a2,b2,c2,k2,e2,f2,g2}=14'b0110011_1111011;
8'd50:{a1,b1,c1,k1,e1,f1,g1,a2,b2,c2,k2,e2,f2,g2}=14'b1011011_1111110;
8'd51:{a1,b1,c1,k1,e1,f1,g1,a2,b2,c2,k2,e2,f2,g2}=14'b1011011_0110000;
8'd52:{a1,b1,c1,k1,e1,f1,g1,a2,b2,c2,k2,e2,f2,g2}=14'b1011011_1101101;
8'd53:{a1,b1,c1,k1,e1,f1,g1,a2,b2,c2,k2,e2,f2,g2}=14'b1011011_1111001;
8'd54:{a1,b1,c1,k1,e1,f1,g1,a2,b2,c2,k2,e2,f2,g2}=14'b1011011_0110011;
8'd55:{a1,b1,c1,k1,e1,f1,g1,a2,b2,c2,k2,e2,f2,g2}=14'b1011011_1011011;
8'd56:{a1,b1,c1,k1,e1,f1,g1,a2,b2,c2,k2,e2,f2,g2}=14'b1011011_1011111;
8'd57:{a1,b1,c1,k1,e1,f1,g1,a2,b2,c2,k2,e2,f2,g2}=14'b1011011_1110000;
8'd58:{a1,b1,c1,k1,e1,f1,g1,a2,b2,c2,k2,e2,f2,g2}=14'b1011011_1111111;
8'd59:{a1,b1,c1,k1,e1,f1,g1,a2,b2,c2,k2,e2,f2,g2}=14'b1011011_1111011;
8'd60:{a1,b1,c1,k1,e1,f1,g1,a2,b2,c2,k2,e2,f2,g2}=14'b1011111_1111110;
8'd61:{a1,b1,c1,k1,e1,f1,g1,a2,b2,c2,k2,e2,f2,g2}=14'b1011111_0110000;
8'd62:{a1,b1,c1,k1,e1,f1,g1,a2,b2,c2,k2,e2,f2,g2}=14'b1011111_1101101;
8'd63:{a1,b1,c1,k1,e1,f1,g1,a2,b2,c2,k2,e2,f2,g2}=14'b1011111_1111001;
8'd64:{a1,b1,c1,k1,e1,f1,g1,a2,b2,c2,k2,e2,f2,g2}=14'b1011111_0110011;
8'd65:{a1,b1,c1,k1,e1,f1,g1,a2,b2,c2,k2,e2,f2,g2}=14'b1011111_1011011;
default:{a1,b1,c1,k1,e1,f1,g1,a2,b2,c2,k2,e2,f2,g2}=14'bx;
endcase  end
endmodule
```

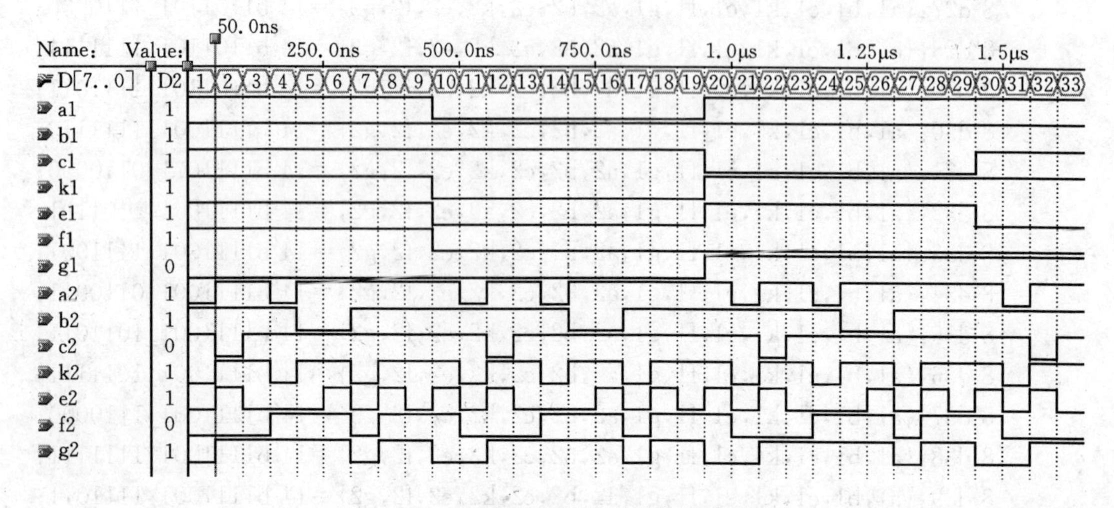

图 3.5.4　显示译码模块功能仿真波形图

(3) 用图形法设计的顶层模块如图 3.5.5 所示，仿真结果如图 3.5.6 所示。

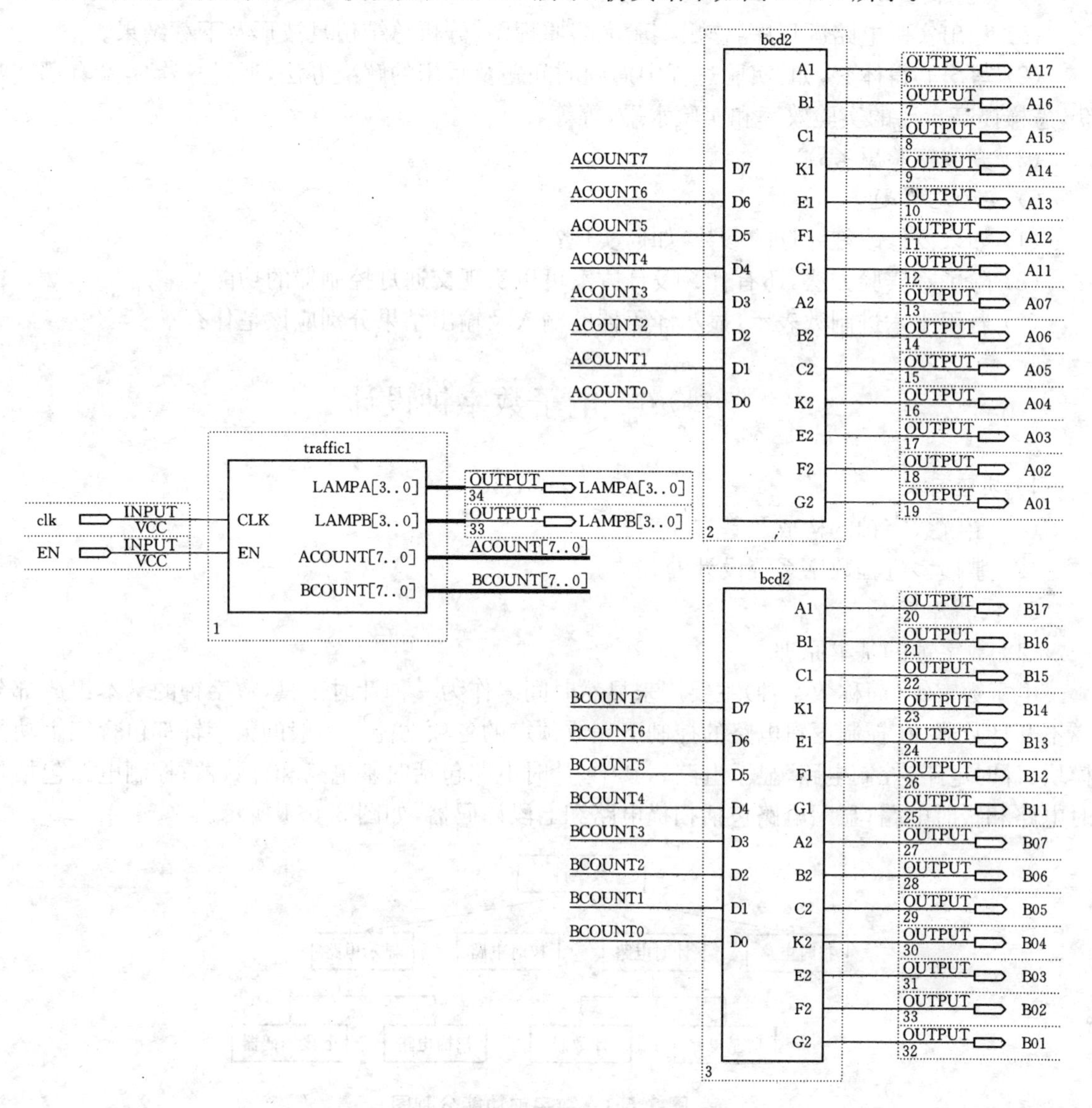

图 3.5.5 交通灯控制器顶层模块原理图

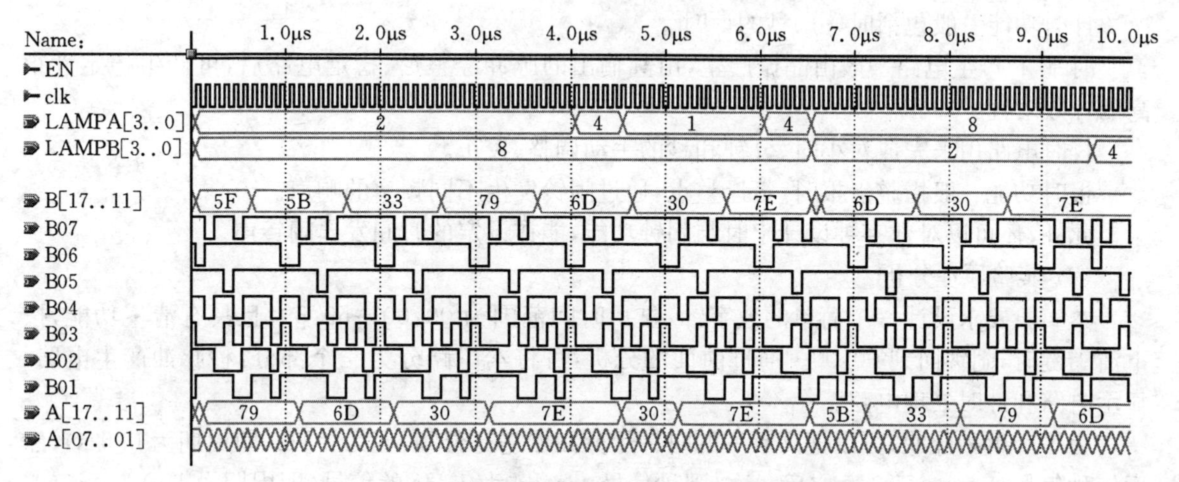

图 3.5.6 交通灯控制器整个电路功能仿真波形图

5）实验报告要求

(1) 写出实验电路源程序,作出实验电路原理图,分析总结仿真波形及下载结果。

(2) 写出心得体会,如:实验过程中遇到的问题及采用的解决办法,通过这次实验有哪些收获,怎样提高自己的实验效率和实验水平,等等。

(3) 完成实验思考题。

6）实验思考题

(1) 如果要修改红绿灯的参数,如何实现?

(2) 除了本实验方法,还有什么设计方案可以实现交通灯控制器的功能?

(3) 若用十六进制数表示,显示译码器的输入及输出结果分别应该是什么?

实验 6　电子数字钟设计

1）实验目的

(1) 了解数字钟的构成及基本原理。

(2) 掌握多进程数字系统设计的方法。

2）实验原理

(1) 数字钟的基本原理

电子数字钟(简称数字钟)主要用来显示时间。作为一种计时工具,数字钟的基本组成部分离不开计数器,在控制逻辑电路的控制下完成预定的各项功能。一般的数字钟都包含三个功能模块:计时电路、控制电路、显示电路。其中,计时电路包括时基电路和计数器;控制电路包括校时电路和报时电路;显示电路包括扫描电路和七段译码器,如图 3.6.1 所示。

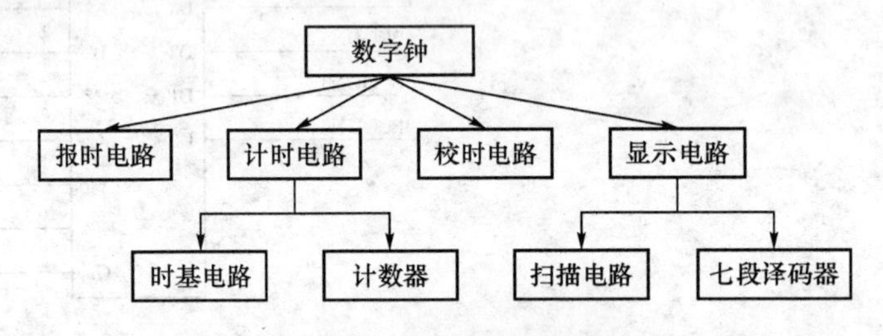

图 3.6.1　数字钟功能分割图

计时功能一般包括时、分、秒的计时。

时基 T 产生电路一般由晶振产生,由其输出的脉冲经整形、稳定电路后,可产生稳定性很高的计数时钟脉冲。

校时电路用来完成对小时、分钟和秒的手动调整、校正。

报时功能一般指整点报时,每逢整点,通过闹铃发生不同频率的响声。

此外,还可以对数字钟设计定时与闹钟功能,能在设定的时间发出闹铃声。

(2) 实验原理分析

本实验要求设计一个简单的数字钟,显示时间范围为 00:00～59:59,且具有清零功能,按下清零键时,闹钟回到 00:00。通过前面的分析,可将本电路分为三个部分:秒脉冲产生电路、显示电路和计时处理电路。

为了产生秒脉冲,可以把高频率的时钟用分频器进行分频,变为 2 Hz(即周期为 0.5 s);然后使秒信号 second 每 0.5 取反一次,则秒信号 second 为 1 Hz 的信号(即周期为 1 s)。

在计时处理电路中，可设置一个秒处理寄存器 sec[7:0]和分处理寄存器 min[7:0]，它们都是 8 位寄存器，分别存放秒的低位和高位，以及分的低位和高位。其中，sec[3:0]存放秒信号的个位，sec[7:4]存放秒信号的十位，min[3:0]存放分信号的个位，min[7:4]存放分信号的十位。

秒信号的处理过程是：在进位信号 cn 的上升沿，分的个位 min[3:0]满 10，则清零秒个位，同时秒的十位 sec[7:4]加 1；如果秒信号十位满 6，则清零秒十位，同时向分产生进位信号 cn，即 cn 置 1。

分信号的处理过程是：在进位信号 cn 的上升沿，分的个位 min[3:0]加 1；如果分信号的个位满 10，则清零分个位，同时分的十位 min[7:4]加 1，如果分信号十位满 6，则清零分十位。这里由于未设小时显示部分，所以，分信号不必考虑其进位情况。

显示电路的作用是将计时值显示在数码管上。计时电路产生的计时值通过 BCD/七段译码后，驱动 LED 数码管。计时显示电路存在一个方案选择问题，即采用并行显示还是扫描显示。

3）实验内容及步骤

（1）写出实现设计要求的 Verilog HDL 程序，进行功能仿真和时序仿真。

（2）下载该电路，并进行在线测试。

4）设计示例

（1）用 Verilog HDL 语言描述的满足实验要求的数字钟程序 clock. v 如下：

```
module clock(clr_key,clk,segdat,sl);
input clr_key,clk;
output [7:0] segdat;
output [3:0] sl;
reg[22:0] count;
reg[7:0] sec,min,rain;
reg[7:0] segdat_reg;
reg[3:0] sl_reg;
reg[3:0] disp_dat;
reg second;reg cn;
always @(posedge clk)
begin
count=count+1;
if(count==23'd5529630)//分频为 2Hz 信号
begin
count=23'h000000;
second=~second;//产生 1Hz 信号
end
end
always@(count[11:10])
begin
case(count[11:10])
2'b00:disp_dat=sec[3:0]; //取秒的个位数据
2'b01:disp_dat=sec[7:4]; //取秒的十位数据
```

```
2'b10:disp_dat=min[3:0]; //取分的个位数据
2'b11:disp_dat=min[7:4]; //取分的十位数据
endcase
end
always@(disp_dat)
begin
case (disp_dat)
4'h0:segdat_reg=8'hc0;
4'h1:segdat_reg=8'he9;
4'h2:segdat_reg=8'ha4;
4'h3:segdat_reg=8'hb0;
4'h4:segdat_reg=8'h99;
4'h5:segdat_reg=8'h92;
4'h6:segdat_reg=8'h82;
4'h7:segdat_reg=8'hf8;
4'h8:segdat_reg=8'h80;
4'h9:segdat_reg=8'h90;
endcase
if((count[11:10]==2'b10)&second)
segdat_reg=segdat_reg&8'b01111111;//小数点闪烁
end
always @(count[11:10])
begin
case(count[11:10])
2'b00:sl_reg=4'b1110;//扫描最低位
2'b01:sl_reg=4'b1100;//扫描最低位
2'b10:sl_reg=4'b1011;//扫描最低位
2'b11:sl_reg=4'b0111;//扫描最低位
endcase
end
always@(posedge second) //秒处理
begin
if(! clr_key)
begin
sec[7:0]=8'h0;
cn=0;
end
else
begin
cn=0;
sec[3:0]=sec[3:0]+1;
```

```
if(sec[3:0]==4'd10)
begin
sec[3:0]=4'd0;
sec[7:4]=sec[7:4]+1;
if(sec[7:4]==4'd6)
begin
sec[7:4]=4'd0;
cn=1;
end
end
end
end
always@(posedge cn)//分处理
begin
if(! clr_key)
begin
min[7:0]=8'h0;
end
else
begin
min[3:0]=min[3:0]+1;
if(min[3:0]==4'd10)
begin
min[3:0]=4'd0;
min [7:4]= min [7:4]+1;
if(min[7:4]==4'd6)
begin
min[7:4]=4'd0;
end
end
end
end
assign segdat=segdat_reg;//将段码寄存器的值送段码输出
assign sl=sl_reg; //将位码寄存器的值送位码输出
endmodule
```

(2) 数字钟的仿真波形如图 3.6.2 所示。

仿真时，为了减少仿真时间，可在程序中将时钟和分频值按比例缩小。

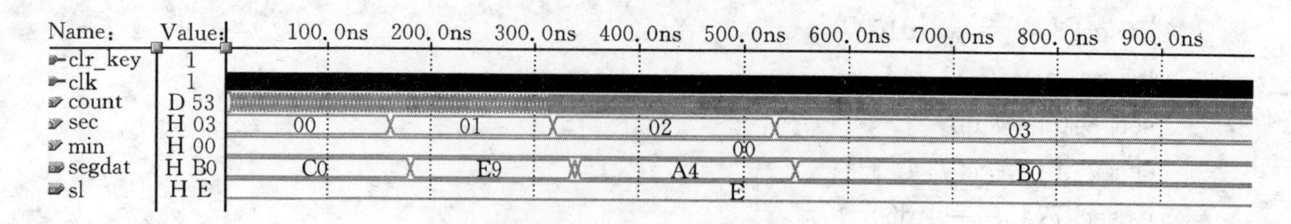

图 3.6.2　数字钟仿真波形图

5）实验报告要求

(1) 写出实验电路源程序，分析总结仿真波形及下载结果。

(2) 写出心得体会，如：实验过程中遇到的问题及采用的解决办法，通过这次实验有哪些收获，怎样提高自己的实验效率和实验水平，等等。

(3) 完成实验思考题。

6）实验思考题

请在本实验的基础上，编写带校时、定时、暂停等功能的数字钟。

实验 7　汽车尾灯控制电路设计

1）实验目的

(1) 了解汽车尾灯控制电路的工作原理。

(2) 熟练掌握 top_down 的设计方法。

(3) 进一步掌握复杂数字系统的仿真方法。

2）实验原理

(1) 设计要求与功能分析

①要求：汽车尾部左右两侧各有 3 个指示灯（用发光二极管模拟），当在汽车正常运行时指示灯全灭；在右转弯时，右侧 3 个指示灯按右循环顺序循环点亮；在左转弯时，左侧 3 个指示灯按左循环顺序循环点亮；刹车时，6 个指示灯同时点亮。

②汽车尾灯状态表

设输入信号：左转弯传感器 lf，右转弯传感器 rt，汽车尾灯状态表如表 3.7.1 所示。

表 3.7.1　汽车尾灯状态表

开关控制 lf　rt	汽车运行状态	左转尾灯 ll　lc　lr	右转尾灯 rr　rc　rl
0　0	正常运行	灯灭	灯灭
1　0	左转弯	左循环点亮	灯灭
0　1	右转弯	灯灭	右循环点亮
1　1	采取紧急制动	同时点亮	

(2) 设计思想

整个设计采用 top_down 的设计思想。把电路划分成 3 个模块：主控模块、左循环模块、右循环模块。其中循环模块是基于顺序发生器原理构成的，左、右顺序发生器各由 3 个 D 触发器构成，其中 6 个输出端与左转尾灯和右转尾灯相连接。汽车尾灯控制系统框图如图 3.7.1 所示。

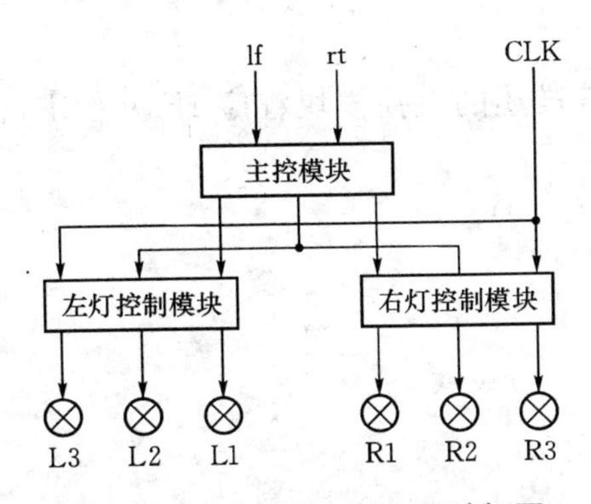

图 3.7.1　汽车尾灯控制系统框图

输入信号:左转弯传感器 lf,右转弯传感器 rt。汽车尾灯主要是为了引起后面行驶汽车的司机的注意,为了使尾灯的光信号更明显,采用亮灭交替的闪烁信号,其闪烁周期为 2 s,即尾灯亮 1 s,灭 1 s,再亮 1 s……所以需要 1 个 1 s 时钟的输入信号。

输出信号:设 6 个,即左转弯 3 个指示灯 ll、lc、lr,右转弯 3 个指示灯 rr、rc、rl 。

(3) 功能模块设计

①主控模块

主控模块主要用于产生汽车正常行驶、左转弯、右转弯、紧急制动控制信号。

设:主控模块的输入信号为 lf、rt,输出信号为 f2、f1、f0。

a. 传感器信号 lf、rt 都无效,此时 lf、rt 状态为 00,表示汽车保持一定的行驶速度或静止不动,这时输出信号 f2=0,指示灯全灭。

b. 传感器信号 lf 有效,rt 无效,此时 lf、rt 状态为 10,表示汽车向左转弯,这时输出信号 f1=1,指示灯左循环点亮,右尾灯灭。

c. 传感器信号 rt 有效,lf 无效,此时 lf、rt 状态为 01,表示汽车向右转弯,这时输出信号 f0=1,指示灯右循环点亮,左尾灯灭。

d. 传感器信号 lf、rt 都有效,此时 lf、rt 状态为 11,表示汽车慢行或有紧急情况发生而采取紧急制动,这时输出信号 f2=1,指示尾灯同时明、暗闪烁。

②左转弯 3 个尾灯顺序循环变化控制模块

采用顺序脉冲发生器来实现此功能,顺序脉冲发生器由 3 个 D 触发器构成,要求 D 触发器具有异步置 1、置 0 功能。利用图形法将 3 个 D 触发器模块按功能要求连成一个左转灯控模块。

③右转弯 3 个尾灯顺序循环变化控制模块

右转弯控制模块设计与左转弯相同,只需把设计好的左转弯模块的输出按右转弯的顺序调换一下即可。

④左、右转弯 3 个尾灯控制模块

用前面设计的左、右转弯模块构成左转和右转 3 个尾灯控制电路。

3) 实验内容及步骤

(1) 编写各分模块的 Verilog HDL 程序,分别进行功能仿真。

(2) 做出系统顶层模块原理图,进行功能与时序仿真。

(3) 下载该汽车尾灯控制电路,并进行在线测试。

4）设计示例

(1) 用 Verilog HDL 语言描述的主控模块程序 rF. v 如下，由其生成的符号如图 3.7.2 所示。

```
module rF(lf,rt,f2,f1,f0);
output f2,f1,f0;
input lf,rt;
reg f2,f1,f0;
always @(lf or rt)
begin
case({lf,rt})
2'd0:{f2,f1,f0}=3'b000;
2'd1:{f2,f1,f0}=3'b001;
2'd2:{f2,f1,f0}=3'b010;
2'd3:{f2,f1,f0}=3'b100;
endcase
end
endmodule
```

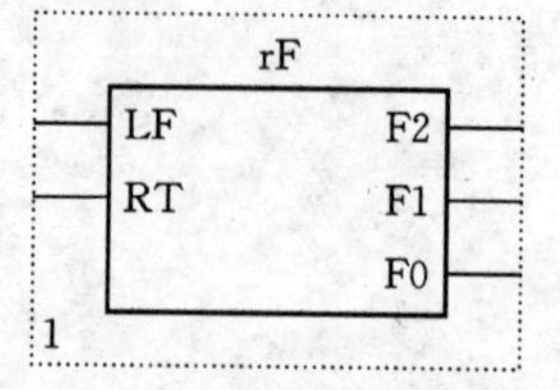

图 3.7.2　主控模块符号

(2) 用 Verilog HDL 语言描述的 D 触发器模块程序 DFF1. v 如下，由其生成的符号如图 3.7.3 所示。

```
module DFF1 (q,qn,d,clk,set,reset);
output q,qn;
input d,clk,set,reset;
reg q,qn;
always @(posedge clk or negedge
set or negedge reset)
begin
if(! reset)      begin    q<=0; qn<=1; end
else if(! set)   begin    q<=1; qn<=0; end
else             begin    q<=d;  qn<=~d; end
end
endmodule
```

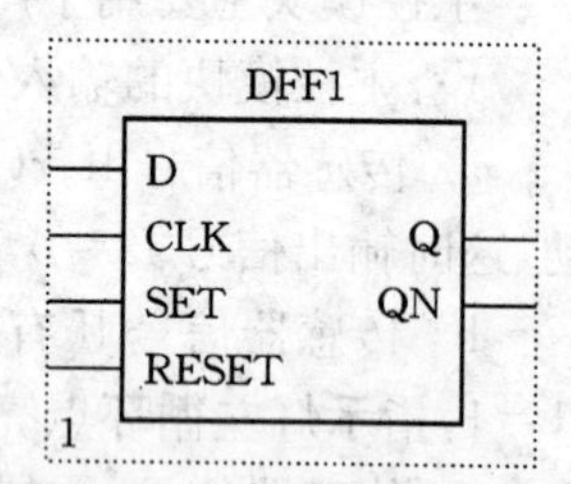

图 3.7.3　主控模块 DFF1 模块符号

(3) 用元件例化的方法设计的左循环模块如图 3.7.4 所示，由其生成的符号如图 3.7.5 所示。

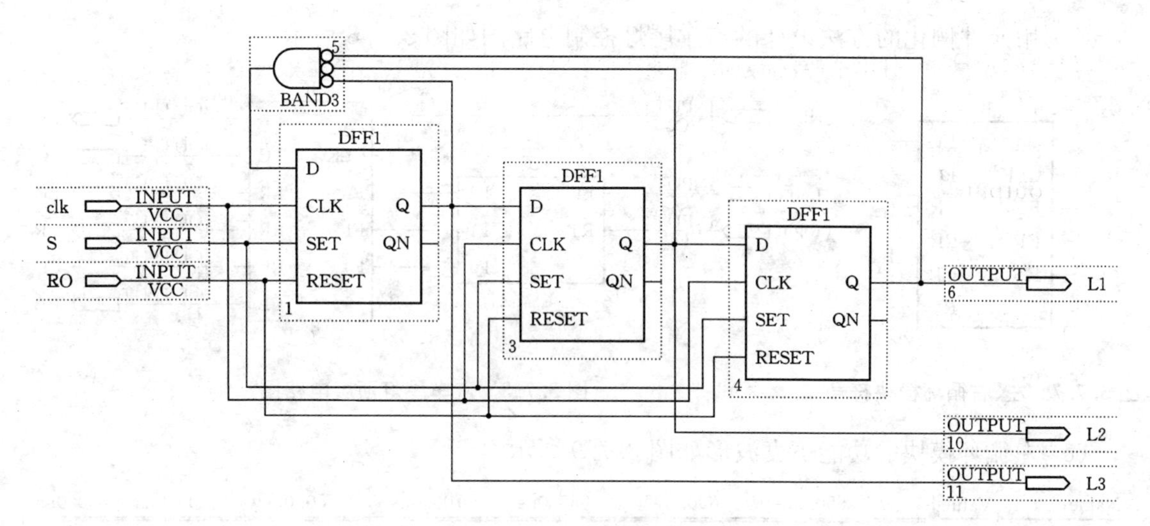

图 3.7.4 左循环模块电路图

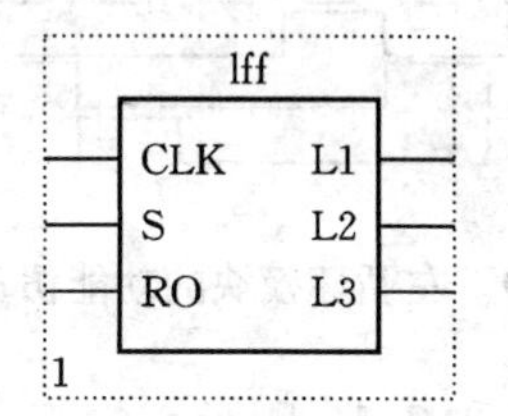

图 3.7.5 左循环模块符号

(4) 用元件例化的方法设计的左、右循环模块如图 3.7.6 所示，由其生成的符号如图 3.7.7 所示。

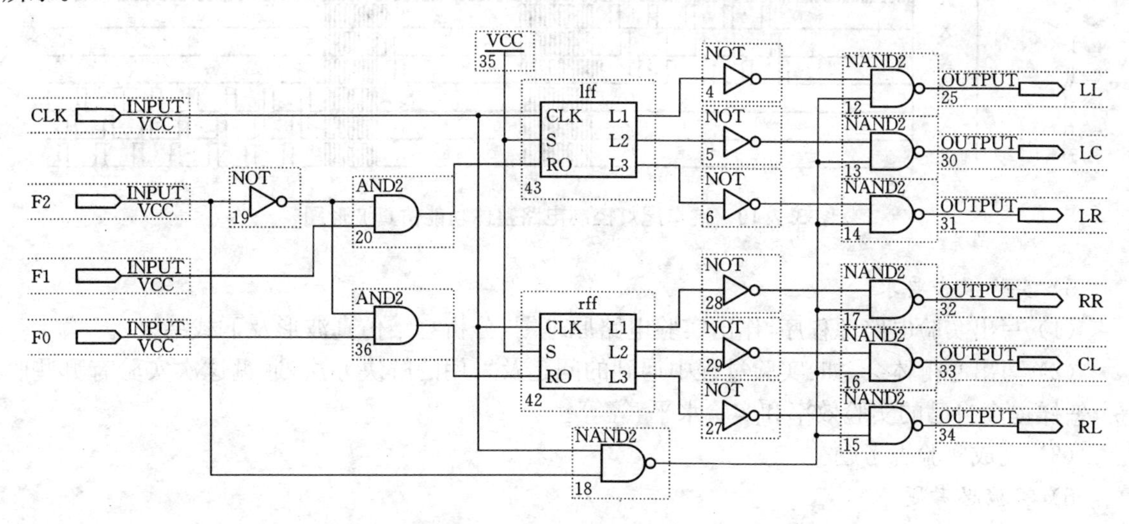

图 3.7.6 左、右循环模块电路图

(5) 用元件例化的方法设计的汽车尾灯控制电路图如图 3.7.8 所示。

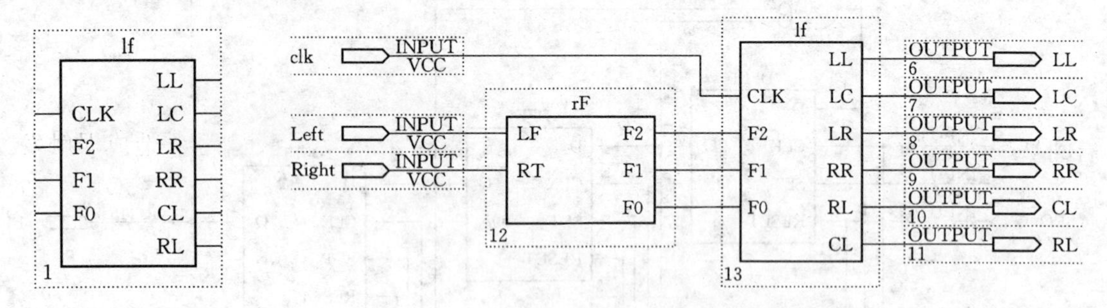

图 3.7.7　左、右循环模块符号　　**图 3.7.8　汽车尾灯顶层电路图**

(6) 左循环模块的功能仿真波形如图 3.7.9 所示。

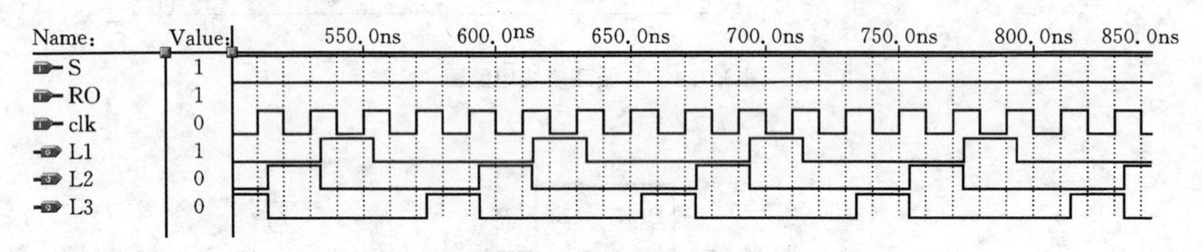

图 3.7.9　左循环模块的功能仿真波形图

(7) 系统整体功能仿真波形如图 3.7.10 所示。

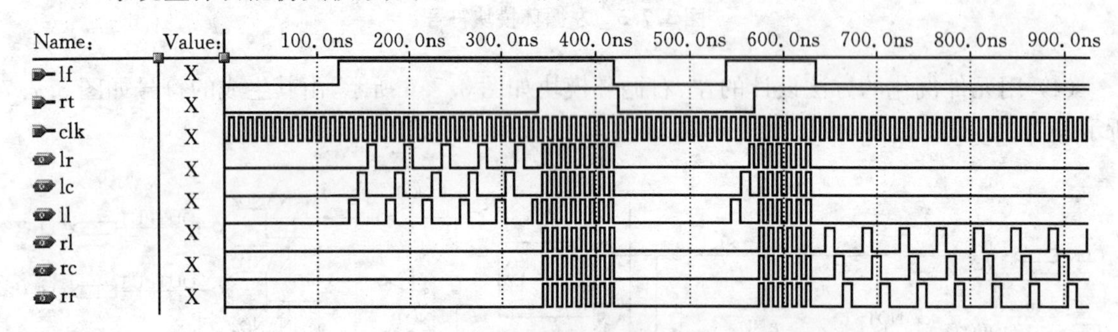

图 3.7.10　汽车尾灯控制电路整体功能仿真波形图

5) 实验报告要求

(1) 写出实验电路源程序，作出实验电路原理图，分析总结仿真波形及下载结果。

(2) 写出心得体会，如：实验过程中遇到的问题及采用的解决办法，通过这次实验有哪些收获，怎样提高自己的实验效率和实验水平，等等。

(3) 完成实验思考题。

6) 实验思考题

如何修改原设计程序给其增加一个在汽车遇到紧急情况时，尾灯按一定频率闪烁的功能？

实验 8　按键消抖设计

1) 实验目的

(1) 了解按键抖动原因及消抖原理。

(2) 掌握复杂电路的分析方法。

(3) 熟练掌握 Verilog HDL 语言多进程设计方法。

2) 实验原理

作为机械开关的按键，当操作时，由于机械触点的弹性及电压突跳等影响，在触点闭合或开启的瞬间会出现电压抖动，如图 3.8.1 所示。实际应用中如果不进行处理将会造成误触发。按键消抖动的关键在于提取稳定的低电平状态，滤除前沿、后沿抖动毛刺。一般公认的手动按键的抖动时间为 20 ms 左右。

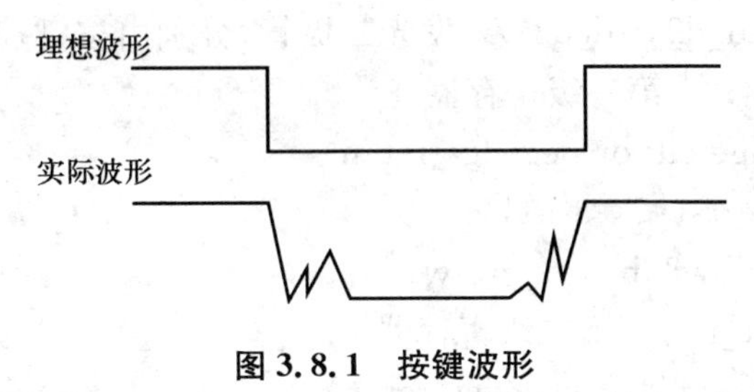

图 3.8.1　按键波形

据此，我们设计一个利用按键控制发光二极管亮灭的电路，如图 3.8.2 所示。用 3 个按键分别控制 3 个发光二极管亮或暗。3 个独立按键一端接地，另一端在上拉的同时接到 FPGA 的 I/O 口，当 I/O 口(SW1/SW2/SW3)的电平为高时，说明按键没有被按下；当 I/O 口的电平为低时，说明按键被按下。3 个发光二极管分别通过串入 1 个 510 Ω 的分压电阻后与 FPGA 的 I/O 口连接。发光二极管的阴极接地。上电初始发光二极管不亮，当检测到某个按键被按下后，发光二极管点亮，按键再次被按下时，发光二极管则不亮，如此反复。因为做了消抖处理，所以下载后的电路不会出现闪烁现象。

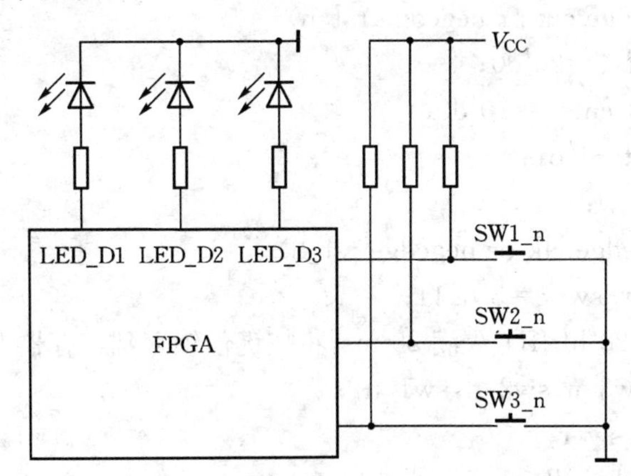

图 3.8.2　独立按键、发光二极管与 FPGA 接口电路图

欲消除抖动，首先要对按键的状态做准确检测。检测按键按下，常用的方法为“脉冲边沿检测法”。在程序设计中，一般是定义两级寄存器来锁存前后两个时钟周期内按键 b2、b1 的状态，然后利用公式 a=b2&(～b1)的值来判断，若 a 在某个周期里出现了高电平，则表明按键在这个周期里由高电平跳变到低电平。

一旦检测到 FPGA 接口电平由高变为低时，即认为按键被按下，则对计数器进行复位，每 20 ms锁存一次按键值。若前后两个 20 ms 锁存的值在公式 a=b2&(～b1)的判断下，出现“1”的值，则将对应的按键状态翻转，也就是使对应的 LED 灯做亮灭翻转。

3）实验内容及步骤

(1) 写出实现设计要求的 Verilog HDL 程序，进行功能仿真和时序仿真。

(2) 下载该电路，并进行在线测试。

4）实验示例

(1) 用 Verilog HDL 语言描述的完整按键消抖电路程序 sw_debounce.v 如下：

```
module sw_debounce(clk,rst_n,sw1_n, sw2_n,sw3_n, led_d1,led_d2,led_d3);
input clk,rst_n; input sw1_n,sw2_n,sw3_n;// 3 个独立按键
output led_d1,led_d2,led_d3;// 发光二极管，分别由按键控制
reg[2:0] key_rst;// 第一级寄存器
always @(posedge clk or negedge rst_n)
if(! rst_n)   key_rst<=3'b111;
else key_rst<={sw3_n,sw2_n,sw1_n};
reg[2:0] key_rst_r; // 第二级寄存器
always @(posedge clk or negedge rst_n)
if(! rst_n) key_rst_r<=3'b111;
else key_rst_r<=key_rst;
wire [2:0] key_an;
assign key_an= key_rst_r&(~ key_rst);
// 当 key_rst 由高变低时，key_an 的值变为高，维持一个时钟周期
reg [19:0] cnt;
//定义一个计数器，使其周期近似为 20 ms，clk 为 50 MHz，来自晶振
always@(posedge clk or negedge rst_n)
if(! rst_n) cnt<=20'd0;
else if(key_an) cnt<=20'd0;
else cnt<=cnt+1'b1;
reg[2:0] low_sw;
always @(posedge clk or negedge rst_n)
if(! rst_n) low_sw<=3'b111;
else if(cnt==20'hfffff) //满 20 ms，将按键值锁存到寄存器 low_sw 中
low_sw<={sw3_n,sw2_n,sw1_n};
reg [2:0] low_sw_r;
always@(posedge clk or negedge rst_n)
if(! rst_n) low_sw_r<=3'b111;
else low_sw_r<=low_sw;
wire [2:0] led_ctrl;
assign led_ctrl[2:0] = low_sw_r[2:0]&(~ low_sw[2:0]);
//当 low_sw 由高变低时，led_ctrl 的值变为高，维持一个时钟周期
reg d1,d2,d3;
always@(posedge clk or negedge rst_n)
if(! rst_n) begin
{d3,d2,d1}<=3'b000;end
```

```
else begin
// 某个按键值变化时,LED亮灭翻转
if(led_ctrl[0]) d1<=~d1;
if(led_ctrl[1]) d1<=~d2;
if(led_ctrl[2]) d1<=~d3;
end
assign led_d1=d1? 1'b1:1'b0;
assign led_d2=d2? 1'b1:1'b0;
assign led_d3=d3? 1'b1:1'b0;
endmodule
```

(2) 按键消抖电路功能仿真波形如图 3.8.3 所示。

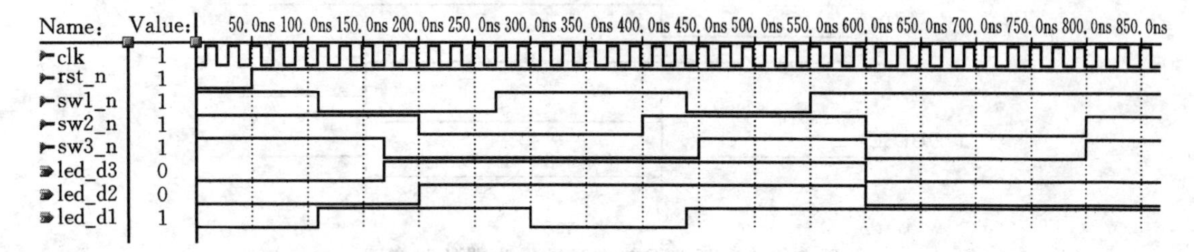

图 3.8.3　按键消抖电路功能仿真波形图

5) 实验报告要求

(1) 写出实验电路源程序,分析总结仿真波形及下载结果。

(2) 写出心得体会,如:实验过程中遇到的问题及采用的解决办法,通过这次实验有哪些收获,怎样提高自己的实验效率和实验水平,等等。

(3) 完成实验思考题。

6) 实验思考题

(1) 本实验设计的关键点是什么? 如何判断仿真波形的结果?

(2) 除了本实验采用的方法,是否还有其他的按键消抖设计方法?

实验 9　可编程单次脉冲发生器设计

1) 实验目的

(1) 了解可编程单次脉冲发生器的工作原理。

(2) 掌握复杂数字系统的设计思路及设计方法。

(3) 提高仿真复杂系统及判断仿真结果的能力。

2) 实验原理

可编程单次脉冲发生器是一种脉冲宽度可变的信号发生器。在输入按键的控制下,产生单次脉冲,脉冲的宽度可由 8 位的输入数据控制(以下称为脉宽参数)。由于是 8 位的脉宽参数,故可以产生 255 种宽度的脉冲。

(1) 系统时序关系分析

可编程单次脉冲发生器的操作过程是:

①预置脉宽参数;

②按下复位键，初始化系统；

③按下启动键，发出单脉冲。

这里可以用两个按键来完成上述三个步骤：在复位键按下后，经延时自动产生预置脉宽参数的信号。系统的时序关系如图 3.9.1 所示。

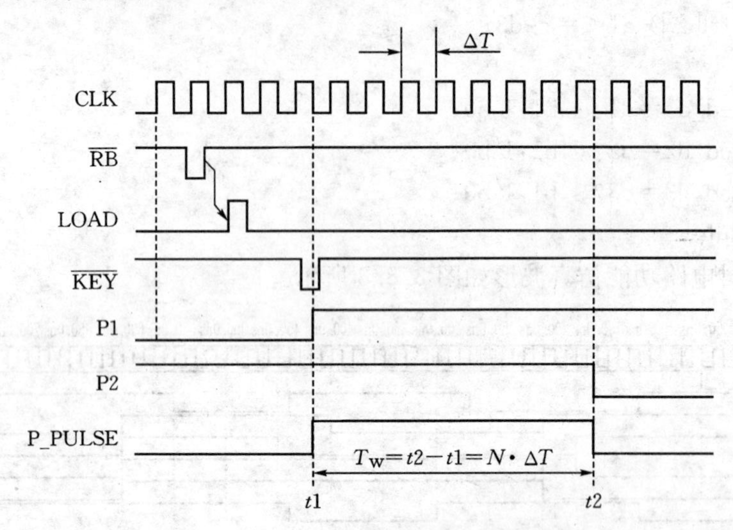

图 3.9.1 可编程单次脉冲发生器的时序图

图中的$\overline{RB}$为系统复位脉冲，在其之后自动产生 LOAD 脉冲，装载脉宽参数。之后，等待按下 KEY 按钮。KEY 按钮按下后，单脉冲 P_PULSE 便输出。此时应注意到：KEY 的按下是与系统时钟 CLK 不同步的，不加处理将会影响单脉冲 P_PULSE 的精度。为此，在 KEY 按下期间，产生脉冲 P1，它的上升沿与时钟取得同步。之后，在脉宽参数的控制下，使计数单元开始计数。当达到预定时间后，再产生一个与时钟同步的脉冲 P2。由 P1 和 P2 就可以算出单脉冲的宽度 T_w。

(2) 流程图的设计

根据时序关系可以作出如图 3.9.2 所示的流程图。

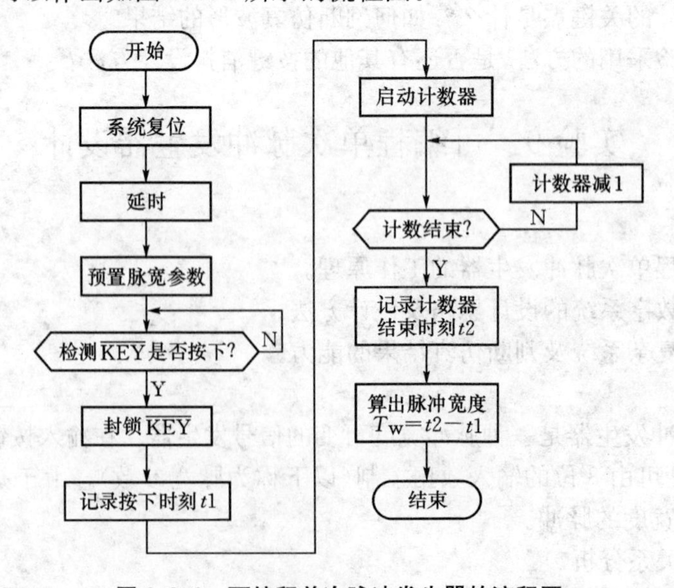

图 3.9.2 可编程单次脉冲发生器的流程图

在系统复位后，经一定的延时产生一个预置脉冲 LOAD，用来预置脉宽参数。应该注意：复位脉冲不能用来同时预置，要在其之后再次产生一个脉冲来预置脉宽参数。

为了产生单次的脉冲，必须考虑到在按键 KEY 有效后，可能会保持较长的时间，也可能会产生多个尖脉冲。因此，需要设计一种功能，使得在检测到 KEY 有效后就封锁 KEY 的再次输入，直到系统复位。

(3) 模块的设计

①模块划分

可编程单脉冲发生器的模块划分如图 3.9.3 所示。

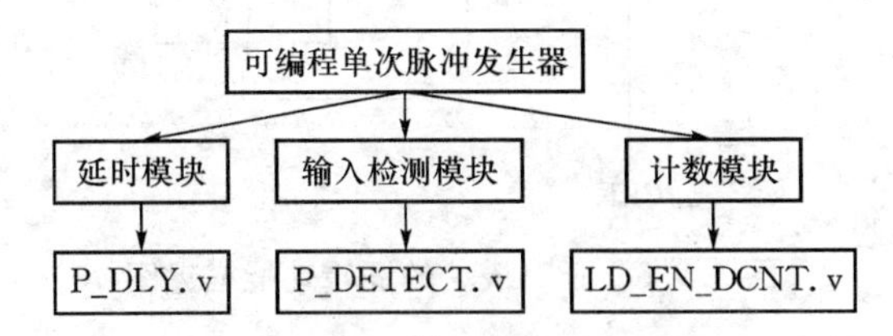

图 3.9.3　可编程单次脉冲发生器模块的划分

②系统框图

由三个模块构成的系统框图如图 3.9.4 所示。

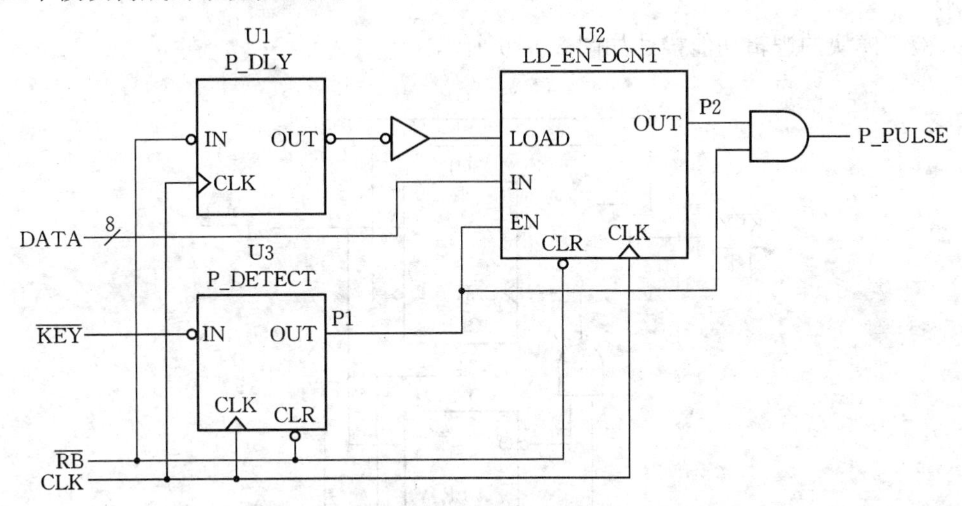

图 3.9.4　可编程单次脉冲发生器的系统框图

a. 延时模块 P_DLY

CLK 给延时单元提供计数时基，在复位脉冲$\overline{\text{RB}}$从有效变为无效时，启动延时单元。延时时间到后便输出一个负有效的脉冲(也可以为正有效)，其宽度为一个周期。延时模块的逻辑功能描述如图 3.9.5 所示。

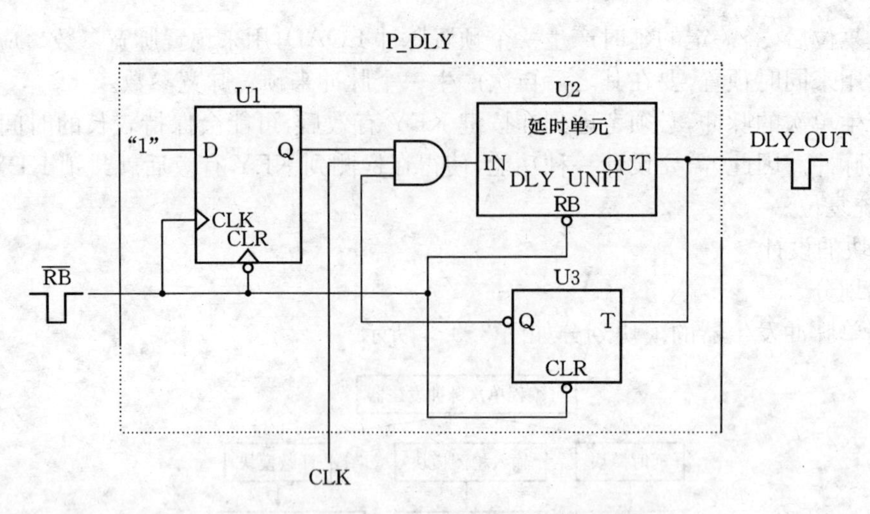

图 3.9.5　延时模块的逻辑功能描述图

b. 输入检测模块 P_DETECT

RB 复位系统后，该模块等待 KEY 的输入，一旦检测到有下降，则一方面封锁输入，一方面产生并保持与时钟同步的一个上升脉冲。该脉冲用以开启计数模块 LD_EN_DCNT 的计数允许端 EN。

输入检测模块的逻辑功能描述如图 3.9.6 所示。

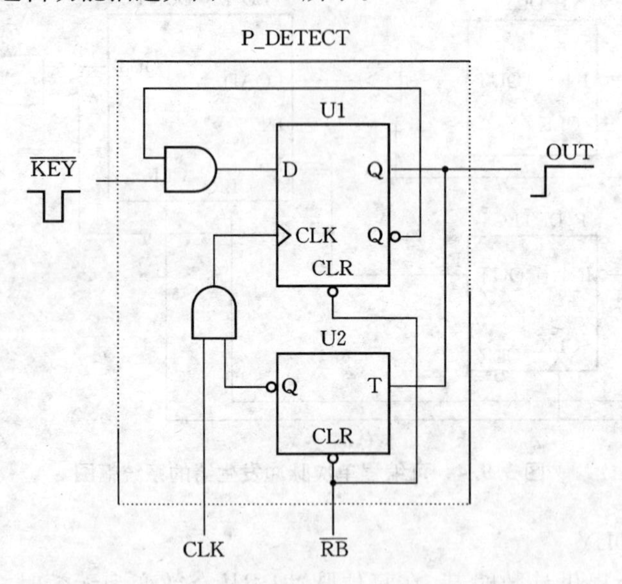

图 3.9.6　输入检测模块的逻辑功能描述图

c. 计数模块 LE_EN_DCNT

脉宽参数 IN 接收 8 位的数据，经数据预置端 LOAD 装载脉宽参数，在计数允许端有效后便开始计数。该计数器设计成为减法计数的模式，当其计数到 0 时，输出端 OUT 由高电平变为低电平。该输出与来自输入检测模块 P_DETECT 的输出进行"与"运算，便可得到单脉冲的输出。

计数模块的逻辑功能描述如图 3.9.7 所示。

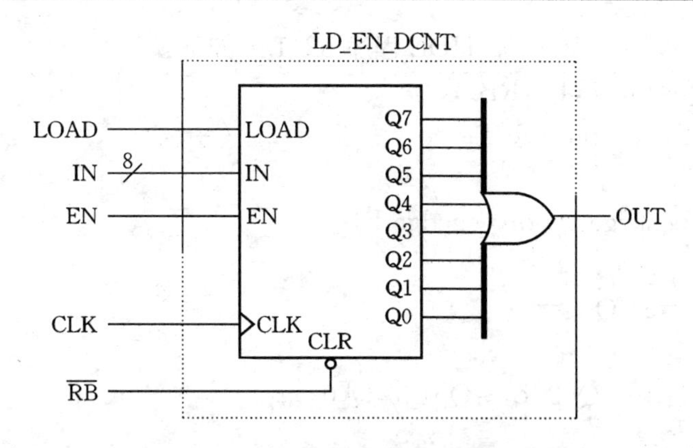

图 3.9.7　计数模块的逻辑功能描述图

3）实验内容及步骤

（1）用 Verilog HDL 语言分别设计“延时模块”、“输入检测模块”及“计数模块”，进行仿真验证，并生成符号。

（2）用图形法设计出可编程单次脉冲发生器，并进行仿真验证。

（3）下载该电路，并进行在线测试。

4）设计示例

（1）用 Verilog HDL 语言描述的延时模块如下 P_DLY. v。将延时模块设计为延时 5 个时钟周期后输出下降的脉冲，该脉冲持续 1 个时钟周期后又上升，上升沿输入到 T 触发器，T 触发器的输出端封锁三“与门”。

①顶层模块的 Verilog HDL 程序 P_DLY. v 如下，由其生成的符号如图 3.9.8 所示。

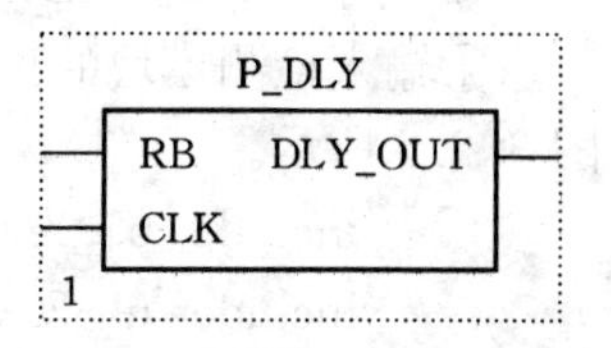

图 3.9.8　延时模块的符号

```
'include "u1_1. v"
'include "u2_1. v"
'include "u3_1. v"
module P_DLY(RB,CLK,DLY_OUT);
input RB,CLK; output DLY_OUT;
u1_1 U1(RB,CLK,Q);
u2_1 U2(DLY_OUT,IN,RB);
u3_1 U3(DLY_OUT,QB,RB);
and (IN,Q,CLK,QB);
endmodule
```

②延时模块的子模块的 Verilog HDL 程序 u1_1. v 如下：

```
module u1_1(RB,CLK,Q);
input RB,CLK;
output Q;
reg Q;
always @(negedge RB or negedge CLK)
if(RB==0) Q<=0;
else Q<=1;
endmodule
```

③延时模块的子模块的 Verilog HDL 程序 u2_1. v 如下：

```
module u2_1(OUT,IN,RB);
input IN,RB; output OUT;
reg[3:0] Q;
always @(posedge IN or negedge RB)
if(! RB) Q<=0;
else if(Q==5) Q<=0;
else Q<=Q+1;
assign OUT=~(Q[2]&~Q[1]&Q[0]);
endmodule
```

④延时模块的子模块的 Verilog HDL 程序 u3_1. v 如下：

```
module u3_1(T,QB,RB);
input T,RB;
output QB;
reg QB;
always @(posedge T or negedge RB)
begin
if (RB=0) QB<=1;
else QB<=~QB; end
endmodule
```

(2) 用 Verilog HDL 语言描述的输入检测模块。

①输入检测模块的顶层模块的 Verilog HDL 程序 P_DETECT. v 如下，由其生成的符号如图 3.9.9 所示。

```
'include "u1_2.v"
'include "u2_2.v"
module P_DETECT(KEY,OUT,CLK,RB);
input KEY,CLK,RB;
output OUT;
u1_2 u1_2(CK,RB,D,OUT);
u2_2 u2_2(OUT,QB,RB);
assign CK=QB&CLK;
assign D=(~OUT)&(~KEY);
endmodule
```

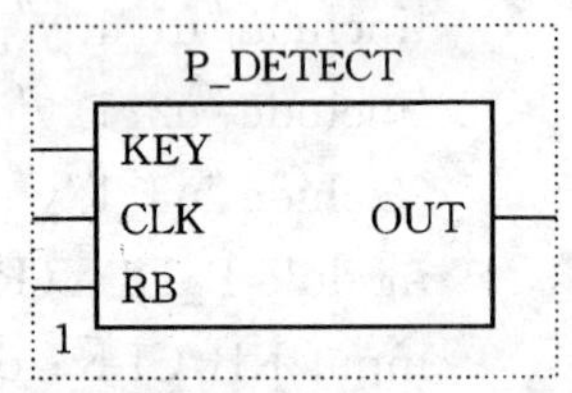

图 3.9.9 输入检测模块的符号

②输入检测模块的子模块的 Verilog HDL 程序 u2_2. v 如下：

```
module u2_2(T,QB,RB);
input T,RB; output QB; reg QB;
always @(posedge T or negedge RB)
begin
if (RB==0) QB<=1;
else QB<=~QB;
end
endmodule
```

③输入检测模块的子模块的 Verilog HDL 程序 u1_2. v 如下：

```
module u1_2(CLK,CLR,D,Q);
input D,CLR,CLK;
output Q;
reg Q;
always @(posedge CLK or negedge CLR)
begin
if (! CLR) Q<=0;
else Q<=D; end
endmodule
```

(3) 用 Verilog HDL 语言描述的计数模块程序 LD_EN_DCNT 如下，由其生成的符号如图 3.9.10 所示。

```
module LD_EN_DCNT(RB,CLK,LOAD,EN,IN,
OUT);
input RB,CLK,LOAD,EN; input [7:0] IN;
output OUT;
reg [7:0] Q;
always @(posedge CLK)
if (! RB)  Q<=0;
else if (LOAD)  Q<=IN;
else if (EN)
if (Q==0)  Q<=0;
else     Q<=Q-1;
assign OUT=Q[7]|Q[6]|Q[5]|Q[4]|Q[3]|Q[2]|Q[1]|Q[0];
endmodule
```

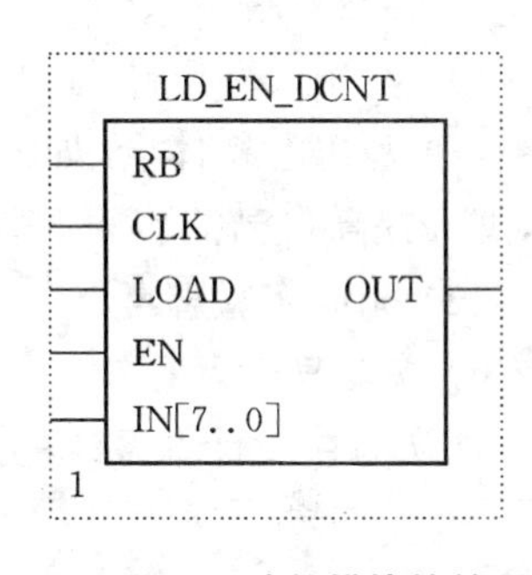

图 3.9.10　计数模块的符号

(4) 用图形法设计的可编程单次脉冲发生器原理图如图 3.9.11 所示。

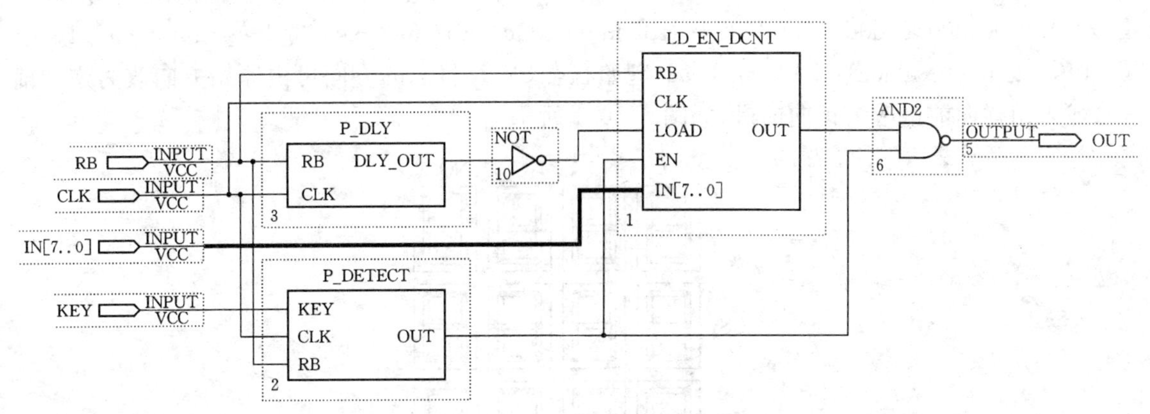

图 3.9.11　可编程单脉冲发生器原理图

(5) 可编程单次脉冲发生器的功能仿真波形如图 3.9.12 所示。

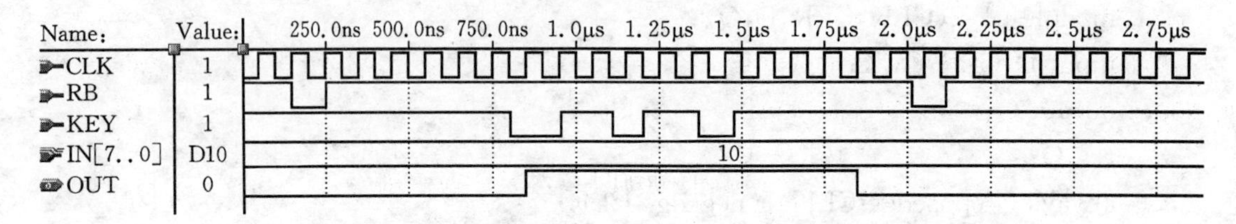

图 3.9.12 可编程单脉冲发生器的功能仿真波形图

5) 实验报告要求

(1) 写出实验电路源程序,作出实验电路原理图,分析总结仿真波形及下载结果。

(2) 写出心得体会,如:实验过程中遇到的问题及采用的解决办法,通过这次实验有哪些收获,怎样提高自己的实验效率和实验水平,等等。

(3) 完成实验思考题。

6) 实验思考题

你认为在设计本系统的过程当中,需要注意的关键点有哪些?

实验 10 趣味实验——蛇形电路设计

1) 实验目的

(1) 提高学生的综合设计和应用能力。

(2) 激发学生的学习兴趣,开拓思维。

2) 实验原理

(1) 设计要求

该电路要求控制 4 个七段数码显示器(简称 LED)来仿真蛇的移动,“蛇”的形状在每行的 4 个七段显示器上显示出“连续”的三条亮线,“蛇”能在一排 4 个七段显示器上绕圈子,按照以下顺序依次显示:a0a1a2(S0)→a1a2a3(S1)→a2a3b3→a3b3g3→b3g3g2→g3g2g1→g2g1g0→g1g0e0→g0e0d0→e0d0d1→d0d1d2→d1d2d3→d2d3c3→d3c3g3→c3g3g2→g3g2g1→g2g1g0→g1g0f0→g0f0a0→f0a0a1(S19)→a0a1a2(起始状态 S0)。显示的方向可由原始方向改为逆向前进,或者由逆向前进改为正向前进,如图 3.10.1 所示。

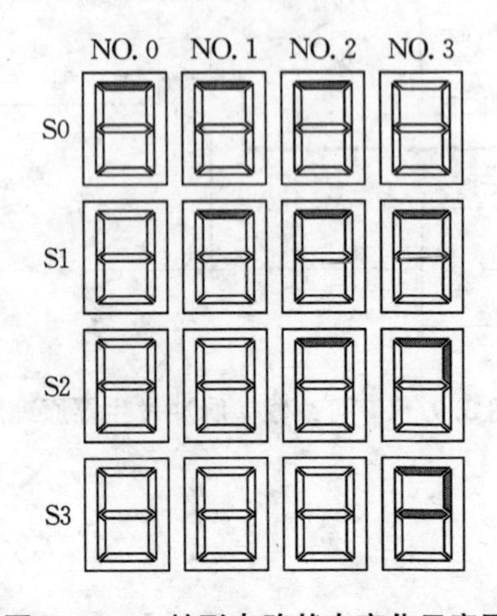

图 3.10.1 蛇形电路状态变化示意图

(2) 系统分析

①系统框图

移动蛇控制电路可由五个模块构成:主控模块、显示驱动模块、锁存模块、位选控制模块、位选通模块。其系统框图如图 3.10.2 所示。

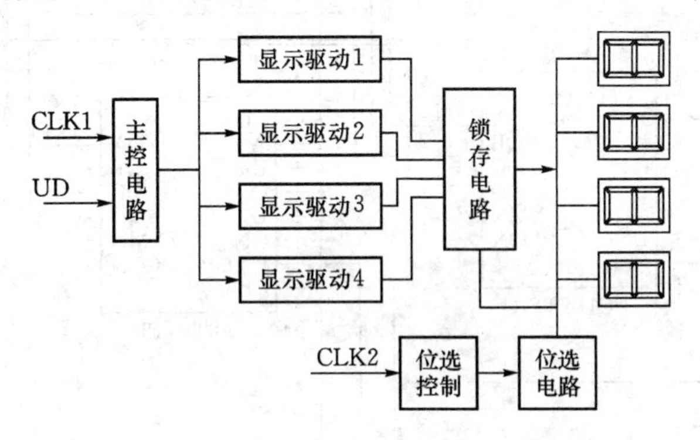

图 3.10.2　蛇形控制电路系统框图

移动蛇控制电路控制 4 个七段显示器,每块显示器均出现 20 个状态。因此需设计输出为 20 种状态的控制电路,并且控制电路具有可逆端 UD,用来控制“蛇”的正向与逆向移动。4 块显示驱动电路用来存入 20 种蛇变化状态,位选通与锁存器相配合实现显示器的动态显示。

②模块设计

本实验电路中主控模块及显示驱动模块是设计的核心。

主控模块:通过前面的分析,可选用两片 74191(十六进制可逆计数器)来构成二十进制计数器。其中,脉冲 CLK1 作为计数器状态控制端、利用可逆端 UD 实现蛇移动的方向变化。输出端 Q[4..0]控制显示驱动电路。

显示驱动模块:通过上面介绍的蛇移动顺序,可以知道每块 LED 的 20 种状态。据此可以写出 4 块显示驱动模块的输出状态。在由主控模块输出的 5 位地址 Q[4..0]的作用下,每块 LED 按设计的显示方式顺序输出。这需要通过编程来实现。

位选控制模块:因为有 4 个 LED,所以要设计一个能够在外部时钟(CLK2)作用下,循环输出 4 个不同状态的电路作为位选控制模块。可通过编程或图形法来实现。

位选通模块:可以将其设计为 1 个 2 线—4 线的译码器。

3) 实验内容及步骤

(1) 按设计要求,编写各模块程序,或作出设计原理图,并分模块进行仿真。

(2) 作出系统顶层模块原理图,进行功能和时序仿真。

(3) 下载该电路,并进行在线测试。

4) 实验示例

(1) 用图形法设计的主控模块原理图如图 3.10.3 所示,由其生成的符号如图 3.10.4 所示。

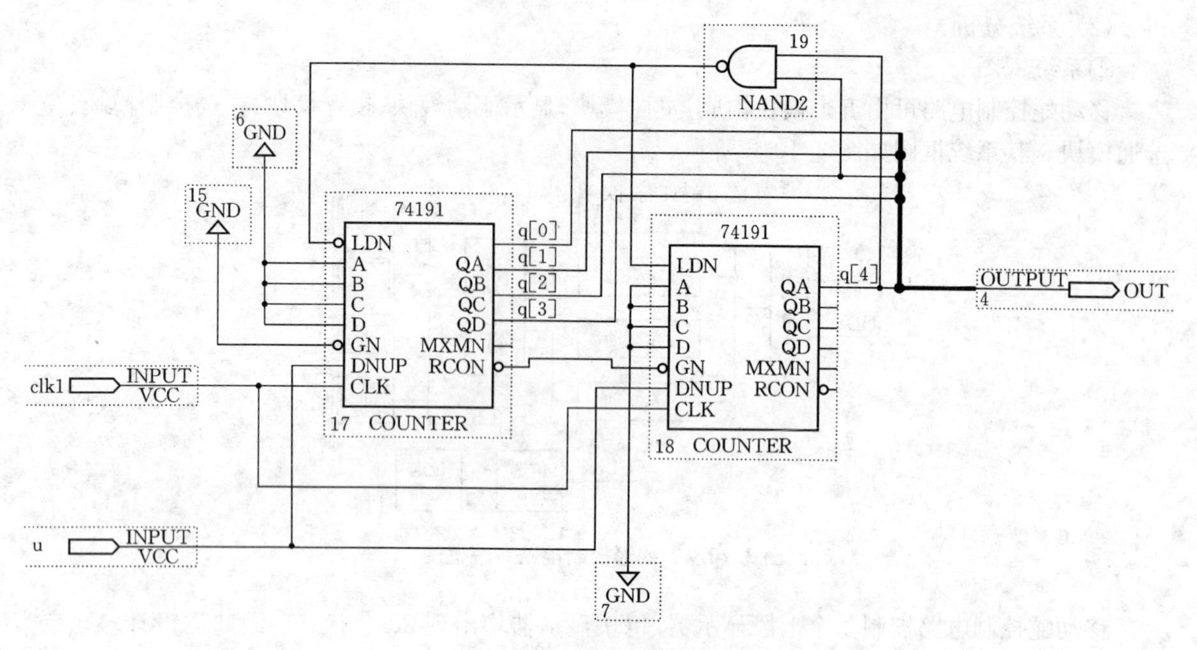

图 3.10.3　主控模块原理图

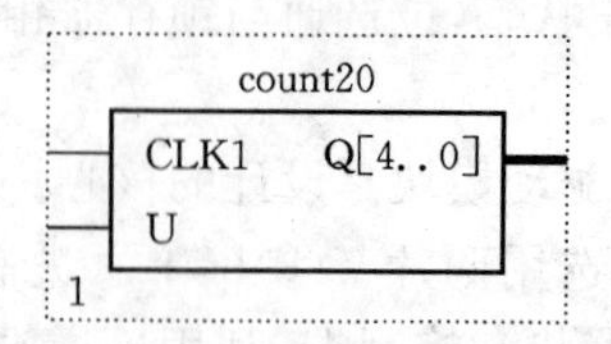

图 3.10.4　主控模块符号

(2) 用 Verilog HDL 语言描述的显示驱动模块 1 程序 screen1.v 如下,由其生成的符号如图 3.10.5 所示。其他 3 个显示驱动模块可以按类似方式编出。

```
module screen1(D1,D0);
input[4:0]D1;
output[6:0]D0;
reg[6:0]D0;
always@(D1) begin
case(D1)
5'b00001:D0=7'b1000000;    5'b00010:D0=7'b0000000;
5'b00011:D0=7'b0000000;    5'b00100:D0=7'b0000000;
5'b00101:D0=7'b0000000;    5'b00110:D0=7'b0000000;
5'b00111:D0=7'b0000001;    5'b01000:D0=7'b0000101;
5'b01001:D0=7'b0001101;    5'b01010:D0=7'b0001100;
5'b01011:D0=7'b0001000;    5'b01100:D0=7'b0000000;
5'b01101:D0=7'b0000000;    5'b01110:D0=7'b0000000;
5'b01111:D0=7'b0000000;    5'b10000:D0=7'b0000000;
5'b10001:D0=7'b0000001;    5'b10010:D0=7'b1100011;
5'b10011:D0=7'b1100011;    5'b10100:D0=7'b1000010;
```

screen1
D1[4..0]　D0[6..0]
2

图 3.10.5　显示驱动模块 1 符号

```
default:D0=7'b0000000;
endcase
end
endmodule
```

(3) 用 Verilog HDL 语言描述的锁存模块程序 latch_7. v 如下，由其生成的符号如图 3. 10. 6 所示。

```
module latch_7(q0,din, load);
output[6:0] q0;
input[6:0] din;
input load;
reg[6:0] q0;
always @(load or din)
begin if(load) q0=din;end
endmodule
```

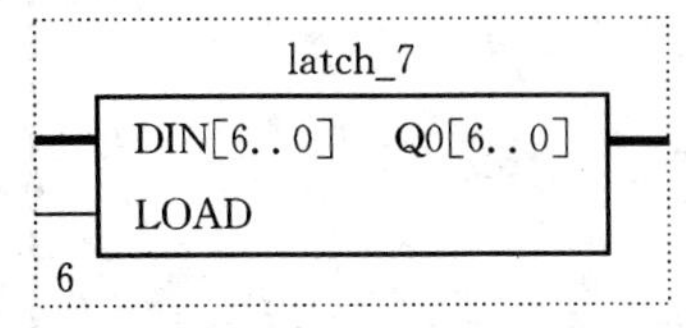

图 3. 10. 6　锁存模块符号

(4) 用 Verilog HDL 语言描述的位选控制模块程序 count2. v 如下，由其生成的符号如图 3. 10. 7所示。

```
module count2(CLK2,Q);
input CLK2;
output [1:0] Q;
reg [1:0] Q;
always@(posedge CLK2)
begin  if(Q==2'b11)  Q<=0;
else Q<=Q+1;
end
endmodule
```

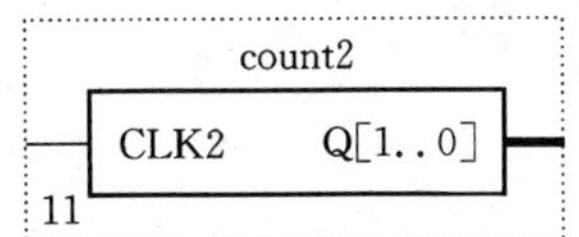

图 3. 10. 7　位选控制模块符号

(5) 用 Verilog HDL 语言描述的位选通模块程序 Decode2_4. v 如下，由其生成的符号如图 3. 10. 8所示。

```
module Decode2_4(D,Y);
input[1:0]D;
output[3:0]Y;
assign   Y[0] =(~D[1])&(~D[0]),
Y[1] =(~D[1])&(D[0]),
Y[2] =(D[1])&(~D[0]),
Y[3] =(D[1])&(D[0]);
endmodule
```

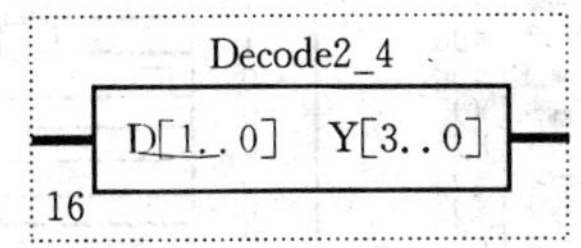

图 3. 10. 8　位选通模块符号

(6) 用图形法设计的系统顶层模块如图 3.10.9 所示。

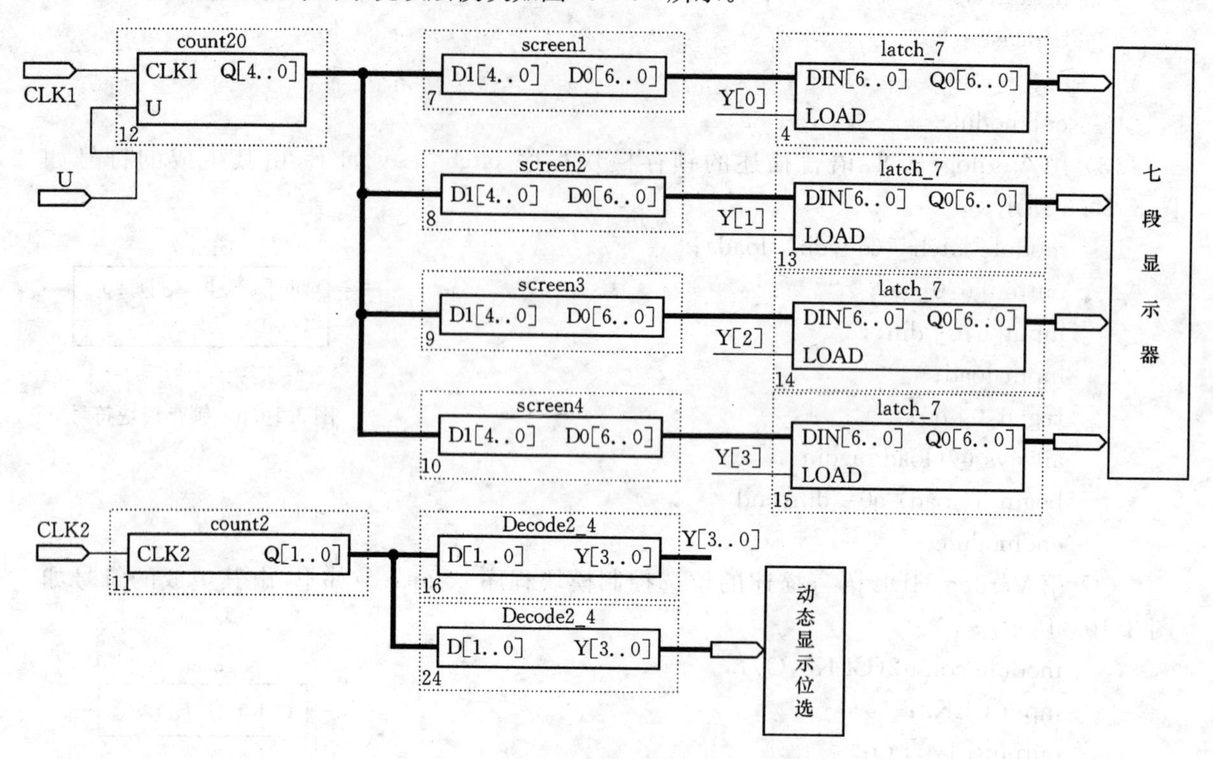

图 3.10.9　蛇形控制电路顶层模块原理图

(7) 蛇形控制电路功能仿真波形如图 3.10.10 所示。

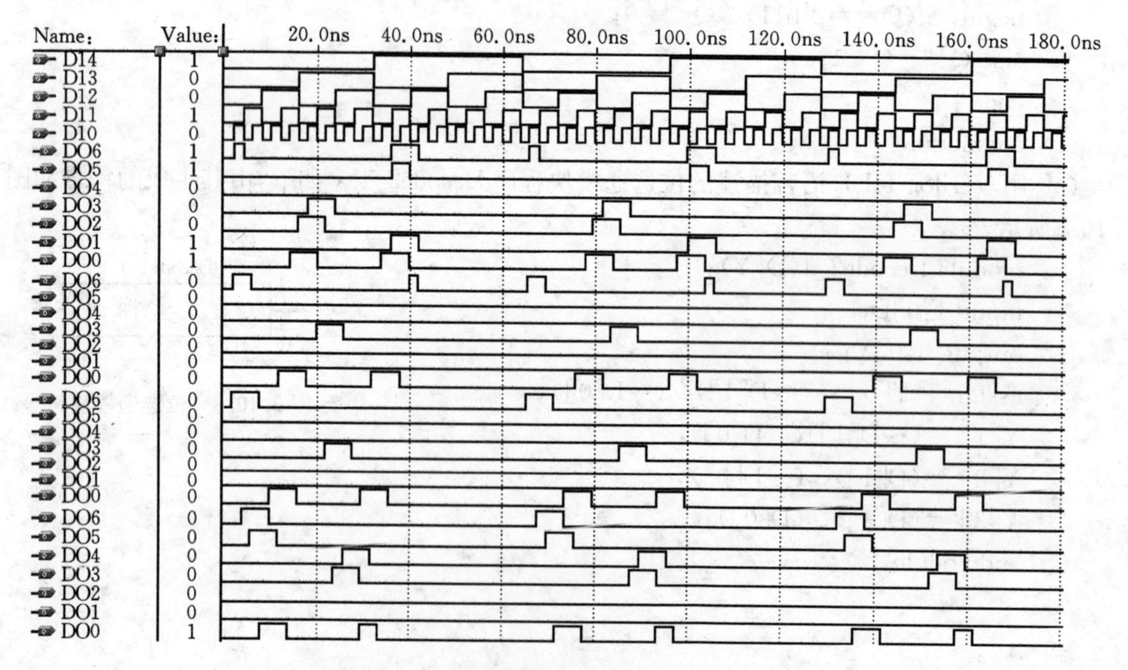

图 3.10.10　蛇形控制电路功能仿真波形图

5）实验报告要求

（1）写出实验电路源程序，作出实验电路原理图，分析总结仿真波形及下载结果。

（2）写出心得体会，如：实验过程中遇到的问题及采用的解决办法，通过这次实验有哪些收获，怎样提高自己的实验效率和实验水平，等等。

（3）完成实验思考题。

6）实验思考题

（1）请设计更简单的方法来实现本实验电路的功能。

（2）请提供一个有趣的实验名称，给出具体想法，并进行可行性分析。

4 课程设计实验

本章实验内容主要为课程设计性实验，为课外研究专题。该部分实验的综合性和实用性都较强，并且有一定的难度，需要几个人组成一组，同组同学分工协作来完成一个实验。

设置这部分实验的主要目的是为了锻炼学生查阅资料、掌握资料内容，提高综合应用所学的知识，以及独立设计数字系统的能力。

实验1　数字密码锁设计

1）设计目的

(1) 了解数字密码锁的工作原理。

(2) 学会复杂系统的分析与设计方法。

(3) 掌握复杂系统的仿真方法。

2）设计要求

设计一个6位数字密码锁。具体要求如下：

(1) 开锁代码为6位十进制数，可输入的数字范围为0～9，锁内密码可调，预置方便。

(2) 连续3次输入错误密码时，系统报警并锁定密码锁5 min(可以自行修改)。

(3) 规定的时间内输入密码有效，超时则报警。

(4) 当代码的位数和位值与设定密码一致，且按规定程序开锁时锁被打开，并以开锁指示灯LT点亮来表示；否则，系统进入"错误"状态，并发出报警信号。

(5) 数字锁采用声光报警，错误开锁时，指示灯LF点亮并且喇叭鸣叫，指导按下复位开关，报警才停止，数字锁自动进入等待下一次开锁状态。

3）设计说明

6位密码设定可由外部键盘输入，键盘上可设置13个开关按键，分别代表十进制数的0～9，以及密码设置按键(SET)、电路初始化按键(READY)、输入确认按键(OK)。

控制器模块是整个系统的核心。控制器负责接收其他模块传来的输入信号，再根据系统的功能产生相应的控制信号送到相关模块。

为了消除按键抖动并给控制器及内部编码电路提供同步信号，应设计一个消抖同步电路。

可用一片RAM来保存设置的6位密码，同时，为了实现密码可设计密码比较，可设计一个比较器来接收编码器和双口RAM送来的数字密码并进行比较，设计一个移位寄存器将比较器的输出结果送给控制器和计数器。

时钟信号由晶振产生后需通过分频器分频，其系统结构框图如图4.1.1所示。

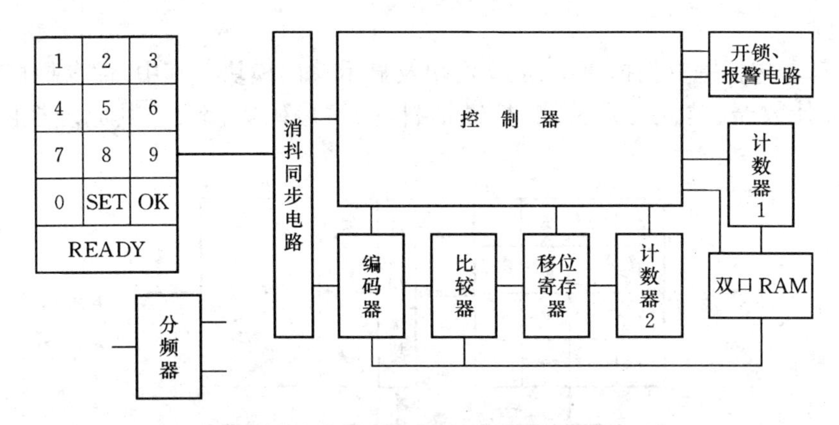

图 4.1.1 数字密码锁系统的结构框图

控制器可以利用有限状态机进行设计。设置 5 个状态，分别为：S0、S1、S2、S3、S4。其中，S0 代表准备状态，S1 代表密码输入状态，S2 代表密码设置状态，S3 代表确认状态，S4 代表开锁状态，S5 代表报警状态。据此可以作出控制器的算法流程图(ASM)(略)。请同学们自行完成。

4) 设计成果

(1) 设计方案、系统总体框图、模块划分图；

(2) 各模块 Verilog HDL 程序、系统顶层模块程序；

(3) 各模块及系统仿真验证结果；

(4) 下载验证的结果；

(5) 包括上述所有内容的规范课程设计报告(在心得体会中，要求写出设计过程中遇到的问题和解决的办法)。

5) 问题与思考

如何通过编程增强该数字密码锁的保密性？

实验 2 简易计算器设计

1) 设计目的

(1) 了解简易计算器的工作原理。

(2) 掌握键盘扫描的设计方法。

(3) 学会复杂系统的分析方法与设计方法。

(4) 掌握复杂系统的仿真方法。

2) 设计要求

设计并实现一个简易的计算器，该简易计算器主要完成加、减、乘、除运算功能，另外，作为计算器还具有数据输入、运算符输入和显示输出功能。

通过如下步骤完成：

(1) 设计一个 4×4 的键盘扫描程序；

(2) 设计一个实现 4 位十进制数加、减、乘、除运算的运算电路；

(3) 设计一个实现 4 位以内十进制数加、减、乘、除运算的计算器，并具有数据输入、运算符输入和现实输出的功能。

3）设计说明

该简易计算器包括键盘扫描模块、运算模块及显示输出模块。其中，键盘扫描模块包括分频器、键盘扫描计数器、键盘行列检测、按键消抖、按键编码等部分。其原理框图如图4.2.1所示。

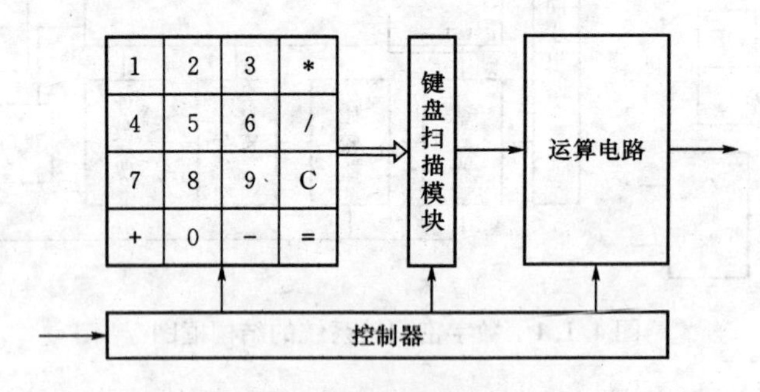

图 4.2.1　简易计算器原理框图

4）设计成果

（1）设计方案、系统总体框图、模块划分图；

（2）各模块 Verilog HDL 程序、系统顶层模块程序；

（3）各模块及系统仿真验证结果；

（4）下载验证的结果；

（5）包括上述所有内容的规范课程设计报告（在心得体会中，要求写出设计过程中遇到的问题和解决的办法）。

5）问题与思考

（1）如何提高按键响应速度？

（2）请在本实验设计的基础上，使该计算器具有按键发声的功能。

实验 3　波形发生器设计

1）设计目的

（1）了解正弦波、方波、三角波波形发生器的工作原理。

（2）学会复杂系统的分析与设计方法。

（3）掌握复杂系统的仿真方法。

2）设计要求

利用直接频率合成技术（Direct Digital Synthesis，DDS），设计并实现一个波形发生器，该波形发生器具有如下功能：

（1）能产生正弦波、方波、三角波，输出波形的频率范围为 100 Hz～20 kHz，输出波形的幅度范围为 0～5 V（峰-峰值）；

（2）通过外部按键可以选择输出波形；

（3）通过外部按键可以调节输出信号的频率和电压幅值。

3）设计说明

该波形发生器要求以 FPGA 为核心，通过 DDS 技术来产生需要的波形输出。其结构框图如图 4.3.1 所示。

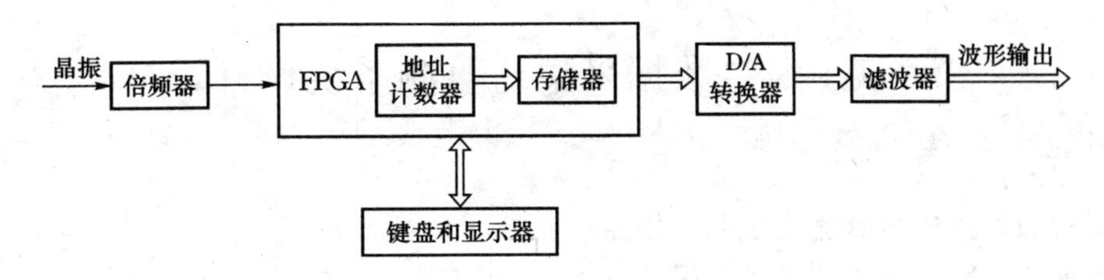

图 4.3.1 波形发生器的结构框图

输入频率经倍频器→计数器→存储器→D/A 转换器→滤波器后产生所需波形输出。用存储器存储所需的波形量化数据，用不同频率的脉冲驱动地址计数器。该计数器的输出接到存储器的地址线上，这样在存储器的数据线上就会周期性地出现波形的量化数据，经 D/A 转换并滤波后即可生成波形。

本设计的核心是 DDS 的设计。DDS 的工作原理是基于相位和幅度的对应关系，通过改相位累加器的累加速度，然后在固定时钟的控制下取样，取相位幅度转换得到与相位值对应的幅度序列，幅度序列通过式量化的正弦波输出。DDS 的结构原理图如图 4.3.2 所示。

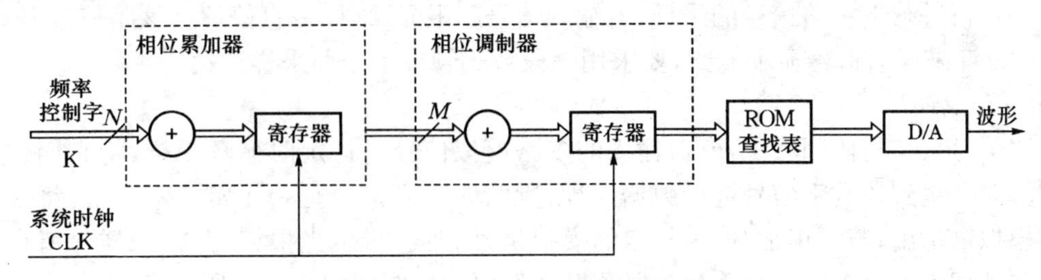

图 4.3.2 DDS 的结构原理图

其中 DDS 控制时钟频率为 f_c，频率控制字为 K，P 为相位控制字，N 为相位累加器的字长，M 为 ROM 数据位和 D/A 转换器的字长。每来一个时钟脉冲 CLK，加法器将频率控制字 K 与累加寄存器输出的累加相位数据相加，把相加后的结果送至累加寄存器的数据输入端。累加寄存器将加法器在上一个时钟脉冲作用后所产生的新相位数据反馈到加法器的输入端，以使加法器在下一个时钟脉冲的作用下继续与频率控制字相加。这样，相位累加器在时钟作用下，不断地对频率控制字进行线性相位累加。由此可以看出，相位累加器在每一个时钟脉冲输入时，把频率控制字累加一次，相位累加器输出的 N 位二进制码经过处理后与相位控制字相加，其结果作为 ROM 的输入地址，对波形 ROM 进行寻址。相位累加器的溢出频率就是 DDS 输出的信号频率。DDS 输出频率方程为 $f_0=f_c/2^n$。

4）设计成果

(1) 设计方案、系统总体框图、模块划分图；

(2) 各模块 Verilog HDL 程序、系统顶层模块程序；

(3) 各模块及系统仿真验证结果；

(4) 下载验证的结果；

(5) 包括上述所有内容的规范课程设计报告（在心得体会中，要求写出设计过程中遇到的问题和解决的办法）。

5）问题与思考

请设计能产生任意波形的波形发生器。

实验4　数据采集与监测系统设计

1）设计目的

（1）了解数据采集与监测系统的工作原理。

（2）掌握复杂数字系统的分析与设计方法。

（3）掌握复杂系统的仿真方法。

2）设计要求

（1）设计一个模拟信号采样电路，要求采样间隔为5～10 s。

（2）设计采样信号上下限比较电路，上下限可以自行设定。要求采样信号在上下限之间时，经过D/A转换输出采样信号的模拟量；当采样信号超限时，使D/A转换输出为零。

（3）设计超限报警电路，要求输入超上限时，红灯亮，喇叭响；输入超下限时，黄灯亮，喇叭响。

（4）设计一个4路模拟信号循环采样电路。要求输入信号正常时，采样在该路信号上停留5～10 s后，再进行下一路信号的采样；若输入信号超限时，采样一直停留在该路信号上。

（5）设计采样通道号显示电路，要求用七段数码管显示当前采样通道。

3）设计说明

多路信号采集与监测系统，能对输入的多路模拟信号进行定时循环采样，将它们变为数字量；同时，对采集到的数字信号进行数据处理，判断该输入信号是否正常。若正常，将其转换成相应的模拟量输出；若不正常，输出规定的模拟量，同时进行声光报警，并将采样停留在该路信号上等待处理。因此多路信号采集与监测系统的原理框图如图4.4.1所示。

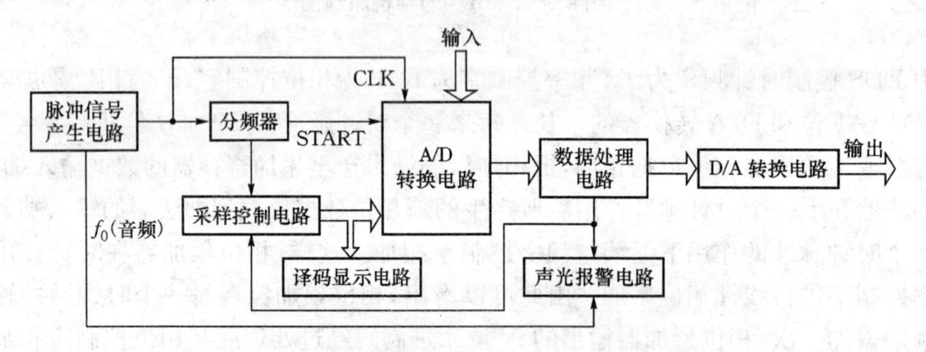

图4.4.1　多路信号采集与监测系统的原理框图

4）设计成果

（1）设计方案、系统总体框图、模块划分图；

（2）各模块Verilog HDL程序、系统顶层模块程序；

（3）各模块及系统仿真验证结果；

（4）下载验证的结果；

（5）包括上述所有内容的规范课程设计报告（在心得体会中，要求写出设计过程中遇到的问题和解决的办法）。

5）问题与思考

请简述数据采集系统的实际应用场合和应用价值。

实验 5 简易 CPU 设计

1）设计目的

(1) 了解简易 RISC_CPU 的工作原理。

(2) 熟练掌握复杂数字系统的分析与设计方法。

(3) 掌握状态机的设计方法。

(4) 熟练掌握复杂系统的仿真方法。

2）设计要求

设计一个简化的具有 8 条指令、字长为 16 位、地址为 13 位的精简指令集计算机(Reduced Instruction Set Computer，RISC)中央处理器(CPU)。它包括 9 个基本部件：累加器(Accumulator)、RISC 算术运算单元(ALU)、数据控制器(Datactrl)、动态存储器(Memory)、指令寄存器(Instruction Register)、状态控制器(State Controller)、程序计数器(Progaramm Counter)、地址多路器(Addrmux)和时钟发生器(Clkgen)。其结构框图如图 4.5.1 所示。

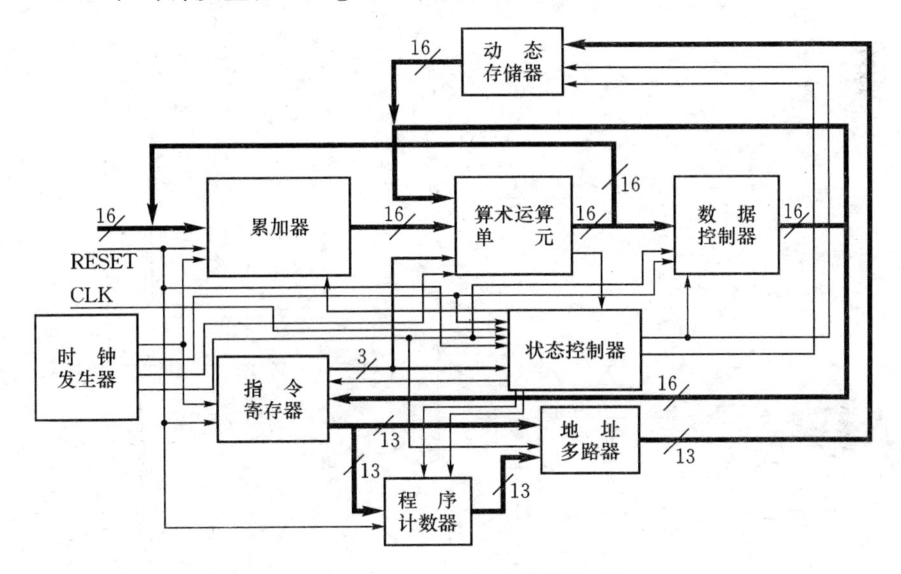

图 4.5.1 RISC_CPU 结构框图

3）设计说明

RISC 的含义是精简指令集计算机，意味着计算机的指令集较为简单，这里指的指令集简单是指与复杂指令集计算机(CISC)相比较而言。RISC 适于用超大规模集成电路实现，因为指令简单，所以译码复杂度低，同时可以针对各条指令对硬件进行优化，因此指令的执行速度很高，从而弥补了其指令个数少的缺点。RISC_CPU 本身是一个极其复杂的数字电路，将其分割以后，其基本部件的逻辑关系比较简单。利用 Verilog HDL 将基本部件的功能描述清楚，并对各部件的输入、输出逻辑关系进行仿真验证，再利用结构建模的方式将基本部件组合成一个顶层模块，即可完成 RISC_CPU 的顶层设计。

RISC 的算术运算单元通过判断输入的不同操作码，来分别完成相应的加、减、乘、除、与、或、非、异或等 8 种基本操作。然后通过这几种基本运算来实现多种其他运算以及逻辑判断等操作。

数据控制器用于控制累加器的数据输出。当数据总线是不同操作时传送数据的共用通道，不同情况下传送的内容不同。

指令寄存器用于存储指令。

状态控制器是 CPU 的核心部分，它产生一系列的控制信号，用于启动或停止某些部件。

动态存储器用于存储地址。

程序计数器用于提供指令地址，以便读取指令。

地址多路器用于选择输出的地址是程序计数地址还是数据/端口地址。

时钟发生器用于生成不同的时钟信号。

4）设计成果

（1）设计方案、系统总体框图、模块划分图；

（2）Verilog HDL 程序、仿真验证结果；

（3）下载验证的结果；

（4）包括上述内容的规范设计报告。

5）问题与思考

请进行仿真设置，全面验证每一条指令的执行情况。

5 实验常见问题及解答

(1) 第一次打开安装完毕的 Max+plusII 时出现提示“Current license file support does not include the ‘Graphic Editor’ application or feature ”。

答:表明没有正确安装授权。

(2) 在 Max+plusII 中,当对所建立的原理图进行【编译】或【查错】时提示 “Error : Project has no output or bidirectional pins in the tip-level design file”。

答:表明在所设计的原理图当中,没有添加输入/输出端口。

(3) 在 Max+plusII 中,对所建立的文件执行【存盘】操作时,提示类似 “Pathname ‘f:\lgl\cs\新建文件夹\cs1. gdf’ does not exist or contains an illegal character”。

答:表明在存储路径里出现了非法字符,这里为中文“新建文件夹”。

(4) 在 Max+plusII 中,对所建立的文本文件执行【存盘】操作时,提示类似 “can’t make directory c:\”。

答:提示不能将文件存于根目录下。

(5) 在 Max+plusII 中,对所建立的 Verilog HDL 文本文件执行【Save & Check】操作时,提示类似“Error:Illegal left_hand side in Procedural Assignment”。

答:说明在程序中,某个左边被赋值的变量为非法类型。造成这种情况的原因可能是没有将该变量申明为寄存器类型。

(6) 在 Max+plusII 中,对所建立的 Verilog HDL 文本文件执行【Save & Check】操作时,提示“Error:Module name must be the same as file name”。

答:提示所保存文件名称必须和源程序里的模块名相同。

(7) 在 Max+plusII 中,对所建立的 Verilog HDL 文本文件执行【Save & Check】操作时,提示类似“Error:Verilog HDL syntax error:module and<— ”。

答:指明出现语法错误。有可能是因为在源程序当中,使用了与关键字相同的标识符,或存盘时,文件名取成了与关键字相同的字符,这里为“and”。

(8) 在 Max+plusII 中,对所建立的 Verilog HDL 文本文件执行【Save & Check】操作时,提示类似“Verilog HDL syntax error:Premature end of source”。

答:指明出现语法错误。一般指 Verilog HDL 中的 module 和 endmodule 没有成对出现。

(9) 在 Max+plusII 中,对所建立的 Verilog HDL 文本文件执行【Save & Check】操作时,提示类似“VHDL syntal error”或“TDF syntal error”。

答:出现这种错误的原因是存盘时,文件的扩展名指定错误。

(10) 在 Max+plusII 中,对所建立的文件建立仿真文件时,发现无法打开【Enter Nodes form SNF】(即为灰色)。

答:表明没有对所设计文件执行【编译】操作。

(11) 在 Max+plusII 中,对所建立的文件进行仿真时,发现功能仿真结果正确,而时序仿真出现明显输出与输入不符合所设计逻辑关系的情况。

答:这种情况极有可能是由于仿真所设置的网格尺寸过小(比如 5 ns),而实际从输入到输出的延时已经大于这个时间(例如 11 ns)。

(12) 在对 QuartusII 里编辑的文件进行下载编程时,找不到可下载的文件。

答:有可能是因为下载软件不支持 QuartusII。

(13) 在 Max+plusII 或 QuartusII 里对项目进行【时序编译】时,提示"Project doesn't fit. Do you wish to override some existing settings and/or assignments?"。

答:原因是器件选取的不合适。有可能是器件资源不满足所设计电路的要求。

(14) 在 QuartusII 里,对所设计的文件进行【编译】时,提示"Top-level design entity 'halfadder' is undefined"。

答:指明顶层设计文件没有找到。应将顶层设计文件名称改为与项目名称一致。

(15) 在 QuartusII 里,对所设计的文件进行功能仿真时,提示"Run Generate Functional Simulation Netlist to generate functional simulation netlist for top-level entity 'halfadder' before running the simulator "。

答:指明在对项目"halfadder"进行功能仿真前没有运行产生功能仿真网表命令。可在设置了功能仿真后,先运行产生功能仿真网表命令。具体做法是:点击 Simulator Tool,设置了功能仿真后,点击右边的 Generate Functional Simulation Netlist,再点击开始仿真 Start,从 Open 处查看仿真结果。

(16) 打开 QuartusII 文件时,所有功能菜单为灰色,不能操作。

答:可能的原因是打开的是文件,没有打开项目。可先打开工程,再打开项目。

(17) 在 Max+plusII 或 QuartusII 里,当打开多个项目进行【编译】或【仿真】操作时,结果不是对当前项目的操作。

答:表明当前项目的工程没有打开。

(18) 在 Max+plusII 或 QuartusII 里,对设计文件进行【编译】时,警告类似"Following 9 pins have nothing, GND, or VCC driving datain port-changes to this connectivity may change fitting results"。

答:这里表明第 9 脚空或接地或接上了电源。有时候定义了输出端口,但输出端直接赋

"0",便会被接地,赋"1"接电源。如果你的设计中这些端口就是这样用的,那么可以忽略此警告。

(19) 在 Max+plusII 或 QuartusII 里,对设计文件进行【编译】时,提示类似"Can't analyze file-file E://quartusii/ * / * . v is missing"。

答:原因是试图编译一个不存在的文件,该文件可能被改名或者删除了。

(20) 在对用 Verilog HDL 语言编写的源程序进行【编译】时,警告"Verilog HDL assignment warning at 〈location〉: truncated with size 〈number〉 to match size of target 〈number〉"。

答:原因是在 HDL 设计中对目标的位数进行了设定,如:reg[4:0] a;而默认为 32 位,将位数裁定到合适的大小。如果编译结果正确,无须加以修正,如果不想看到这个警告,可以改变设定的位数。

(21) 在 Max+plusII 或 QuartusII 里,对所设计的文件进行波形【仿真】时,提示"Warning: Can't find signal in vector source file for input pin |whole|clk10m"。

答:原因是所建立的波形仿真文件(vector source file)中并没有把所有的输入信号(input pin)加进去,而对于每一个输入都需要有激励源。

(22) 在 Max+plusII 或 QuartusII 里,对所设计的原理图文件进行【编译】时,警告"Warning: Using design file lpm_fifo0. v, which is not specified as a design file for the current project, but contains definitions for 1 design units and 1 entities in project Info: Found entity 1: lpm_fifo0"。

答:原因是模块不是在本项目生成的,而是直接拷贝了别的项目的原理图和源程序而生成的。

(23) 在对用 Verilog HDL 语言编写的源程序进行【编译】时,警告"Warning (10268): Verilog HDL information at lcd7106. v(63): Always Construct contains both blocking and non-blocking assignments"。

答:警告在一个 always 模块中同时有阻塞和非阻塞的赋值。

(24) 在 QuartusII 里对设计文件进行时序分析时,提示"Timing characteristics of device 〈name〉 are preliminary "。

答:原因是目前版本的 QuartusII 只对该器件提供初步的时序特征分析。

(25) 运行下载软件 dnld10. exe(或 dnld102. exe)后,在【directories】里找不到所设计文件的下载文件。

答:表明没有对所设计文件执行【编译】操作。

(26) 运行下载软件 dnld10. exe(或 dnld102. exe)后,提示"COM3 Not Available!"。

答:表明下载连接端口没有设置正确。

(27) 在运行下载软件 dnld10. exe(或 dnld102. exe)时,执行【Config】操作后,最终没有出现“OK”的消息窗口。

答:可能的原因是:

①没有打开实验箱电源;

②下载电缆与主机或实验箱没有正确连接,或没有连接上;

③端口设置不正确;

④下载软件或设备本身故障。

6 实验软件开发系统

6.1 Max+plusII 开发系统

6.1.1 Max+plusII 简介

Max+plusII 的英文全称是 Multiple Array Matrix and Programmable Logic User System II（多阵列矩阵及可编程逻辑用户系统 II），它是 Altera 公司专为本公司生产的第 3 代可编程逻辑器件（Programmable Logic Device，PLD）的研制和应用而开发的软件。从最初的第 1 代A+PLUS，第 2 代 Max+plus，发展到第 3 代 Max+plusII，它的版本不断升级，从 5.0 版到10.1版到目前的 10.2 版，这里介绍的则是常用的 Max+plusII 10.1 版。

Max+plusII 是一个完全集成化的可编程逻辑环境，为数字系统开发提供了设计输入、编译处理、性能分析、功能验证以及器件编程等应用程序，具有突出的灵活性与高效性。Max+plusII 还具有适用范围广、器件结构独立、通用性强、兼容性好、集成度与自动化程度高等特点。另外，它的界面友好，使用便捷，被誉为业界最易用易学的 EDA 软件。

6.1.2 Max+plusII 工作环境介绍

启动 Max+plusII，进入如图 6.1.1 所示的管理器窗口。

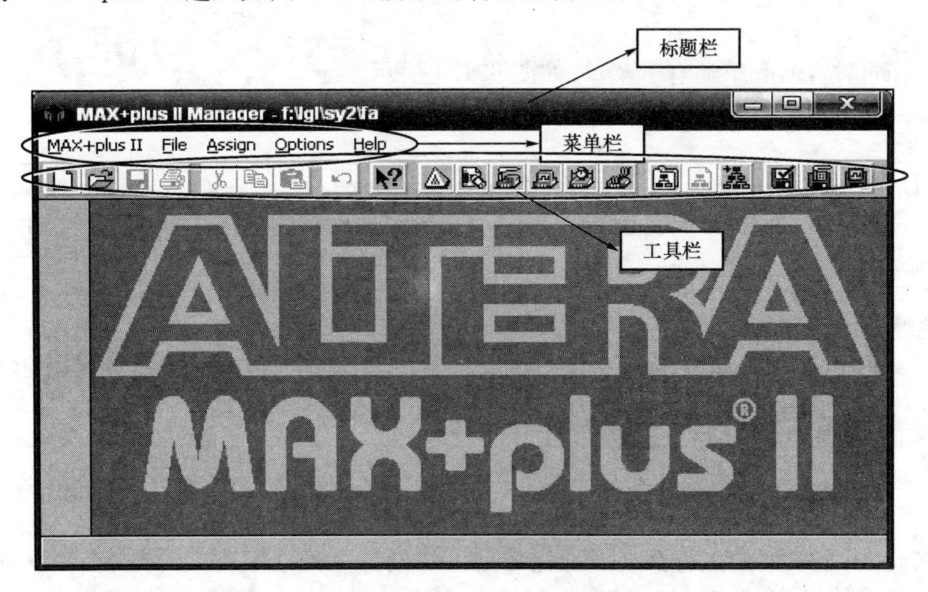

图 6.1.1 Max+plusII 管理器窗口

1）菜单栏

（1）【Max+plusII】菜单

【Max+plusII】菜单用于启动各种应用功能并在它们之间进行切换，如图 6.1.2 所示。

①【Hierarchy Display】选项：打开层次显示窗口，显示当前文件的层次，并提供层次内各文件的快速启动与移动操作。

②【Graphic Editor】选项：打开图形编辑器窗口，创建与编辑后缀名为“. gdf”和“. sch”的图形文件。

③【Symbol Editor】选项：打开符号编辑器窗口，用户可在其中查看、创建或编辑自己的符号文件(文件后缀名为“. sym”)。

④【Text Editor】选项：打开文本编辑器窗口，用户可在其中查看、创建或编辑文本格式的设计文件。

⑤【Waveform Editor】选项：打开波形编辑器窗口，提供了一个图形化的环境，用以创建和编辑后缀名为“. wdf”和“. scf”的波形文件。

⑥【Floorplan Editor】选项：打开平面图编辑器窗口，在其中可以查看和分配当前工程的芯片引脚和逻辑单元。

Hierarchy Display
Graphic Editor
Symbol Editor
Text Editor
Waveform Editor
Floorplan Editor
Compiler
Simulator
Timing Analyzer
Programmer
Message Processor

图 6.1.2 【Max+plusII】菜单

⑦【Compiler】选项：打开编辑器窗口，用于综合逻辑、适配工程、生成网表文件。

⑧【Simulator】选项：打开仿真器窗口，用于在写入硬件之前对工程做逻辑和时序特性的仿真。

⑨【Timing Analyzer】选项：打开时序分析窗口，对工程进行时序和性能的分析。

⑩【Programmer】选项：打开编程器窗口，以便对器件进行下载编程。

⑪【Message Processor】选项：打开消息处理机窗口，显示运行其他 Max+plusII 应用功能时发生的错误信息、警告信息。

(2)【File】菜单

Max+plusII 的【File】菜单除具有文件管理的功能外，还有许多其他选项，如图 6.1.3 所示。

①【Project】选项：其下还有子菜单，如图 6.1.4 所示。

Project ▸	
New...	
Open...	Ctrl+O
Delete File...	
Hierarchy Project Top	Ctrl+T
MegaWizard Plug-In Manager	
Exit MAX+plus II	Alt+F4

图 6.1.3 【File】菜单

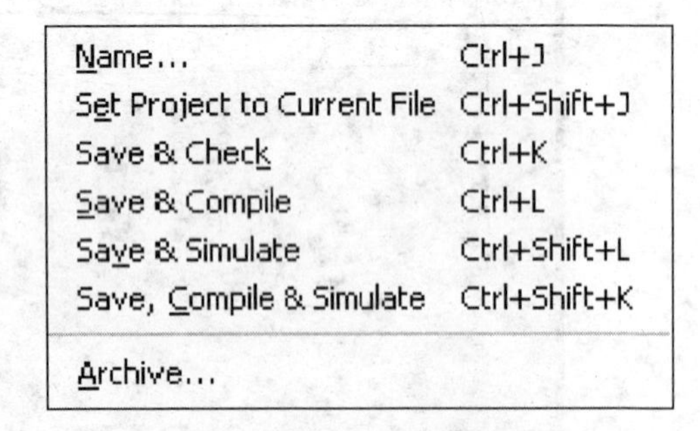

图 6.1.4 【Project】菜单

a.【Name…】选项：给工程命名。工程名是顶层设计文件或编程文件的名字，没有文件扩展名。工程包括设计中用到和产生的所有文件。

b.【Set Project to Current File】选项：为当前所打开的文件创建同名的工程。

c.【Save & Check】选项：保存所打开的编译器输入文件，并检查它们的基本错误。

d.【Save & Compile】选项：保存所打开的编译器输入文件，启动 Max+plusII 编译器编译当前工程。

e.【Save & Simulate】选项：保存当前工程的测试向量文件（或 SCF 文件），启动 Max+plusII 仿真器仿真当前工程。

f.【Save，Compile & Simulate】选项：保存所打开的编译器输入文件和测试向量文件（或 SCF 文件），启动 Max+plusII 编译器编译当前工程，然后启动 Max+plusII 仿真器仿真当前工程。

g.【Archive】选项：将当前工程下的所有文件拷贝到一个存档目录下备份。

②【New…】选项：创建新的设计文件，文件类型可以是图形、文本、波形和符号 4 种类型。

③【Open…】选项：Max+plusII 自动使用适当的编辑器打开一个文件，并使该文件成为当前层次的顶层文件。

④【Delete File…】选项：从计算机中删除一个或多个文件。

⑤【Hierarchy Project Top】选项：打开当前工程中的顶层设计文件。

⑥【Mega Wizard Plug-In Manager】选项：帮助用户一步步创建或修改兆功能模块。

⑦【Exit Max+plusII】选项：关闭所有文件，退出 Max+plusII。

（3）【Assign】菜单

【Assign】菜单如图 6.1.5 所示。

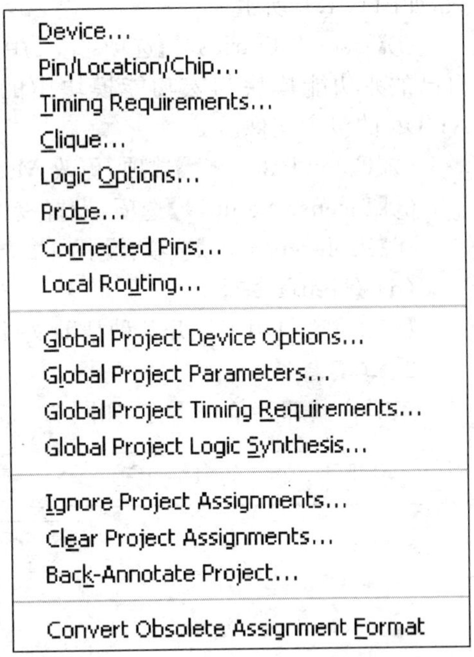

Device...
Pin/Location/Chip...
Timing Requirements...
Clique...
Logic Options...
Probe...
Connected Pins...
Local Routing...
Global Project Device Options...
Global Project Parameters...
Global Project Timing Requirements...
Global Project Logic Synthesis...
Ignore Project Assignments...
Clear Project Assignments...
Back-Annotate Project...
Convert Obsolete Assignment Format

图 6.1.5 【Assign】菜单

①【Device…】选项：为当前设计选择器件。

②【Pin/Location/Chip…】选项：为当前层次树的一个或多个逻辑功能块分配芯片引脚或芯片内的位置。

③【Timing Requirements…】选项：为当前设计的 tpd、tco、tsu、fmax 等时间参数设定时序要求。

④【Clique…】选项：定义一个或多个选中的逻辑功能块为某个单元的组成部分，该单元将被适配进相同的 LAB、row 或芯片中。

⑤【Logic Options…】选项：设定编译器对当前节点、总线等的逻辑综合类型和（或）逻辑选项。

⑥【Probe…】选项：为输入或输出节点配置唯一的探针名。

⑦【Connected Pins…】选项：将当前层次树的一个或多个引脚分配到要使用的引脚组中。

⑧【Local Routing…】选项：将布局布线的扇出目的地分配到当前层次树的一个或多个节点。

⑨【Global Project Device Options…】选项：为当前工程使用的所有器件指定全局默认器件选项。

⑩【Global Project Parameters…】选项：为当前工程指定全局默认参数值。

⑪【Global Project Timing Requirements…】选项：为当前工程指定全局默认时序要求。

⑫【Global Project Logic Synthesis…】选项：为当前工程指定默认逻辑综合类型和其他的逻辑设置。

⑬【Ignore Project Assignments…】选项：设置编译器忽略工程的某些资源或器件分配。

⑭【Clear Project Assignments…】选项：清除当前工程配置文件（文件扩展名为“.acf”）中某些已指定的配置选项。

⑮【Back_Annotate Project…】选项：将器件、引脚、逻辑单元等的分配信息复制到适配文件（文件扩展名为“.fit”）中。

⑯【Convert Obsolete Assignment Format】选项：将 Max+plusII5.0 以前版本生成的工程的分配设置信息转换为配置文件（“.acf”）格式。

（4）【Options】菜单

【Options】菜单的功能是设置 Max+plusII 软件本身的一些参数，如图 6.1.6 所示。

User Libraries…
Color Palette…
License Setup…
Preferences…

图 6.1.6　【Options】菜单

①【User Libraries…】选项：定义用户库的路径，用户库包括用户自己的兆功能模块与宏功能模块中的符号文件和设计文件，以及 AHDL 的包含文件。

②【Color Palette…】选项：更改 Max+plusII 的各种显示色彩。

③【License Setup…】选项：设置授权许可文件的路径。

④【Preferences…】选项：设置 Max+plusII 软件的常规参数。

（5）【Help】菜单

【Help】菜单用于打开各种帮助文件和说明文件，这里不再详细介绍。

2）工具栏

工具栏紧邻菜单栏下方，如图 6.1.7 所示，它其实是各菜单功能的“快捷”按钮组合区。

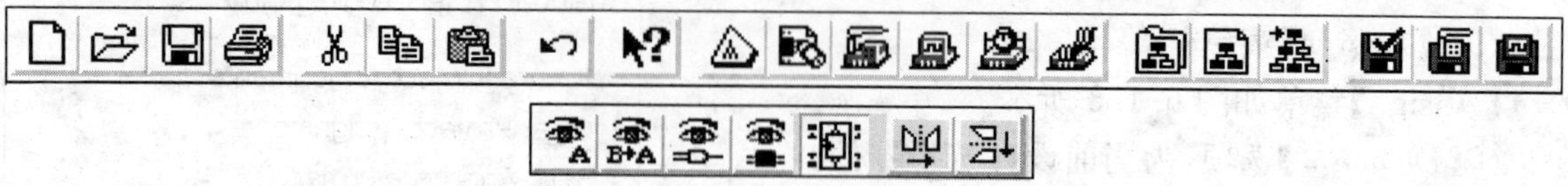

图 6.1.7　工具栏

各按钮的基本功能如下：

：建立一个新的图形、文本、波形或符号文件。

：打开一个文件，启动相应的编辑器。

：保存当前文件。

：打印当前文件或窗口内容。

：将选中的内容剪切到剪贴板。

：将选中的内容复制到剪贴板。

：粘贴剪贴板的内容到当前文件中。

：撤销上次的操作。

：单击此按钮后再单击窗口的任何部位，将显示相关帮助文档。

：打开层次显示窗口并将其带至前台。

：打开平面图编辑器并将其带至前台。

：打开编译器窗口并将其带至前台。

：打开仿真器窗口并将其带至前台。

：打开时序分析器窗口并将其带至前台。

：打开编程器窗口并将其带至前台。

：指定工程名。

：将工程名设置为和当前文件名一样。

：打开当前工程的顶层设计文件并将其带至前台。

▣:保存所打开的编译器输入文件,并检查当前工程的语法和其他基本错误。

▣:保存工程内所打开的设计文件,并启动编译器。

▣:保存工程内所打开的仿真器输入文件,并启动仿真器。

▣:在当前的文件中查找一个规定的文本。

▣:在当前的文件中查找一个规定的文本并替换它。

▣:在当前层次设计文件中查找选定的节点、符号或探针。

▣:在平面编辑器中查找选定的节点、符号或探针。

▣:显示或隐藏所有参数及探针和资源分配。

▣:对选定目标或区域沿横轴方向翻转。

▣:对选定目标或区域沿纵轴方向翻转。

3) 状态栏

状态栏位于 Max+plusII 窗口的底部。当用鼠标指向菜单栏的命令或工具栏时,状态栏显示其简短描述,起提示用户的作用。可以通过设置【Options】/【Preferences】选项打开或关闭状态栏。

6.1.3　Max+plusII 设计入门

1) 原理图编辑方式

原理图是图形化的表达方式,使用元件符号和连线来描述所设计的电路,符号通过信号线连接在一起,构成电路原理图。符号取自器件库,Max+plusII 提供了丰富的库单元供设计者调用,Max+plusII 里的 max2lib 下的 primitives 库里提供了数字电路中所有的分立元件,在 megafunctions 库里提供了几乎所有的 74 系列的器件,在 mega_lpm 库里提供了多种特殊的逻辑宏功能(Macro-Function)模块以及新型的参数化的兆功能(Mega-Function)模块,充分利用这些模块进行设计,可以大大减轻设计者的工作量,成倍地缩短设计周期。

下面以一个简单 2 选 1 数据选择器为例,说明原理图设计过程。

首先,启动 Max+plusII,进入管理器窗口。

(1) 设计输入

①在菜单栏中选择【File】/【New...】命令,弹出如图 6.1.8 所示的对话框。

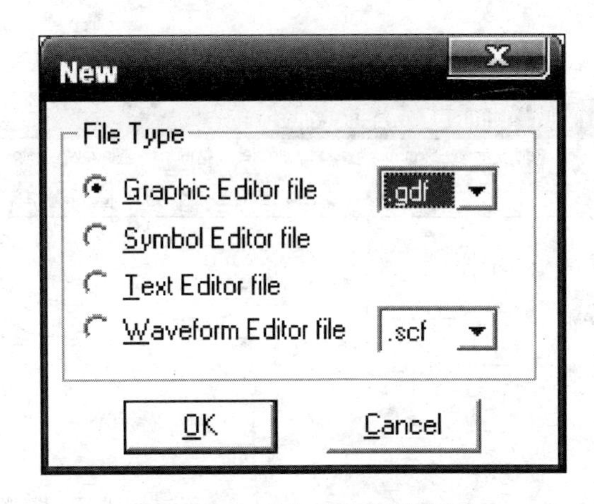

图 6.1.8　选择原理图编辑器

②点选【Graphic Editor file】,在其旁边的下拉列表里选择“. gdf”文件扩展名,单击【OK】后,进入原理图编辑器窗口,如图 6.1.9 所示。

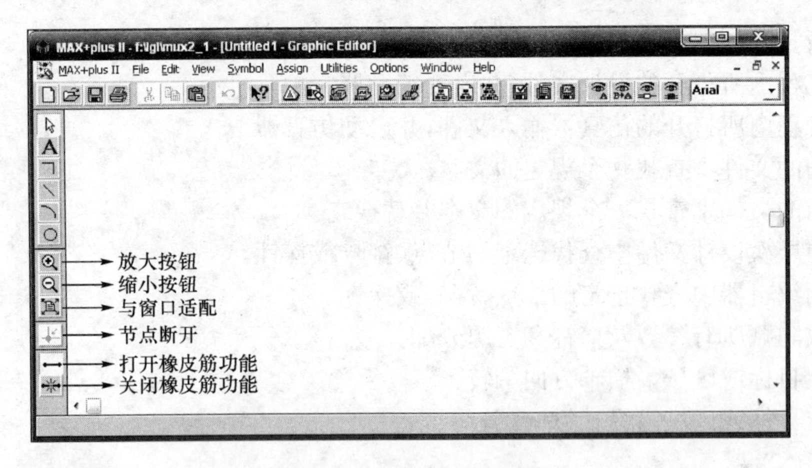

图 6.1.9　图形编辑器窗口

打开原理图编辑器窗口后，左边会出现相应的绘图工具。其中，

a. 节点断开或连接按钮可在两个连线的交叉处“删除连接点”或“添加连接点”。

b. 在橡皮筋连接功能打开后，若移动原理图中任一符号，都会自动将两个元件之间的引线进行延伸；若不选择橡皮筋功能，则只是元件的移动。

③在菜单栏中选择【Symbol】/【Enter Symbol】命令，或在编辑区的空白处双击鼠标打开器件库，如图 6.1.10 所示。

④在【Symbol Name】里输入“and2”或者直接在 primitives 库中找到 and2 元件，输入到编辑区里。用同样的方法输入 not、or2、input 和 output 元件，如图 6.1.11 所示。

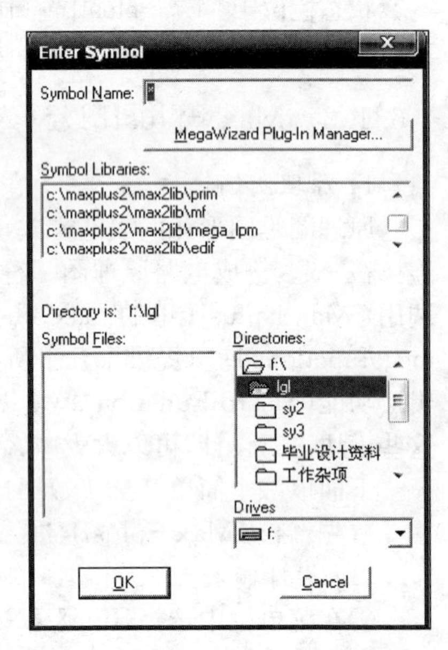

图 6.1.10　【Enter Symbol】对话框

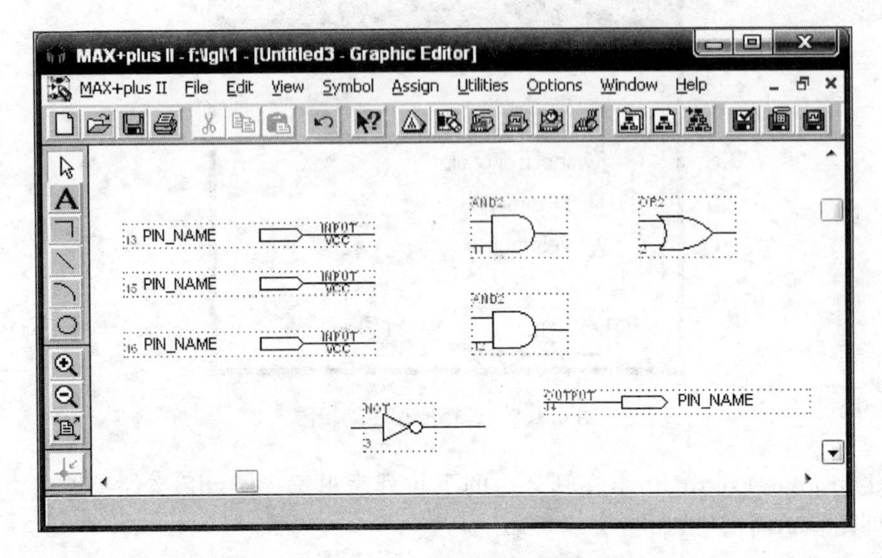

图 6.1.11　调用所需的元件

⑤在输入、输出节点的 PIN_NAME 上双击鼠标，分别将输入节点和输出节点的名字定义为 a、b、sel 和 out(名称不区分大小写，可以使用 26 个英文字母，也可以使用数字或字母和数字的组合，要求每一个输入、输出节点必须有唯一的命名，不能与其他输入、输出节点重名)。然后按照所设计 2 选 1 数据选择器的原理图进行连线，如图 6.1.12 所示。

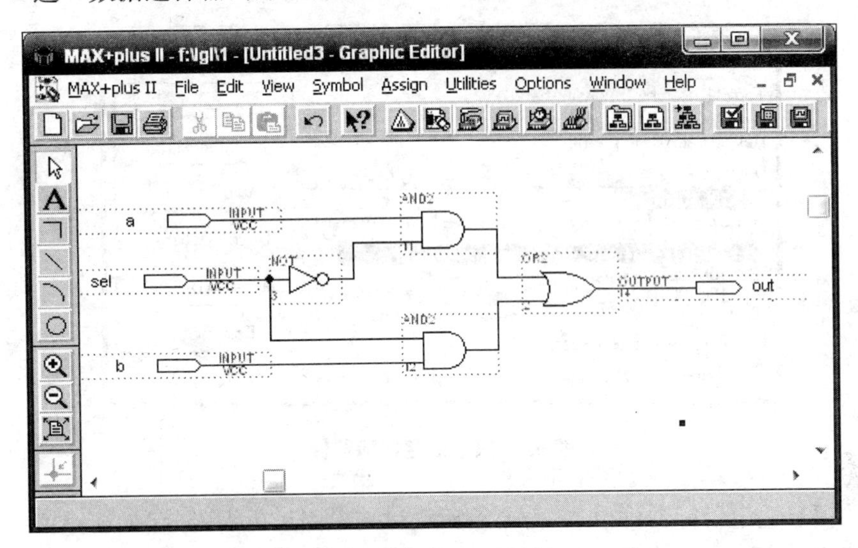

图 6.1.12 2 选 1 数据选择器的原理图

⑥在菜单栏中选择【File】/【Save】命令，弹出如图 6.1.13 所示的【Save As】对话框，在【File Name】中输入文件名，如“MUX2_1”，选择好保存路径，单击【OK】即完成保存文件的操作。

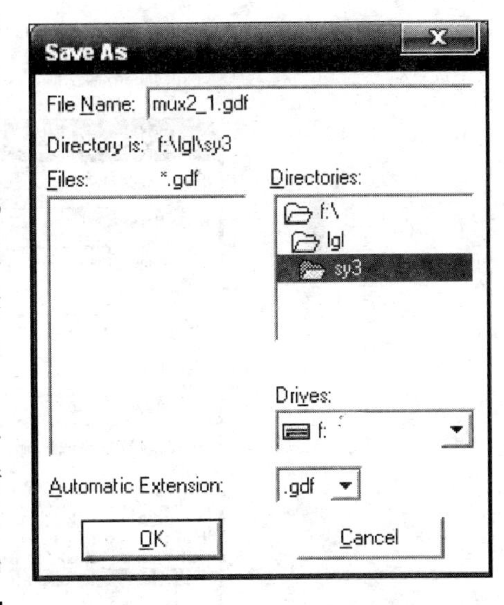

图 6.1.13 【Save As】对话框

⑦在菜单栏中选择【File】/【Project】/【Set Project to Current File】命令，为当前的设计文件创建同名的工程项目。因为 Max+plusII 只对项目进行编译，所以这是进行后续设计处理必不可少的一步操作。设置完毕后，标题栏将显示新的项目名称。

⑧在菜单栏中选择【File】/【Project】/【Save & Check】，系统将运行编译器网表提取器检查该文件的错误，更新层次结构的显示，给出错误信息和警告信息等。

若编译器发出了错误或警告信息，可在消息窗口中单击“Message”按钮，选择一个消息。通过单击【Locate】按钮或者双击该条消息来找到该消息的出处，再通过单击【Help on Message】功能按钮得到相关的解释。改正设计文件中的错误，并再次执行【Save & Check】，直到无误为止。

⑨选择菜单【File】/【Create Default】，可将当前设计创建成一个默认的逻辑符号(如 mux2_1.sym)，它可以和已有图元符号一样，在本项目上层原理图设计文件中调用。

(2) 设计编译

完成设计输入后，可以启动 Max+plusII 的编译程序对设计项目进行编译。编译器将进行错误检查、网表提取、逻辑综合、器件适配，并产生仿真文件和编程配置文件。

①在编译前，需要为设计项目指定目标器件，否则编译器会自动选择。选择菜单【Assign】/【Device】，出现如图 6.1.14 所示的【Device】对话框。从【Device Family】下拉列表框中选择 FLEX10K 系列，在【Device】列表框中选择“EPF10K10LC84-4”（注意去掉图中左下角【Show Only Fastest Speed Grades】前的勾），然后单击【OK】按钮。

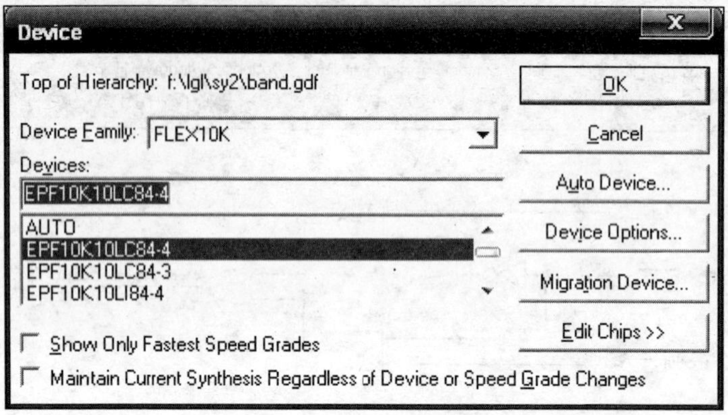

图 6.1.14　指定目标器件

②为设计项目选定目标器件以后，需要给所设计的电路进行引脚分配，选择菜单【Assign】/【Pin/Location/Chip】，出现如图 6.1.15 所示的引脚分配对话框。

在【Node Name】框内输入节点名字，也可以通过单击【Search】按钮，进入【Search Node Database】，再单击【List】，在【Name in Database】列表中选择要输入的端口名。在【Chip Resource】栏中选中【Pin】，根据需要输入要锁定的引脚序号即可。

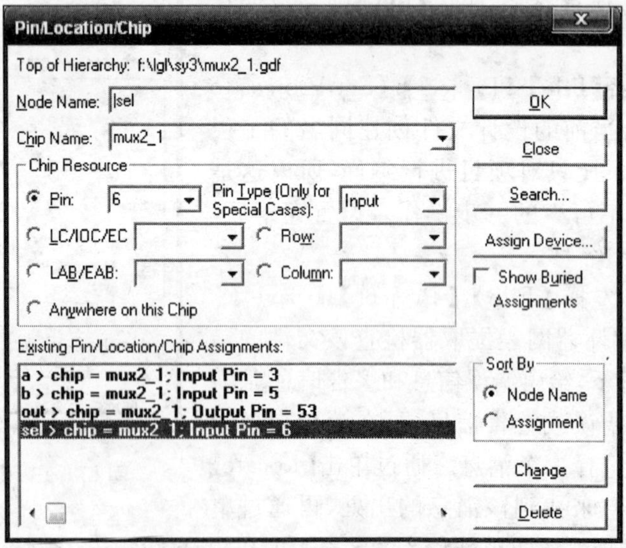

图 6.1.15　【引脚分配】对话框

③选择菜单【Max+plusII】/【Complier】，打开如图 6.1.16 所示的编译器窗口，单击【Start】按钮，启动编译器。在编译过程中，所有信息、错误和警告将会在自动打开的信息处理窗口中显示出来。如果有错误发生，选中该错误信息，然后单击【Locate】按钮，就可找到该错误的出处。

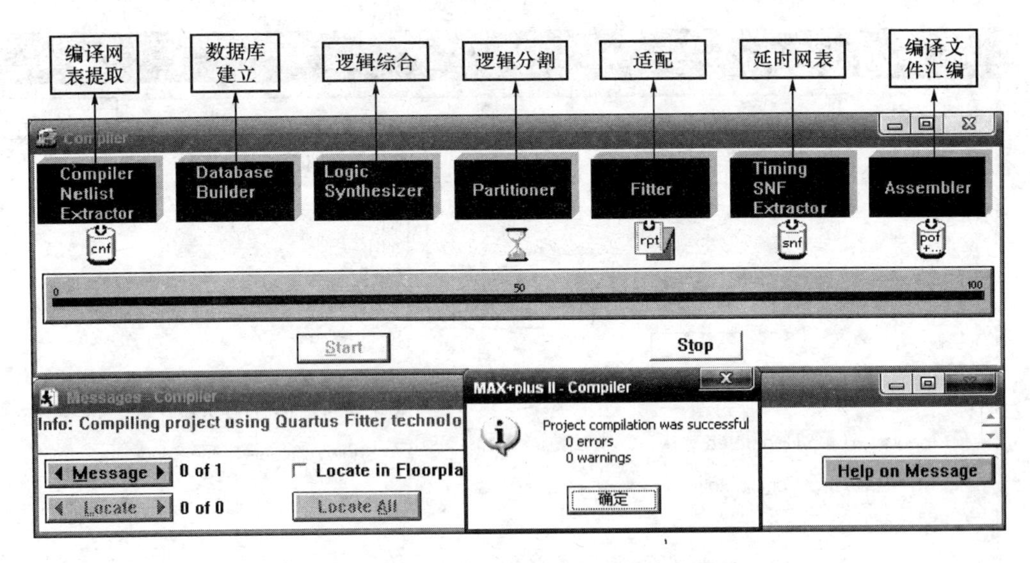

图 6.1.16　编译器窗口及编译结果信息显示

(3) 设计仿真

Max＋plusII 支持功能仿真和时序仿真。如图 6.1.17所示，若要进行功能仿真，则需要在打开编译器后选择菜单【Processing】/【Functional SNF Extractor】，打开功能仿真网表文件提取器；若要进行时序仿真，则需要选择菜单【Processing】/【Timing SNF Extractor】，打开时序仿真网表文件提取器。

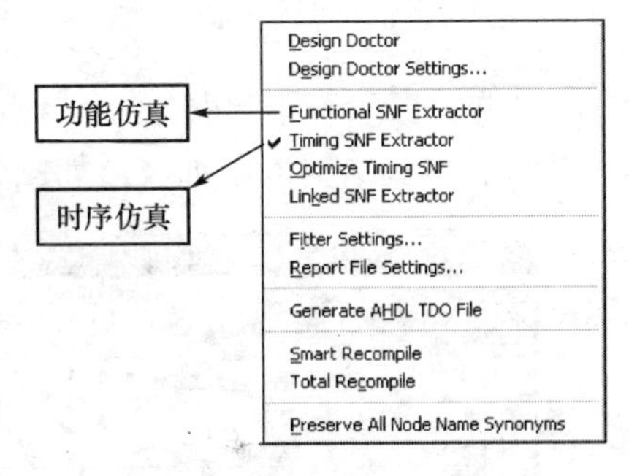

图 6.1.17　选择功能仿真与时序仿真

①选择菜单【File】/【New…】，然后选择【Waveform Editor File】，并从下拉列表框中选择“.scf”扩展名，单击【OK】按钮，进入波形编辑窗口。

②在波形编辑窗口中，根据需要设定时间轴长度、网格大小、是否显示网格。选择菜单【Options】/【Grid Size】，可以修改网格尺寸(网格尺寸是最小波形转换时间)，如图 6.1.18 所示。选择菜单【File】/【End Time】，可以设置仿真结束时间，如图 6.1.19 所示。

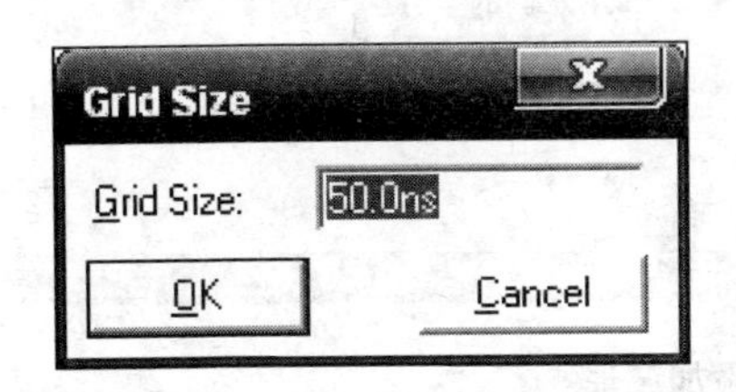

图 6.1.18　【网格尺寸设置】对话框

图 6.1.19　设置仿真结束时间

③选择菜单【Node】/【Enter Nodes from SNF】，出现如图 6.1.20 所示对话框。单击【List】按钮，然后按住 Ctrl 键，在窗口【Available Nodes & Groups】列表框中选中所需的输入、输出端口，选择右箭头，则选中的端口名称出现在【Selected Nodes & Groups】栏中。单击【OK】按钮，则所选中的信号名称和总线名称出现在波形编辑器中，所有输入节点的波形都默认为低电平，而所有输出节点的波形都默认为未定义(X)逻辑电平。

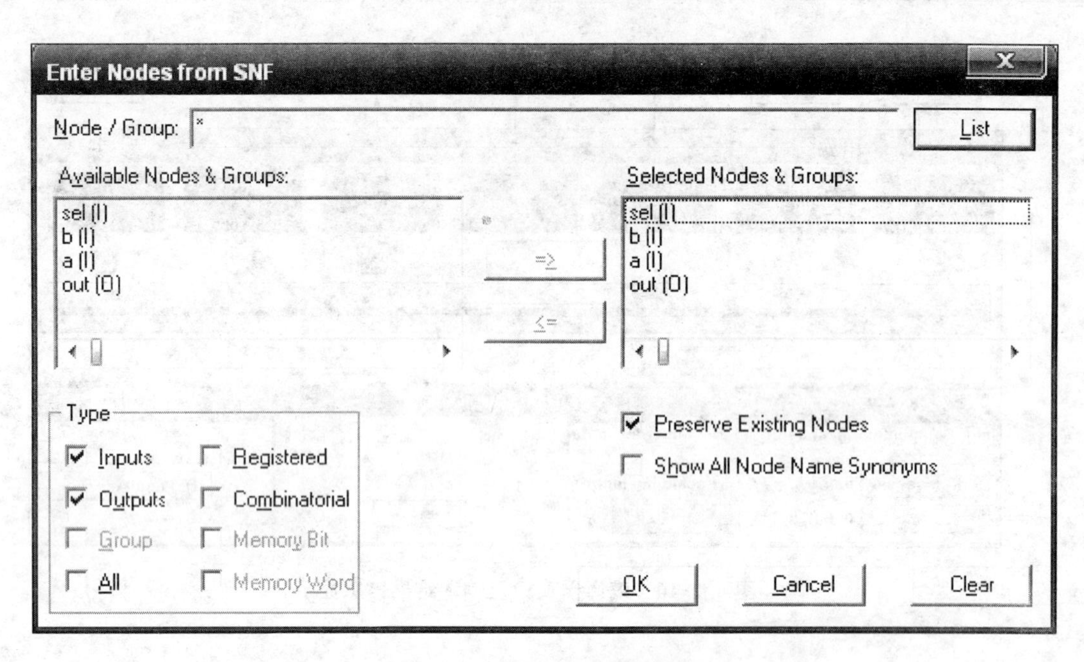

图 6.1.20 【节点输入】对话框

④单击【Name】栏里的一个节点，然后单击左边的图形工具按钮，可以根据需要编辑输入信号波形。本例给输入添加波形如图 6.1.21 所示。

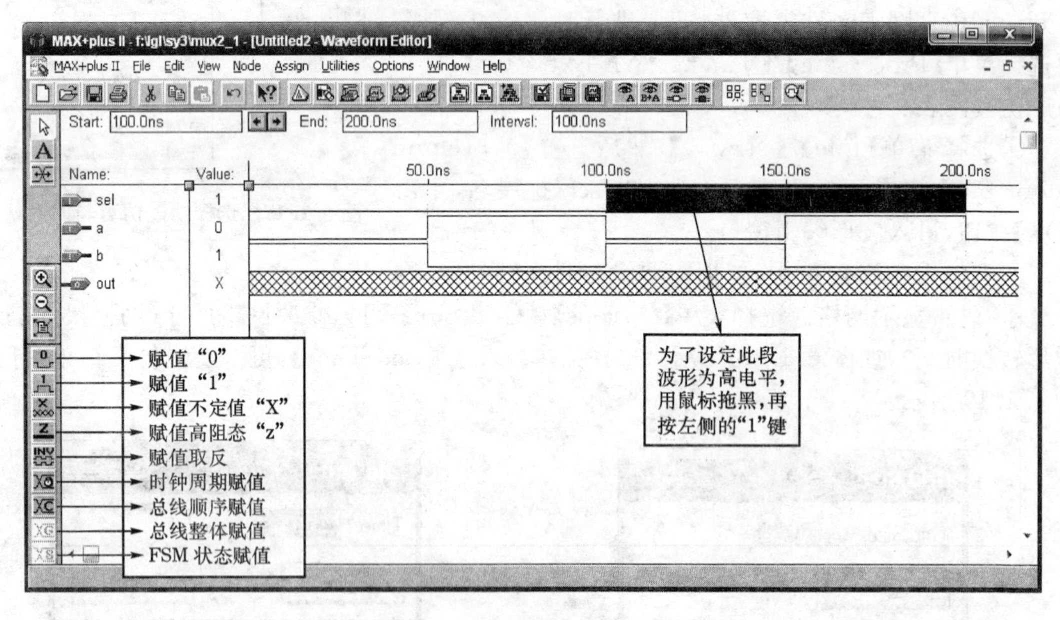

图 6.1.21 给输入添加波形

⑤选择菜单【File】/【Save】，保存所建立的波形图文件，注意这里的文件名要和所设计的原理图文件名相同，并且要与其存放在同一个路径下，如图 6.1.22 所示。单击【OK】按钮，保存完毕。

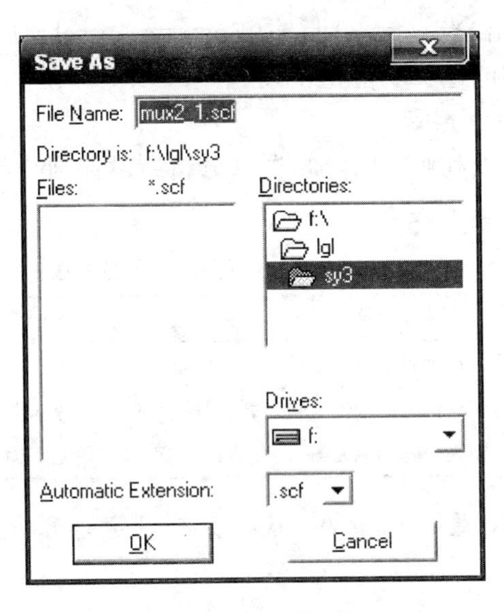

图 6.1.22　保存波形图文件

⑥选择菜单【Max＋plusII】/【Simulator】，打开如图 6.1.23 所示的仿真器窗口，单击【Start】按钮，启动仿真器。如图 6.1.24 所示是所设计的 2 选 1 数据选择器的功能仿真波形。

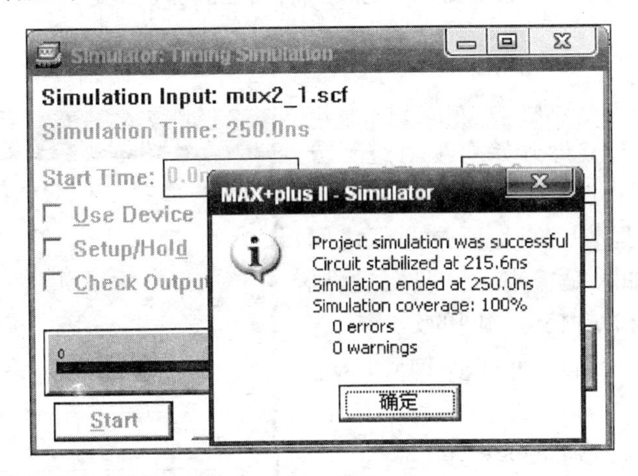

图 6.1.23　仿真器窗口及仿真结果信息显示窗口

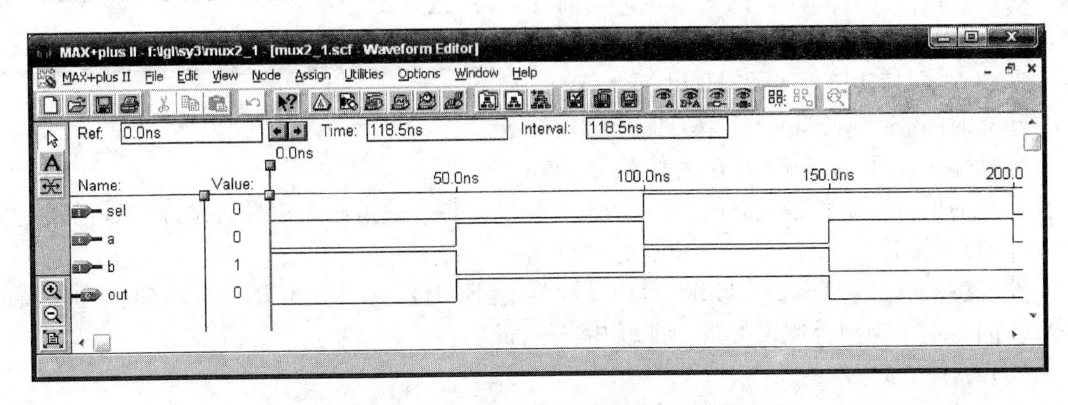

图 6.1.24　2 选 1 数据选择器的功能仿真波形图

通过仿真结果可以看出，当 sel=0 时，输出 out=a；当 sel=1 时，输出 out=b，即与预期的结果相同，表明所设计电路的逻辑功能是正确的。

(4) 定时分析(时间特性分析)

时序编译结束后，还可以利用定时分析器来分析所设计项目的时间性能。Max+plusII 提供了三种分析模式，见表 6.1.1。

表 6.1.1　定时分析器的三种分析模式

分析模式	说　明
延时矩阵	分析源节点和目标节点之间的传播延时
时序逻辑性能	分析时序逻辑电路的性能，包括限制性能的延时、最小时钟周期和最高电路工作频率
建立/保持矩阵	计算从输入引脚到触发器、锁存器和异步 RAM 的信号输入所需的最小建立和保持时间

选择菜单【Max+plusII】/【Timing Analyzer】，打开定时分析器窗口，在菜单【Analysis】中有三个可选项，如图 6.1.25 所示。

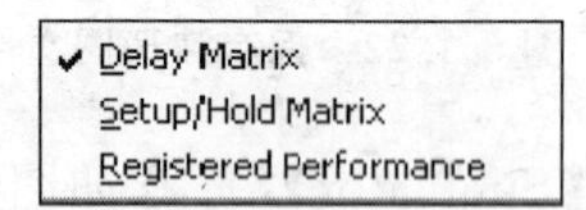

图 6.1.25　定时分析器的三种分析模式

①传播延时矩阵(Delay Matrix)

默认打开的是延时矩阵分析窗口，单击【Strat】按钮，则定时器立即开始对项目进行分析并计算任意两个节点之间的传播延时，如图 6.1.26 所示。这里列出的是任意两点之间的点到点的延时。如果是输出 reg 型变量，则一般只会考虑输出与时钟信号之间的延时。

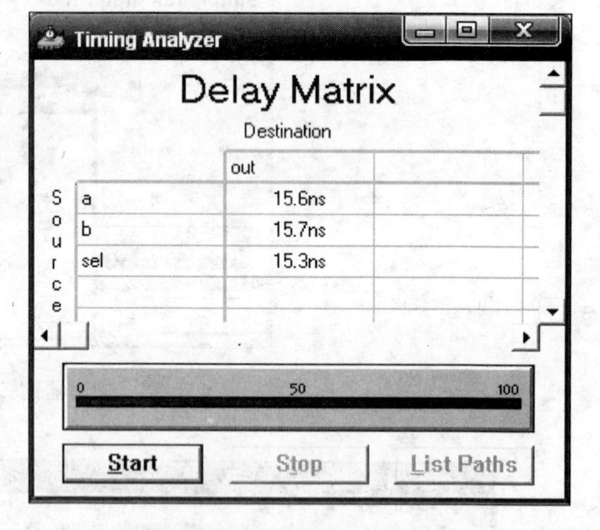

图 6.1.26　传播延时矩阵

②时序逻辑性能分析(Registered Performance)

选择【Analysis】/【Registered Performance】，可进行时序逻辑电路性能分析，测出电路能达到的最高工作频率。因为本例为组合逻辑电路，所以勿需分析此项。

③建立/保持矩阵(Setup/Hold Matrix)

建立时间(Setup Time)是指为保证触发器或锁存器输出结果的正确性，输入信号必须在时钟沿之前保持稳定的最短时间；保持时间(Hold Time)是指输入信号必须在时钟沿之后保持稳定的最短时间。

选择【Analysis】/【Setup/Hold Matrix】，单击【Start】按钮，即可开始进行建立和保持时间分析。因为本例为组合逻辑电路，所以勿需分析此项。

(5) 编程下载

确认编程器硬件已经安装好，首先可选择菜单【Options】/【Hardware Setup】，在【Hardware Type】对话框内选择与实际相符的编程硬件，这里设置为 ByteBlaster 方式，指定配置时使用 LPT2 并行口，如图 6.1.27 所示，单击【OK】按钮。然后选择菜单【Max+plusII】/【Programmer】，打开编程器窗口，如图 6.1.28 所示，单击【Configure】按钮，即可完成编程下载。

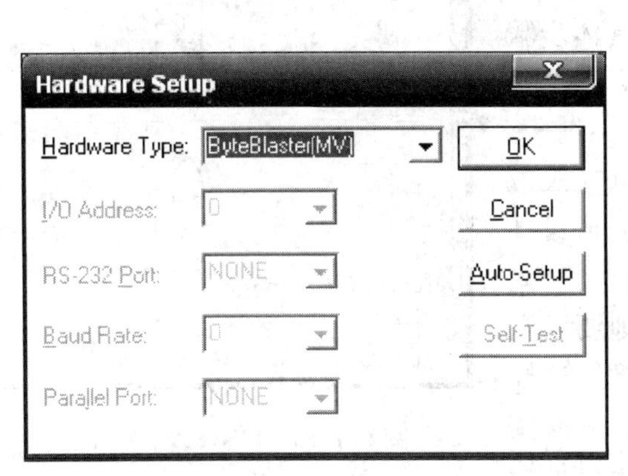

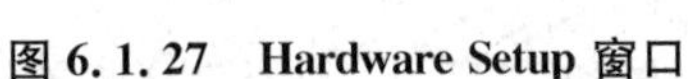
图 6.1.27 Hardware Setup 窗口

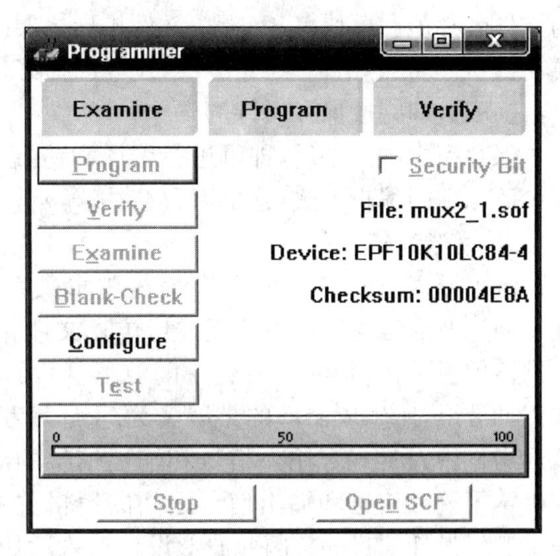

图 6.1.28 编程器窗口

2) 文本编辑方式

文本编辑方式是指以文本(Verilog HDL 语言)的形式输入逻辑设计的一种输入方式，主要有 AHDL 语言输入、VHDL 语言输入、Verilog HDL 语言输入三种方式，由它们生成的输入文件的扩展名分别为 .tdf、.vhd、.v。

下面以 Verilog HDL 语言描述的 2 选 1 数据选择器为例，说明文本设计过程。

首先，启动 Max+plusII，进入管理器窗口。

(1) 设计输入

①在菜单栏中选择【File】/【New…】命令，弹出如图 6.1.29 所示的对话框。

②点选【Text Editor file】，单击【OK】后，进入文本编辑器窗口，用户在该窗口内输入设计的文本文件，如图 6.1.30 所示。

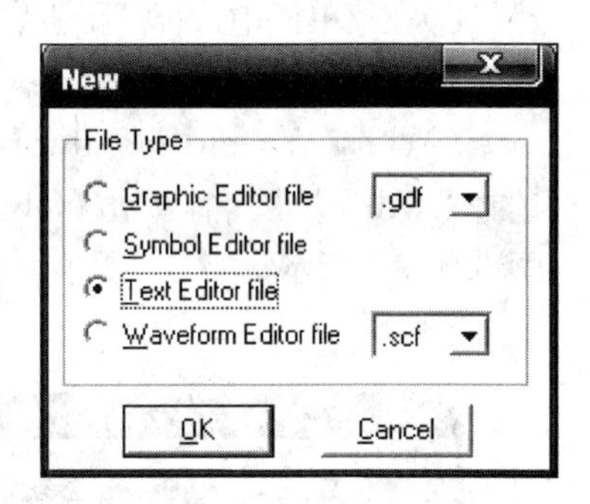

图 6.1.29 选择文本编辑器

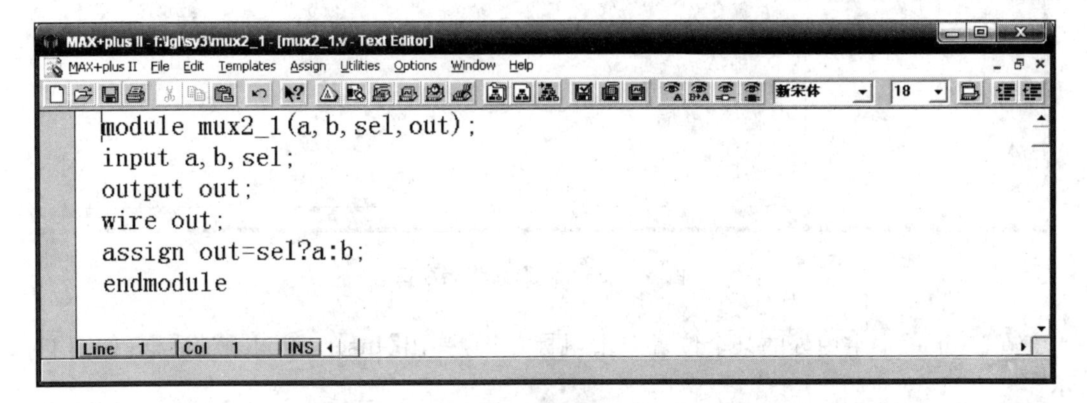

图 6.1.30 文本编辑器窗口

③在菜单栏中选择【File】/【Save】命令，弹出如图 6.1.31 所示的【Save As】对话框。注意：这里所保存的文件名必须和模块名相一致，文件扩展名要改为 .v，即要在【File Name】中输入"mux2_1.v"，选择好保存路径，单击【OK】，即完成保存文件的操作。

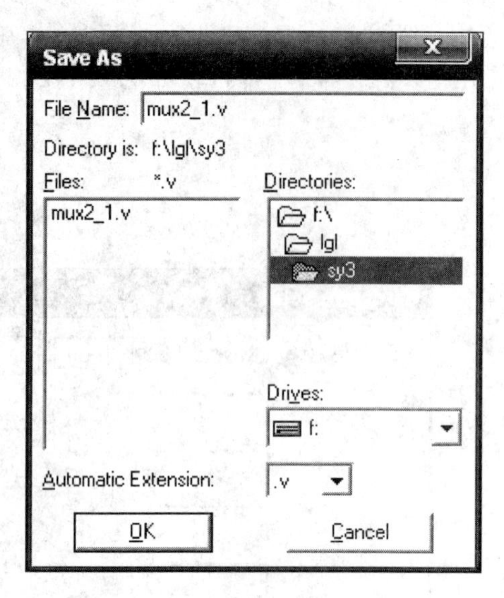

图 6.1.31 【Save As】对话框

保存完文本文件后，即可进行编译和仿真，具体步骤请参照原理图编辑方式，这里不再赘述。

3) 波形编辑方式

波形输入方式是以波形来描述逻辑关系的输入方式。通过波形编辑器可以建立波形仿真文件和波形设计文件。前者用在仿真时，所建立的波形文件只能给输入端添加波形，所生成文件的扩展名为. scf；后者则要求在波形文件中同时规定输入信号和输出信号的波形，这样就确定了输入信号和输出信号之间的逻辑关系，从而实现了逻辑设计的目的。因此波形设计输入适用于设计输入和输出关系定义明确的时序逻辑，如状态机、计数器和寄存器，波形设计文件的扩展名为 .wdf。

波形仿真文件的建立方法已在原理图【仿真】步骤里详细说明，这里简单介绍一下波形设计文件的建立方法。

首先，启动 Max+plusII，进入管理器窗口。

①在菜单栏中选择【File】/【New…】命令，弹出如图 6.1.32 所示的对话框。

②点选【Waveform Editor file】，在其旁边的下拉列表里选择".wdf" 扩展名，单击【OK】后，进入波形编辑器窗口，如图 6.1.33 所示。

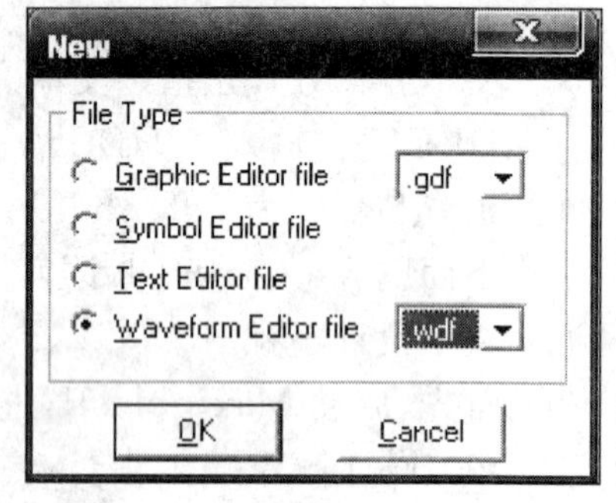

图 6.1.32 选择波形编辑器

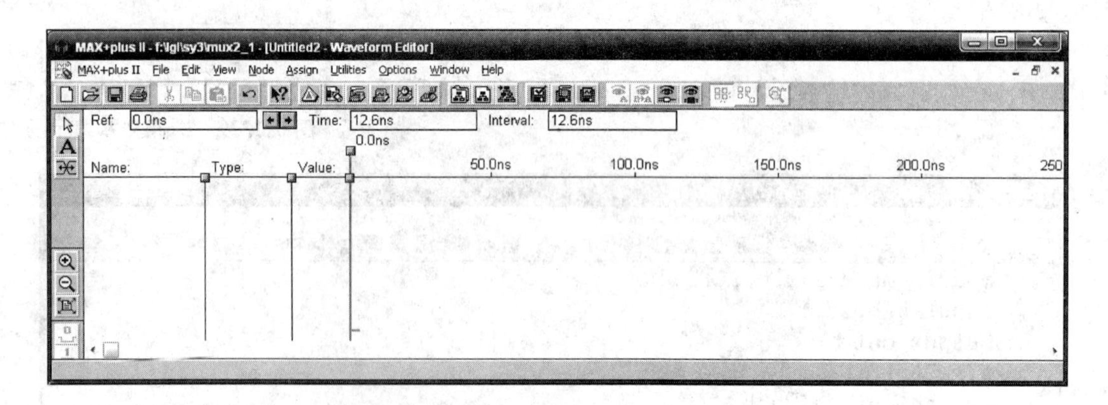

图 6.1.33 波形编辑器窗口

③在【Name】下空白处的某个位置双击鼠标左键，弹出【Insert Node】对话框，如图 6.1.34 所示。

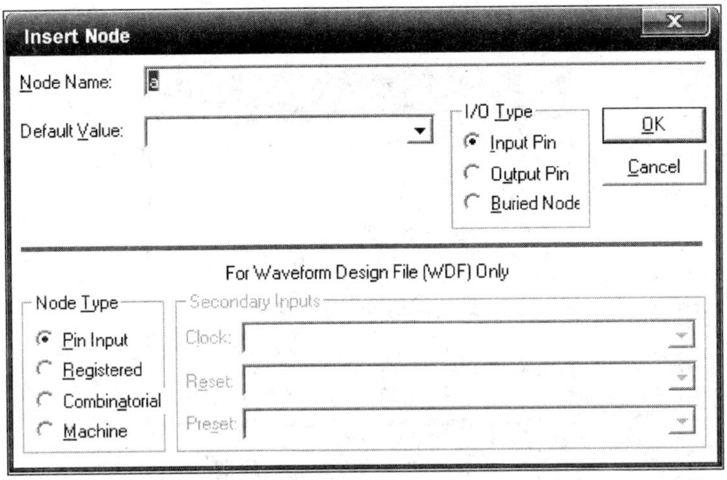

图 6.1.34 【Insert Node】对话框

在【Insert Node】对话框里,【Node Name】内要求输入所设计逻辑电路的输入、输出节点的名称,输入、输出则通过【I/O Type】来指定。例如,建立一个简单的与门电路输入波形文件,则可以在波形编辑器窗口下,分别插入输入节点 a 和 b,输出节点 c,并按照与门的逻辑关系给相应的节点添加波形,如图 6.1.35 所示。

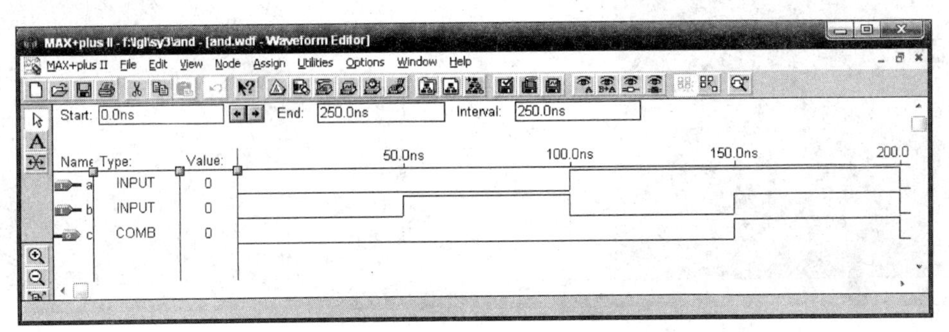

图 6.1.35 2 输入与门的波形设计文件

④选择菜单【File】/【Save】,保存所建立的波形图文件,注意:文件的扩展名为.wdf,如图6.1.36所示。单击【OK】,保存完毕。

波形输入文件保存完毕后,接下来要进行设计编译工作,编译完成后即可进行编程下载及在线测试。具体步骤见原理图编辑方式,这里不再赘述。

4)符号编辑方式

在 Max+plusII 下可以利用符号编辑器创建和修改符号。创建符号可以利用符号编辑器创建一个新的符号,以便在原理图编辑窗口下使用,从而形成自顶向下的设计方法;修改符号可以将已有的符号进行修改。

下面介绍一下如何创建新的符号。

首先启动 Max+plusII 进入管理器窗口。

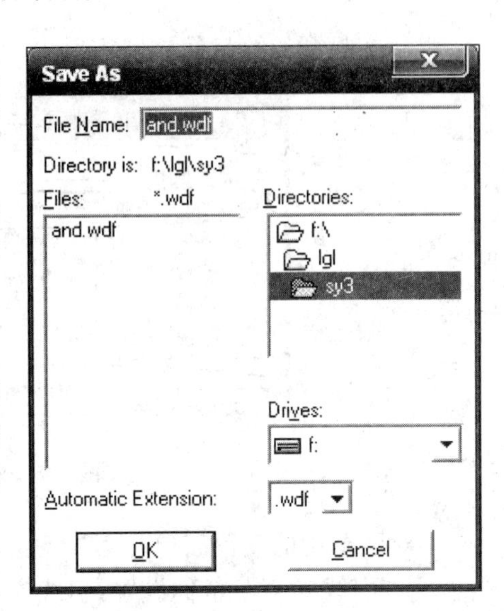

图 6.1.36 【Save As】对话框

①选择【File】/【New…】命令，弹出如图 6.1.37 所示的对话框。

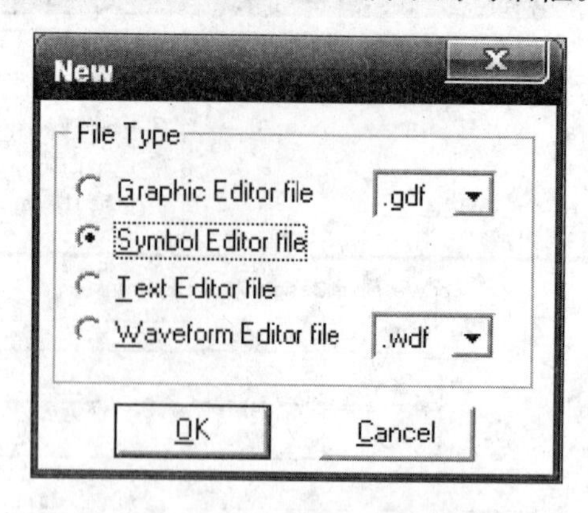

图 6.1.37　选择符号编辑器

②点选【Symbol Editor file】，单击【OK】后，进入符号编辑器窗口，如图 6.1.38 所示。

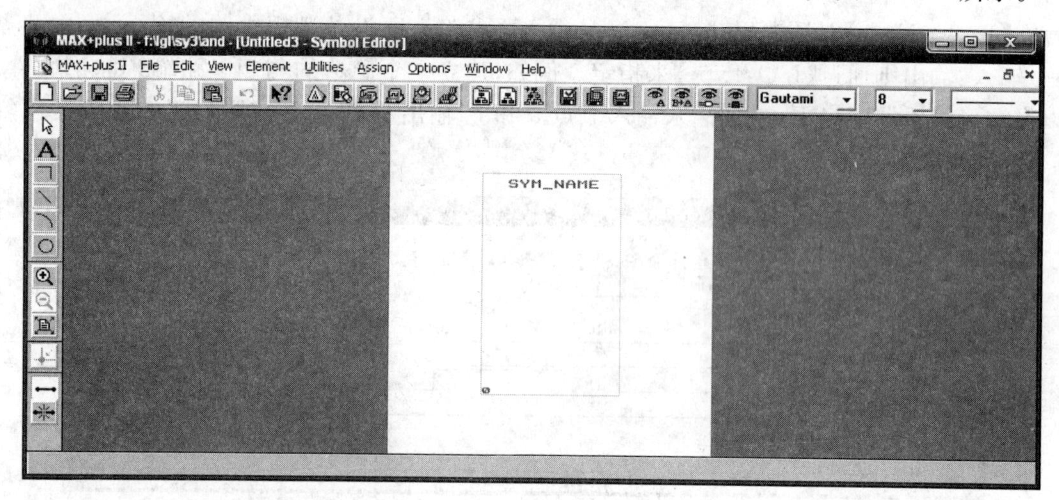

图 6.1.38　符号编辑器窗口

③在打开的符号编辑器窗口中用鼠标左键双击符号边框，弹出如图 6.1.39 所示的对话框。

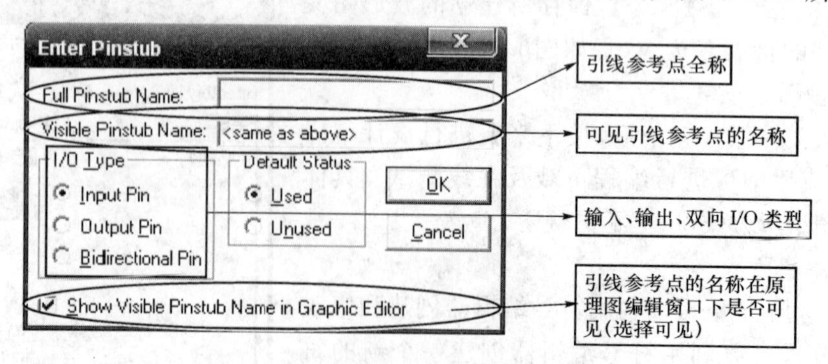

图 6.1.39　【符号编辑输入、输出】对话框

对话框中的设置简单介绍如下：

a. 引线参考点名称设置：引线参考点名称分为“引线参考点全称”(Full Pinstub Name)和

“可见引线参考点名称”(Visible Pinstub Name)两个部分,其中 Full Pinstub Name 是指符号编辑中实际的引脚名称。该名称一定要与其配套逻辑电路中的对应输入、输出的管脚名称相一致。Visible Pinstub Name 是在符号图中的参考名称,可以与 Full Pinstub Name 一致,也可以不同。Visible Pinstub Name 是可以在符号图中查看的名称,但实际起作用的是 Full Pinstub Name。

b. 输入、输出类型:选择引线参考点的输入、输出类型。

c. 引线参考点的名称在原理图编辑窗口下是否可见:默认值“可见”。

④按照上面介绍的方法依次设好 2 选 1 数据选择器的输入、输出端:a、b、sel、out,符号名称改为 mux2_1,调整边框尺寸,绘制参考边框和参考线,如图 6.1.40 所示。

⑤以文件名 mux2_1 .sym保存。

⑥在原理图编辑方式下,设计一个名为 mux2_1 .gdf的文件并在同一目录下保存,此时符号文件即与原理图文件产生联系。

⑦完成以上步骤后,符号 mux2_1 .sym即可使用。

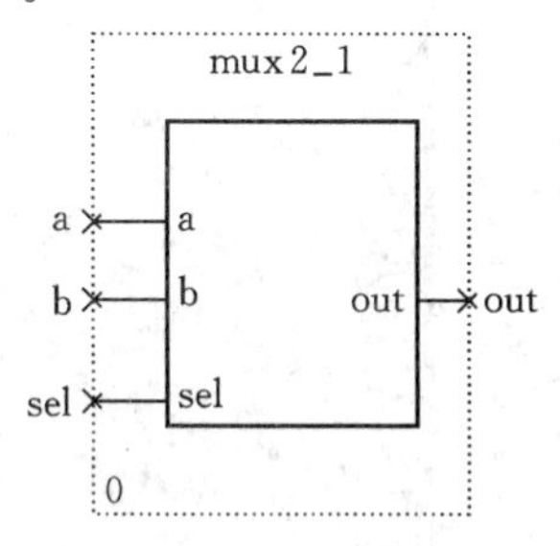

图 6.1.40 新建符号示意图

6.1.4 Max+plusII 设计提高

1) 设计举例

下面以一个复杂时序逻辑电路为例,进一步说明 Max+plusII 的使用方法。为了节省篇幅,这里只列出关键步骤。

(1) 设计输入

①在文本编辑方式下,用 Verilog HDL 语言设计一个名为“decode4_7. v”的 4 线- 7 线显示译码电路,如图 6.1.41 所示。

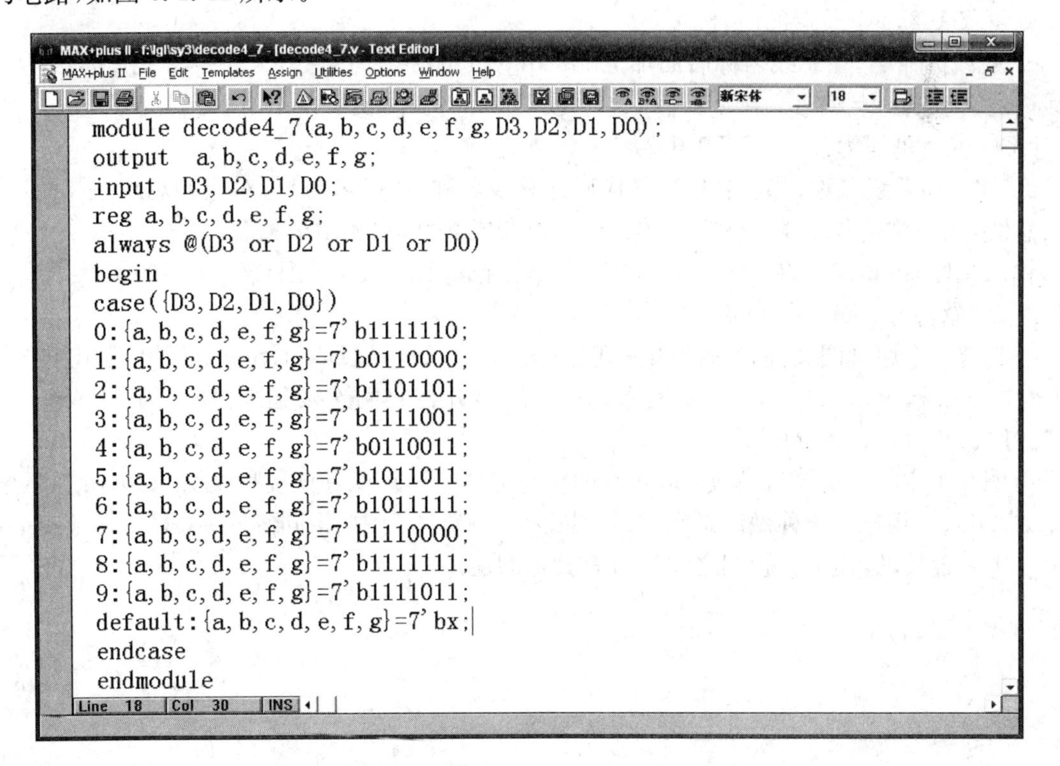

图 6.1.41 decode4_7. v 的 Verilog HDL 文本设计

将查错无误的文件生成一个默认图元，系统自动将其存储为 decode4_7. sym，并与源文件存放于同一路径下。

②在原理图编辑方式下，设计一个名为"count10. gdf"的十进制计数器，如图 6. 1. 42 所示。

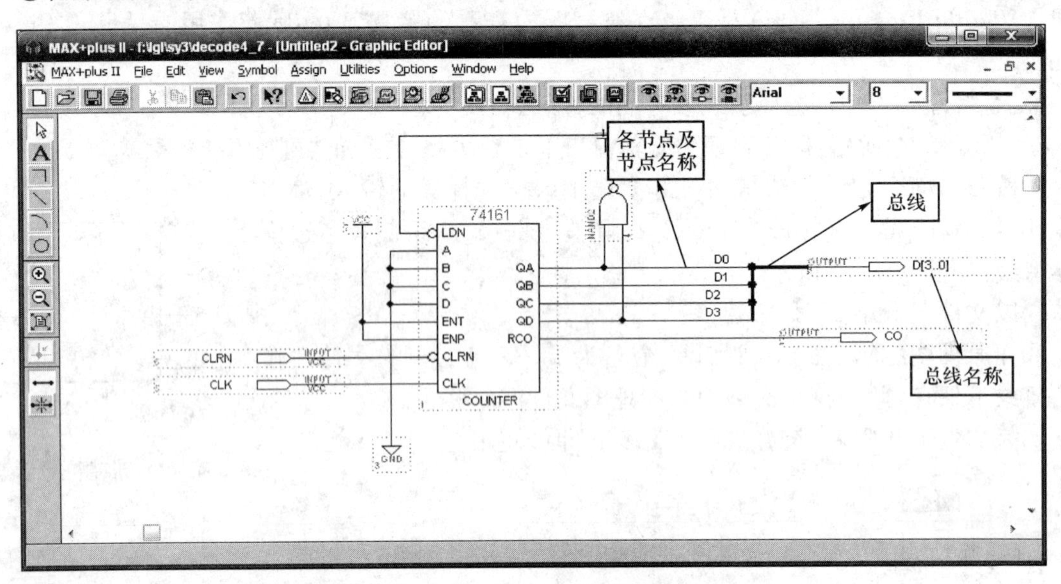

图 6. 1. 42　count10. gdf 的原理图设计

关于"总线"，这里有几点需加以说明：

a. 在所绘制的原理图中，总线用的是粗线，而节点用的是细线。

b. 一条总线代表很多节点的组合，可以同时传送多路信号，最少可代表 2 个节点的组合，最多则可代表 256 个节点的组合。

c. 总线的命名：在总线名称后面加上[m. . n]（m、n 必须为整数，大小不分先后），表示一条总线内所含有的节点编号。例如：D[3. . 0]（或 D[0. . 3]）代表 4 条节点，分别是：D[3]、D[2]、D[1]、D[0]（也可写为：D3、D2、D1、D0）。

d. 在添加总线名称（节点名称）时，应确保总线名称（节点名称）与对应的总线是相关联的。单击总线，如果总线和总线名称周围的方框同时变成红色，则表示已关联。

将该文件 count10. gdf 与 decode4_7. v 存放于同一路径下，并把查错无误的文件生成一个默认图元，命名为 count10. sym。

③新建一个原理图文件，在打开的原理图编辑窗口下，在【Enter Symbol】里，调出符号 decode4_7. sym 和 count10. sym，以及输入、输出端口，并将它们连接起来，保存为"show_count. gdf"文件，如图 6. 1. 43 所示。

由图 6. 1. 43 可以看出，模块 count10 的输出 D[3. . 0]并没有直接和模块 decode4_7 的输入 D3、D2、D1、D0 相连。这种做法是允许的。因为在电路图当中，相同的网络标号（即节点名称）在电气上是连接的，而不管它们之间是否有真正的连接。

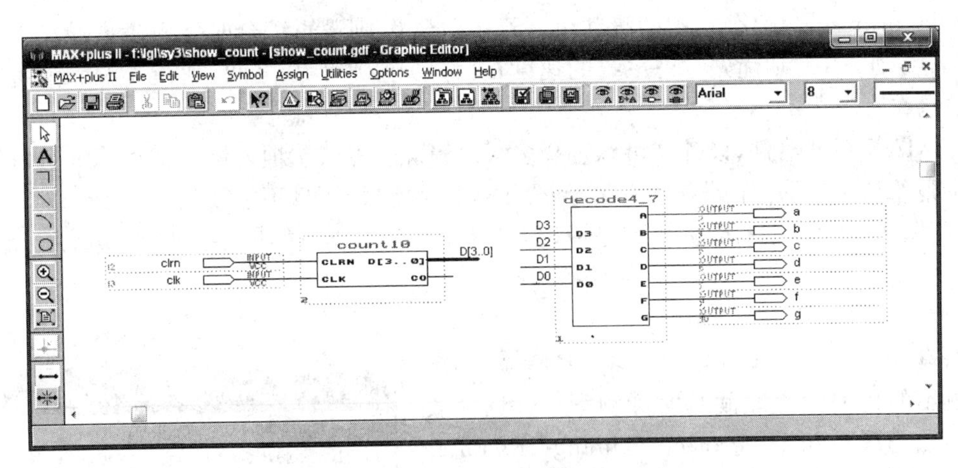

图 6.1.43 “show_count.gdf”连线图

④图 6.1.43 所对应的电路原理图称为顶层文件，通过【Max＋plusII】中的【Hierarchy Display】，可以很方便地查看所设计电路的层次结构，如图 6.1.44 所示，它以层次树的形式显示出整个电路的设计层次，层次中的每个文件都可以通过双击文件名来打开，并置于前台。

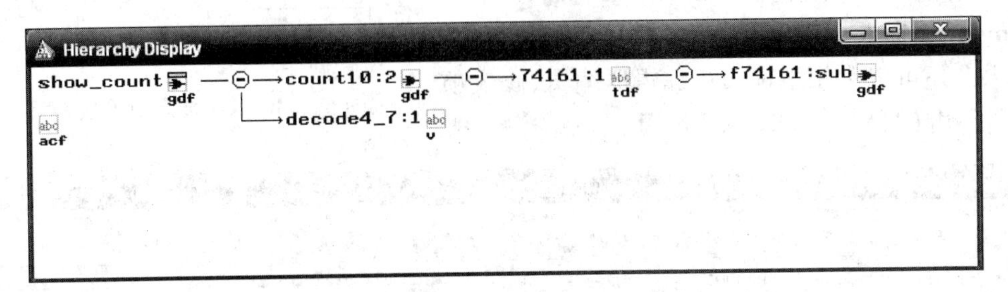

图 6.1.44 层次结构示意图

(2) 设计编译

对该文件进行编译前，除了指定目标芯片、分配引脚之外，还可以进行一些其他的编译设置，如：选择全局逻辑综合方式、设置全局定时要求，等等，如果不进行这些设置，则系统执行的是默认值。编译结束后，还可以查看相关文件。

①选择全局逻辑综合方式

编译前可以为所设计的项目选择一种逻辑综合方式，以便在编译过程中知道编译器的逻辑综合模块的工作。默认的逻辑综合方式是：常规(Normal)，该方式的逻辑综合优化目标是使逻辑单元使用数最少。选择【Assign】/【Global Project Logic Synthesis】，出现如图 6.1.45 所示的对话框。在【Global Project Logic Synthesis】下拉列表框中可以选择 NORMAL、FAST、WYS/WYG(任意)等逻辑综合方式。

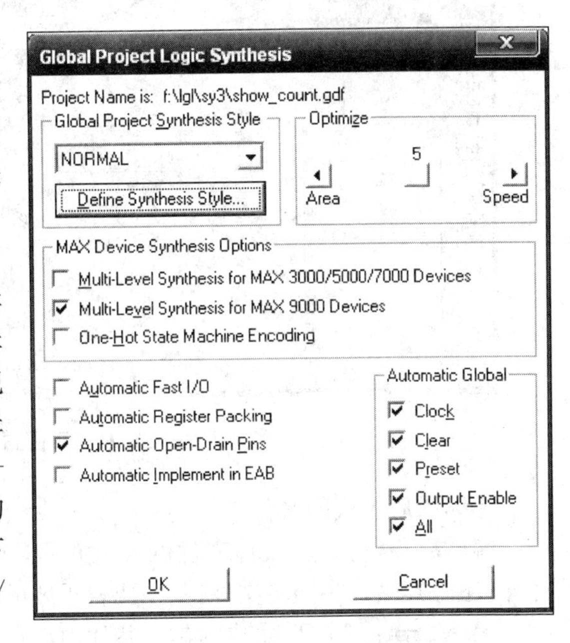

图 6.1.45 【全局综合设置】对话框

移动【Optimize】(优化)栏中的滑动块。若移动至 0,则逻辑综合时优先考虑减少器件耗用的资源;若移动至 10,则优先考虑系统的速度;若移动至 0 和 10 之间,则在资源和速度两者之间兼顾考虑。

对于 MAX 系列器件,设计者可以选择多级逻辑综合方式选项。该方式可以充分利用所有可使用的逻辑资源,适用于处理含有复杂逻辑的设计项目,而且不需要用户干预。对于 FLEX 系列的器件,该选项自动有效。也就是说,当选择了 FAST 综合方式后,进位、级连链设置自动有效。

②设置全局定时要求

可对设计项目设定全局定时要求,如传播延时、时钟到输出的延时建立时间和时钟频率等。选择菜单【Assign】/【Global Project Timing Requirements】,出现如图 6.1.46 所示对话框。在相应的编辑框内输入所要求的定时时间,若将双向引脚反馈通路和清除/预置路径选项设置为关断,即不计这些延时,选择【OK】即可。

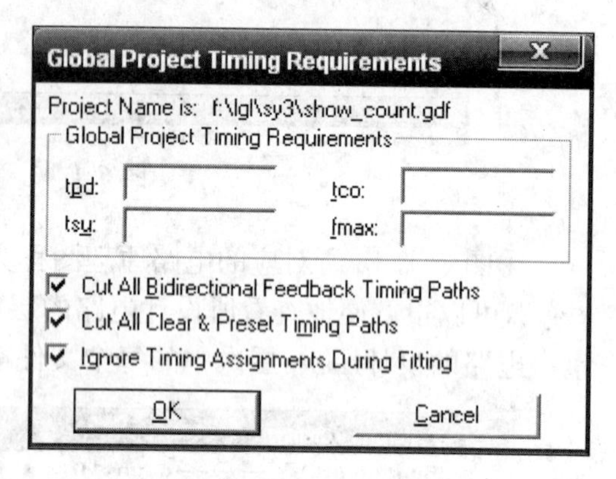

图 6.1.46 【全局定时设置】对话框

编译结束后,可以在【Max+plusII】/【Current Assignments】/【Floorplan Editor】查看引脚分配及适配结果。还可以利用平面布局编辑器编辑、修改项目的器件资源的分配。如图 6.1.47 所示。

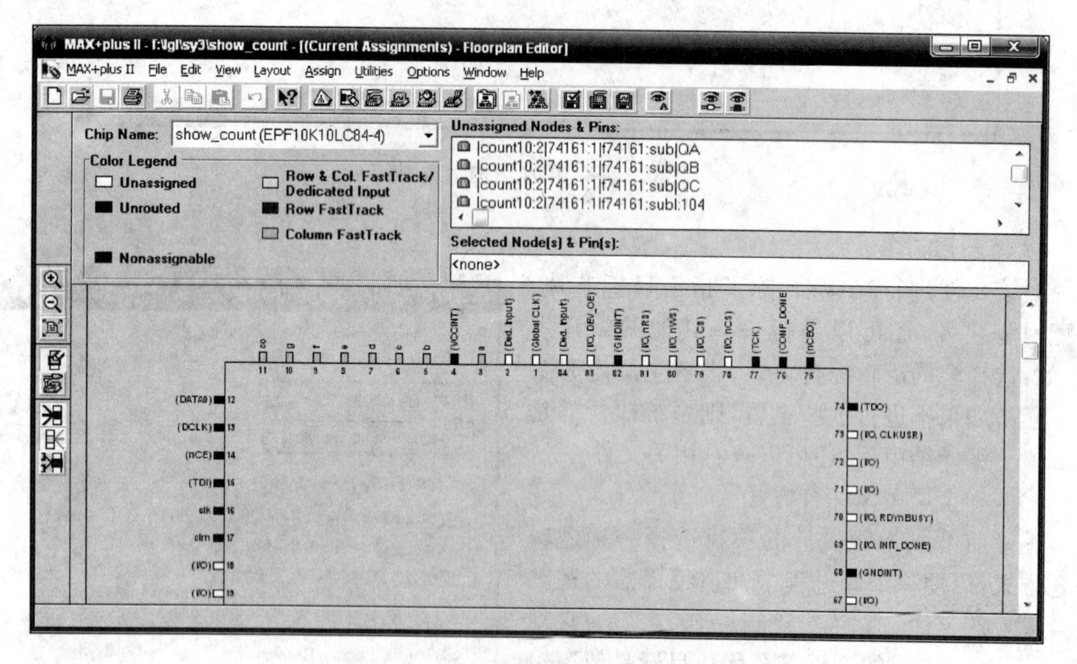

图 6.1.47 平面布局编辑器的器件视图

③编译后生成的文件

编译后,若打开所设计文件的存放路径,可以看到除了所建立的 *.v、*.gdf 及 *.scf 文件外,还有其他许多同名文件,其中比较重要的有:

- *.rpt:适配后生成的包括芯片内部资源耗用情况,设计的布尔方程描述情况等的报告文件。

- *.snf：仿真文件生成器所生成的进行延时仿真分析所需的网表文件。
- *.cnf：网表分析器把所有设计文件转化为二进制网表文件后，生成的层次文件。
- *.sof：用于 FPGA 器件下载编程的文件。
- *.pof：用于 CPLD 器件下载编程的文件。

(3) 仿真

为此电路建立仿真波形文件，其时序仿真结果如图 6.1.48 所示。

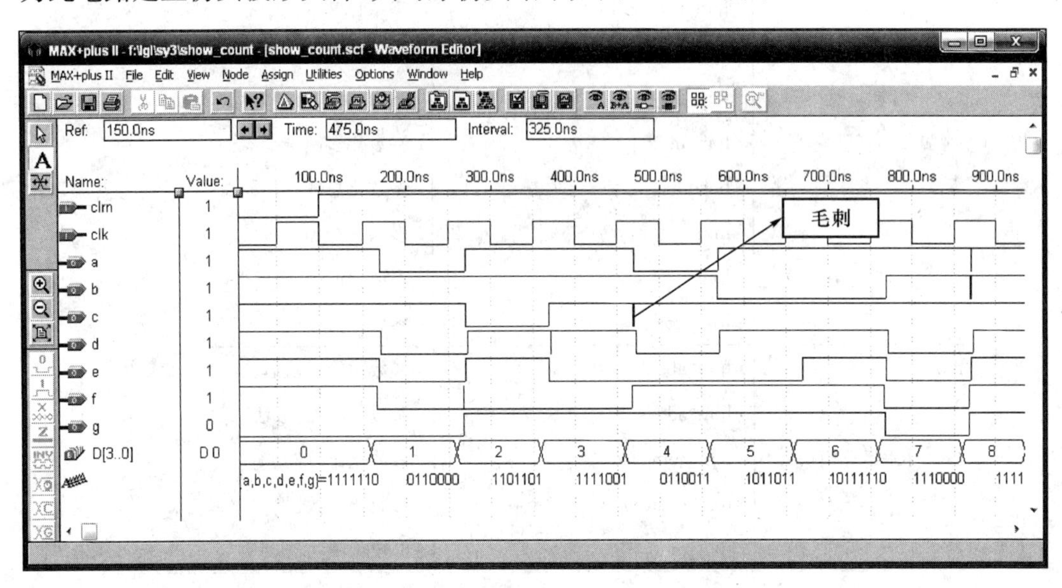

图 6.1.48 "show_count"的时序仿真波形图

由图 6.1.48 可以看出，时序仿真在输出端有一定的延时以及由竞争冒险而产生的"毛刺"现象。仔细判断仿真的结果，如有必要，则要返回修改设计或更换目标器件。

(4) 编程下载及在线测试

运行编程器【Max+plusII】/【Programmer】，完成下载后，即可进行在线测试。可将 clk 接入连续脉冲(或单次脉冲)信号源，将 clrn 端接入逻辑电平输入开关(置高电平)，将输出经由 7 个限流电阻接至 1 个七段 LED 显示器，则可观察到 LED 显示器由数码 0 到 9 顺序变化的过程。

2) 基于 LPM 宏单元库的设计

LPM(Library Parameterized Modules)即参数化的宏功能模块库。应用这些功能模块可以大大提高 IC 设计效率。

(1) LPM 宏单元库

LPM 是参数化模块，通过修改 LPM 模块的参数就可以得到用户想要的设计。比如用户可以使用 lpm_counter 函数得到计数位宽从 1～256 位的任意位计数器。除了修改计数位数以外，用户也可以通过修改参数来设定模块为加法计数或减法计数、预置数同步加载或异步加载。因此，1 个 lpm_counter 库函数就可以取代 30 多个 74 系列的计数器。Max+plusII 提供的 LPM 库如表 6.1.2 所示。LPM 库所在的目录是\maxplus2\max2lib\mega_lpm。

表 6.1.2　LPM 库单元列表

模块分类	宏单元	说　明
门单元模块	lpm_and	参数化与门
	lpm_bustri	参数化三态缓冲器
	lpm_clshift	参数化组合逻辑移位器
	lpm_constant	参数化常数产生器
	lpm_decode	参数化解码器
	lpm_inv	参数化反向器
	lpm_mux	参数化多路选择器
	busmux	参数化总线选择器
	mux	多路选择器
	lpm_or	参数化或门
	lpm_xor	参数化异或门
算术运算模块	lpm_abs	参数化绝对值运算
	lpm_add_sub	参数化的加/减法
	lpm_compare	参数化比较器
	lpm_counter	参数化计数器
	lpm_mult	参数化乘法器
存储器	lpm_ff	参数化 D 触发器
	lpm_latch	参数化锁存器
	lpm_ram_dq	输入/输出分开的参数化 RAM
	lpm_ram_io	输入/输出复用的参数化 RAM
	lpm_rom	参数化 ROM
	lpm_shiftreg	参数化移位寄存器
	csfifio	参数化先进先出队列
	csdpram	参数化双口 RAM
其他功能模块	pll	参数化锁相环电路
	ntsc	NTSC 图像控制信号产生器

(2) LPM 设计举例

下面以设计一个计数器为例来说明 LPM 参数库的使用。

例如，要设计模为 24 的加法计数器，采用 Max+plusII 的 LPM 库单元进行设计，则关键步骤为：

①在原理图编辑窗口下调出 lpm_counter 模块，则会弹出端口和参数设置对话框(或选中 lpm_counter 元件，单击鼠标右键，在弹出的菜单中选择“Edit Ports/Parameters”)。

②lpm_counter 元件有以下端口：

- data[]：置数端口
- cin：进位输入
- clock：时钟输入(上升沿触发)
- clk_en：高电平使能所有同步操作输入信号
- cnt_en：计数使能控制端
- updown：计数器加减控制
- aclr：异步清 0 端
- aset：异步置位端
- sload：同步数据加载端
- q[]：计数输出
- cout：进位输出

这里仅仅使用其中 4 个端口，分别为异步清 0 端 aclr、时钟输入端口 clock、数据输出端口 q[]和进位输出端口 count。将它们的【Port Status】选为“used”，其他端口都选为“unused”。此外，还需要设置 lpm_counter 元件的参数，因为要实现模为 24 的加法计数，所以设定参数如下：

LPM_MODULUS=24(模设定为 24)；

LPM_WIDTH=5(模块的信号宽度设为 5 位)；

LPM_DIRECTION=“UP”(将模块设为加法计数器)。

上述设置完毕后，如图 6.1.49 所示，一个实现模为 24 的加法计数的函数模块就生成了。该模块加上输入和输出信号，就构成了一个完整的计数器电路，如图 6.1.50 所示。

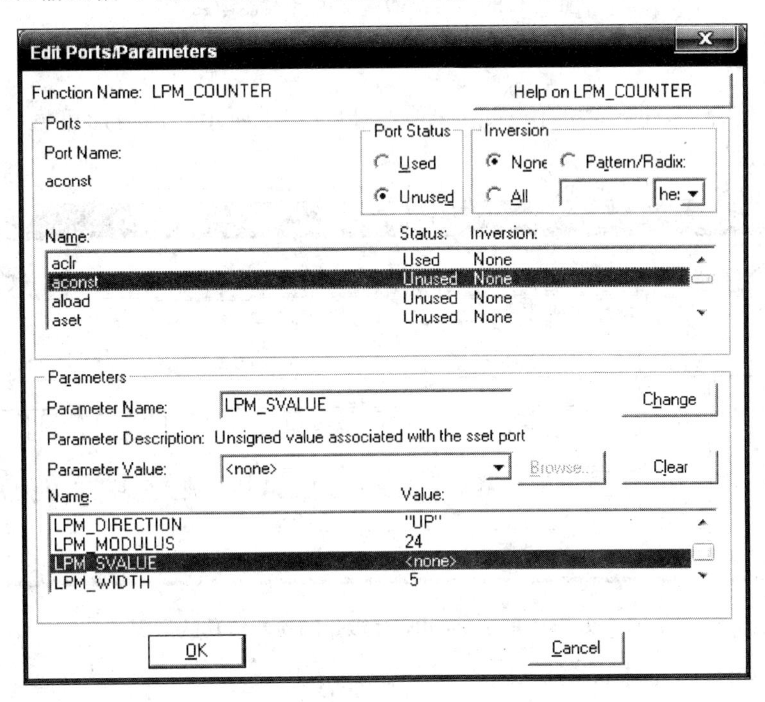

图 6.1.49 lpm_counter 宏模块的【端口和参数设置】对话框

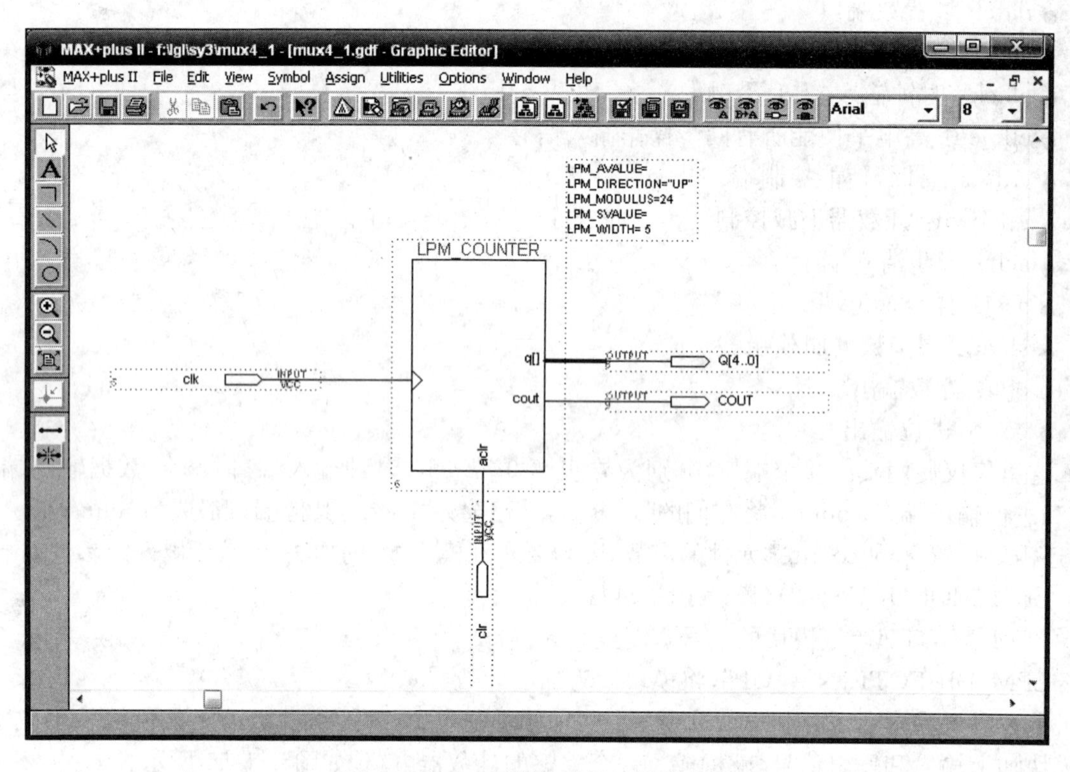

图 6.1.50　由函数构成的计数器电路

③编译和仿真

对该计数器编译后，进行功能仿真的波形如图 6.1.51 所示。由波形可见，该电路实现了模为 24 的加法计数器。

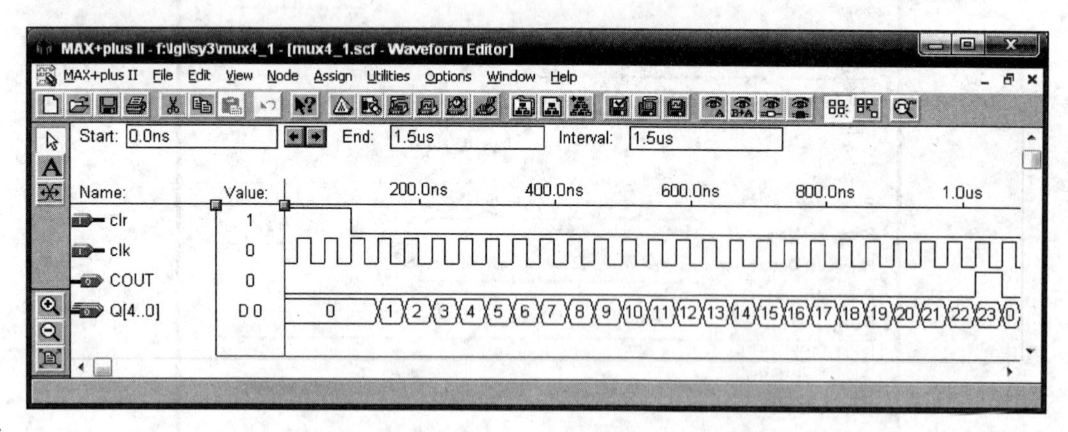

图 6.1.51　lpm_counter 计数器的功能仿真波形图

6.2 QuartusII 开发系统介绍

6.2.1 QuartusII 简介

目前 Altera 已经停止了对 Max+plusII 的更新支持。QuartusII 是 Altera 公司继 Max+plus II 之后开发的一种针对其公司生产的系列 CPLD/FPGA 器件的第四代 PLD 综合性开发软件，它的版本不断升级，从 4.0 版到 10.0 版，这里介绍的是 QuartusII 8.0 版，该软件有如下几个显著的特点：

1）QuartusII 的优点

该软件界面友好，使用便捷，功能强大，是一个完全集成化的可编程逻辑设计环境，是一种先进的 EDA 工具软件。该软件具有开放性、与结构无关、多平台、完全集成化等特点，拥有丰富的设计库、模块化工具，且支持原理图、VHDL、Verilog HDL 以及 AHDL 等多种设计输入形式，内嵌自有的综合器以及仿真器，可以完成从设计输入到硬件配置的完整 PLD 设计流程。

QuartusII 可以在 Windows XP、Linux 以及 Unix 上使用，除了可以使用 Tcl 脚本完成设计流程外，还提供了完善的用户图形界面设计方式。它具有运行速度快、界面统一、功能集中、易学易用等特点。

2）QuartusII 对器件的支持

QuartusII 支持 Altera 公司的 MAX 3000A 系列、MAX 7000 系列、MAX 9000 系列、ACEX 1K 系列、APEX 20K 系列、APEX II 系列、FLEX 6000 系列、FLEX 10K 系列，支持 MAX7000/MAX3000 等乘积项器件，支持 MAX II CPLD 系列、Cyclone 系列、Cyclone II 系列、Stratix II 系列、Stratix GX 系列等，支持 IP 核，包含了 LPM/Mega Function 宏功能模块库，用户可以充分利用成熟的模块，简化设计的复杂性，加快设计速度。此外，QuartusII 通过和 DSP Builder 工具与 Matlab/Simulink 相结合，可以方便地实现各种 DSP 应用系统；支持 Altera 的片上可编程系统（SOPC）开发，集系统级设计、嵌入式软件开发、可编程逻辑设计于一体，是一种综合性的开发平台。

3）QuartusII 对第三方 EDA 工具的支持

对第三方 EDA 工具的良好支持也使用户可以在设计流程的各个阶段使用熟悉的第三方 EDA 工具。

QuartusⅡ平台支持一个工作组环境下的设计要求，其中包括支持基于 Internet 的协作设计。该平台与 Cadence、ExemplarLogic、MentorGraphics、Synopsys 和 Synplicity 等 EDA 供应商的开发工具相兼容，改进了软件的 LogicLock 模块设计功能，增添了 FastFit 编译选项，推进了网络编辑性能，而且提升了调试能力。

6.2.2 QuartusII 工作环境介绍

启动 QuartusII，进入如图 6.2.1 所示的管理器窗口。

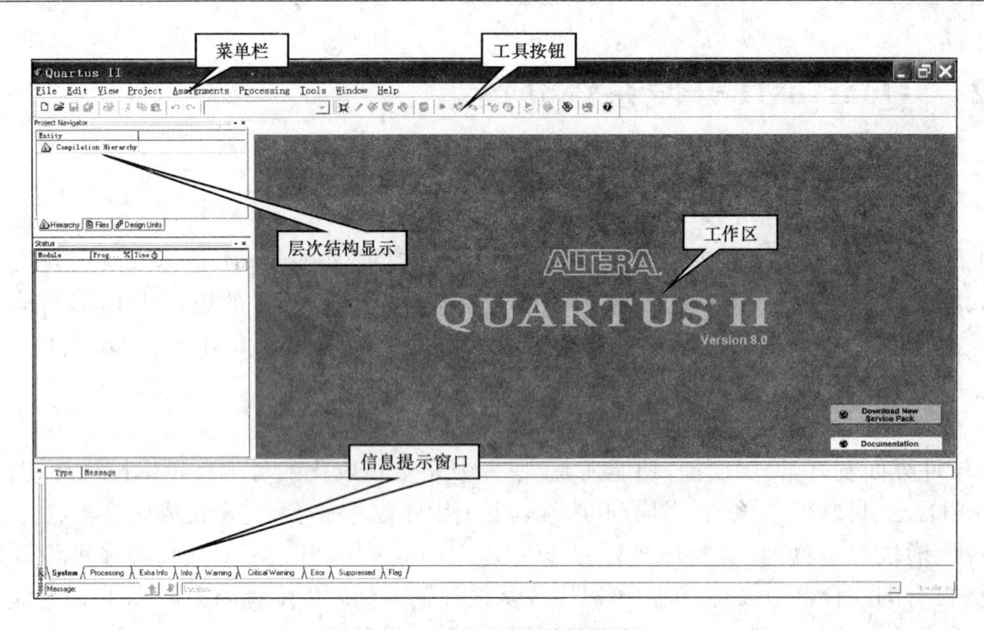

图 6.2.1　QuartusII 管理器窗口

1）菜单栏

(1)【File】菜单

QuartusII 的【File】菜单除了具有文件管理的功能之外，还有许多其他的选项，如图 6.2.2 所示。

①【New…】选项：新建工程或文件，其下还有子菜单，如图 6.2.3 所示。

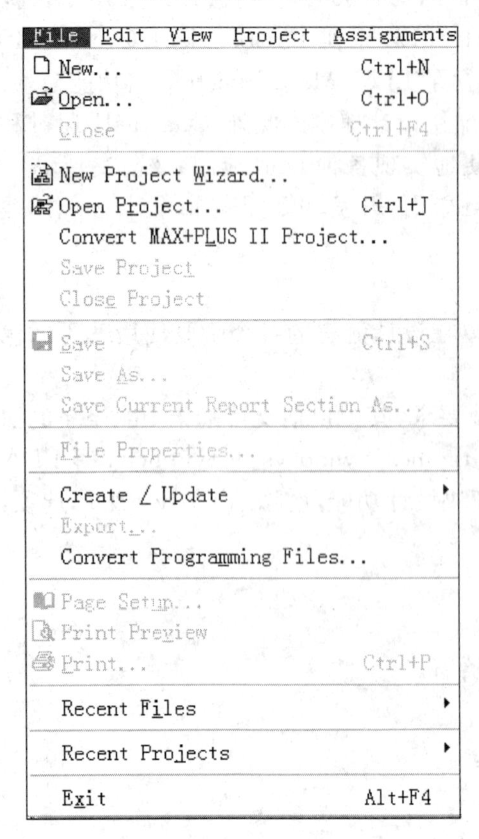

图 6.2.2　【File】菜单

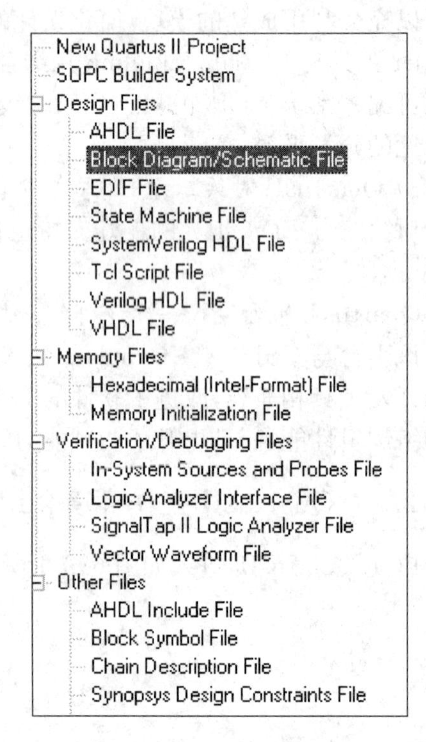

图 6.2.3　【New】菜单

a.【New QuartusII Project】选项：新建工程。

b.【Design Files】选项：新建设计文件，常用的有 AHDL 文本文件、VHDL 文本文件、Verilog HDL 文本文件、原理图文件等。

c.【Vector Waveform File】选项：波形文件。

②【Open…】选项：打开一个文件。

③【New Project Wizard…】选项：创建新工程。点击后弹出对话框如图 6.2.4 所示。单击对话框最上第一栏右侧的“…”按钮，找到文件夹已存盘的文件，再单击打开按钮，即出现如图所示的设置情况。对话框中第一行表示工程所在的工作库文件夹，第二行表示此项工程的工程名，第三行表示顶层文件的实体名，一般与工程名相同。

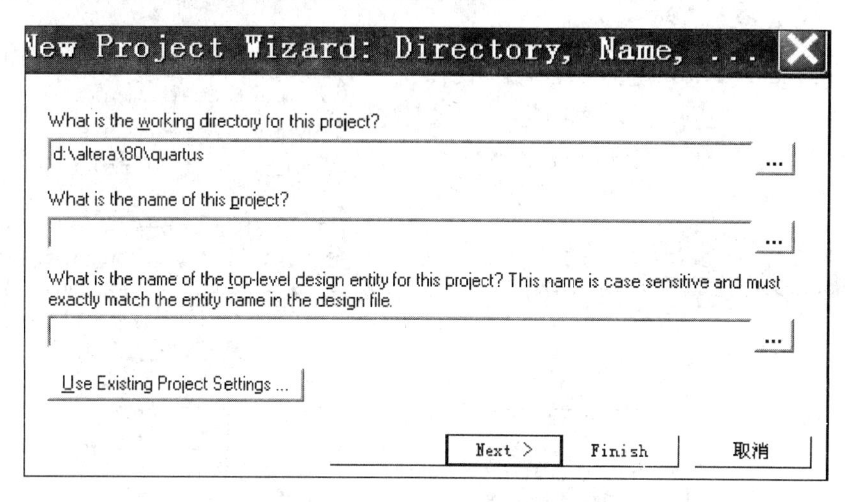

图 6.2.4 【New Project Wizard】菜单窗口

④【Create /Update】选项：生成元件符号。可以将设计的电路封装成一个元件符号，供以后在原理图编辑器下进行层次设计时调用。

(2)【View】菜单：进行全屏显示或对窗口进行切换，包括层次窗口、状态窗口、消息窗口等，如图 6.2.5 所示。

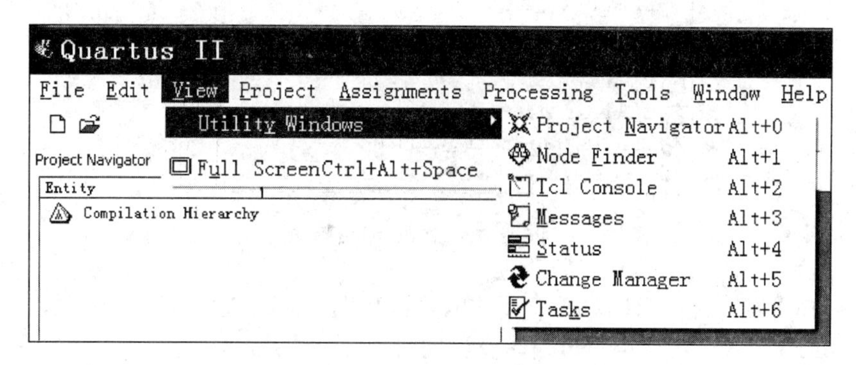

图 6.2.5 【View】菜单

(3)【Assignments】菜单

【Assignments】菜单如图 6.2.6 所示。

①【Device…】选项：为当前设计选择器件。

②【Pins】选项：为当前层次树的一个或多个逻辑功能块分配芯片引脚或芯片内的位置。

③【Timing Analysis Settings…】选项：为当前设计的时间参数设定时序要求。

④【EDA Tool Settings】选项：EDA 设置工具。使用此工具可以对工程进行综合、仿真、时序分析，等等。EDA 设置工具属于第三方工具。

⑤【Settings…】选项：设置控制。可以使用它对工程、文件、参数等进行修改，还可以设置编译器、仿真器、时序分析、功耗分析等。

⑥【Assignment Editor】选项：任务编辑器。

⑦【Pin Planner】选项：可以使用它将所设计电路的 I/O 引脚合理地分配到已设定器件的引脚上。

(4)【Processing】菜单

【Processing】菜单如图 6.2.7 所示。

Device...
Pins
Timing Analysis Settings...
EDA Tool Settings...
Settings... Ctrl+Shift+E
Classic Timing Analyzer Wizard...
Assignment Editor Ctrl+Shift+A
Pin Planner Ctrl+Shift+N
Remove Assignments...
Back-Annotate Assignments...
Import Assignments...
Export Assignments...
Assignment (Time) Groups...
Timing Closure Floorplan
LogicLock Regions Window Alt+L
Design Partitions Window Alt+D

图 6.2.6 【Assign】菜单

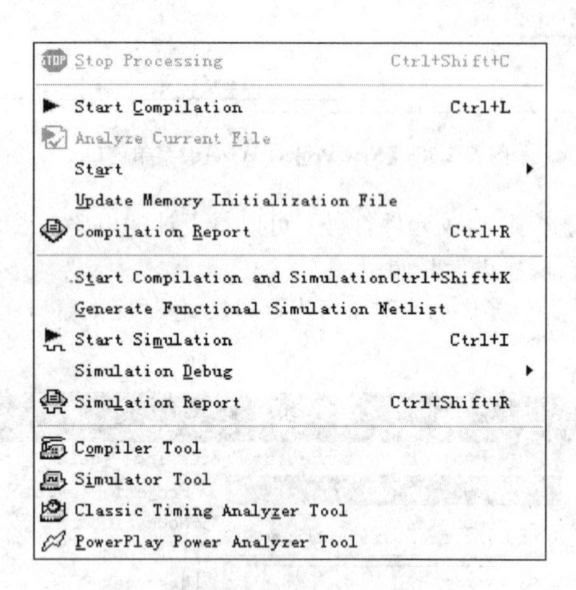

图 6.2.7 【Processing】菜单

【Processing】菜单的功能是对所设计的电路进行编译和检查设计的正确性。

①【Stop Processing】选项：停止编译设计项目。

②【Start Compilation】选项：开始完全编译过程，这里包括分析与综合、适配、装配文件、定时分析、网表文件提取等过程。

③【Analyze Current File】选项：分析当前的设计文件，主要是对当前设计文件的语法、语序进行检查。

④【Compilation Report】选项：适配信息报告，通过它可以查看详细的适配信息，包括设置和适配结果等。

⑤【Start Simulation】选项:开始功能仿真。

⑥【Simulation Report】选项:生成功能仿真报告。

⑦【Compiler Tool】选项:是一个编译工具,可以有选择地对项目中的各个文件进行分别编译。

⑧【Simulator Tool】选项:对编译过的电路进行功能仿真和时序仿真。

⑨【Classic Timing Analyzer Tool】选项:典型的时序仿真工具。

⑩【PowerPlay Power Analyzer Tool】选项:功耗分析工具。

(5)【Tools】菜单

【Tools】菜单如图 6.2.8 所示。

【Tools】菜单的功能是:

①【Run EDA Simulation Tool】选项:运行 EDA 仿真工具,EDA 是第三方仿真工具。

②【Run EDA Timing Analysis Tool】选项:运行 EDA 时序分析工具,EDA 是第三方仿真工具。

③【Programmer】选项:打开编程器窗口,以便对器件进行下载编程。

2) 工具栏

工具栏紧邻菜单栏下方,如图 6.2.9 所示,它是各菜单功能的快捷按钮组合区。

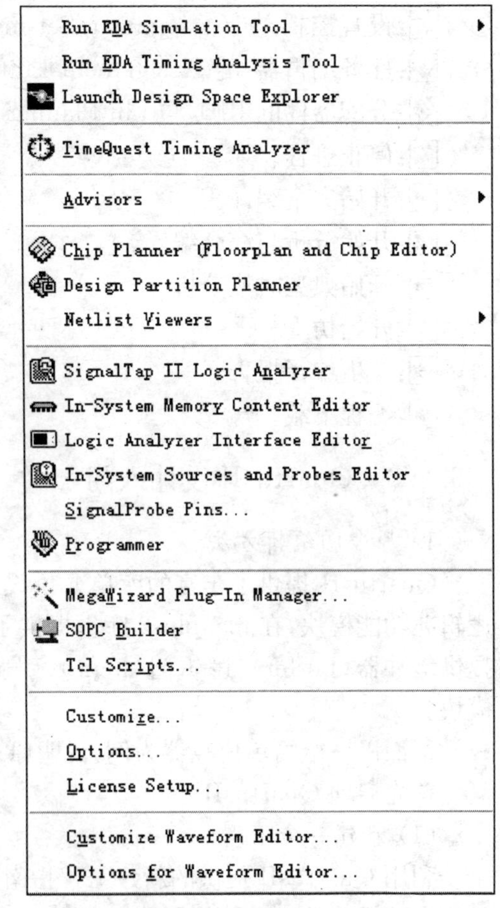

图 6.2.8 【Tools】菜单

图 6.2.9 工具栏

各按钮的基本功能如下:

:建立一个新的图形、文本、波形或符号文件。

:打开一个文件,启动相应的编辑器。

:保存当前文件,与 Five/Save 功能相同。

: 保存所有文件。

:打印当前文件。

:将选中的内容剪切到剪贴板。

:将选中的内容复制到剪贴板。

:粘贴剪贴板的内容到当前文件中。

:撤销上次的操作。

:恢复上次的操作。

:单击此按钮后再单击窗口的任何部位,将显示相关帮助文档。

:项目导航显示切换。

:设置控制,与 Assignment/Settings 功能相同。

:任务编辑器,与 Assignment Editor 功能相同。

:分配器件的引脚,与 Pin Planner 功能相同。

:停止进程。

:开始完全编译。

:开始分析与综合编译。

:开始典型时域分析。

:开始仿真。

:产生编译报告。

:编程下载。

6.2.3 QuartusII 设计入门

1) *原理图编辑方法*

QuartusII 提供了丰富的库单元供设计者调用,在 megafunctions 库里提供了多种特殊的逻辑兆功能模块,在 maxplus2 库里提供了几乎所有的 74 系列的器件,在 primitives 库里分别提供缓冲器(buffer)、逻辑门(logic)、引脚(pin)、存储单元(storage)和其他功能(other)5 类模块。

下面以一个简单比较器为例,说明原理图设计过程。

首先启动 QuartusII。

(1) 新建一个工程

利用 QuartusII 提供的新建工程指南建立一个工程项目。

①选择菜单命令【File】/【New Project Wizard…】,将弹出如图 6.2.10 所示的对话框,选择项目存放目录、填写项目名称,注意项目顶层设计实体名称必须和项目名称保持一致。可先在电脑中建立工程项目存放的目录,如:E:\数字系统设计\原理图设计。

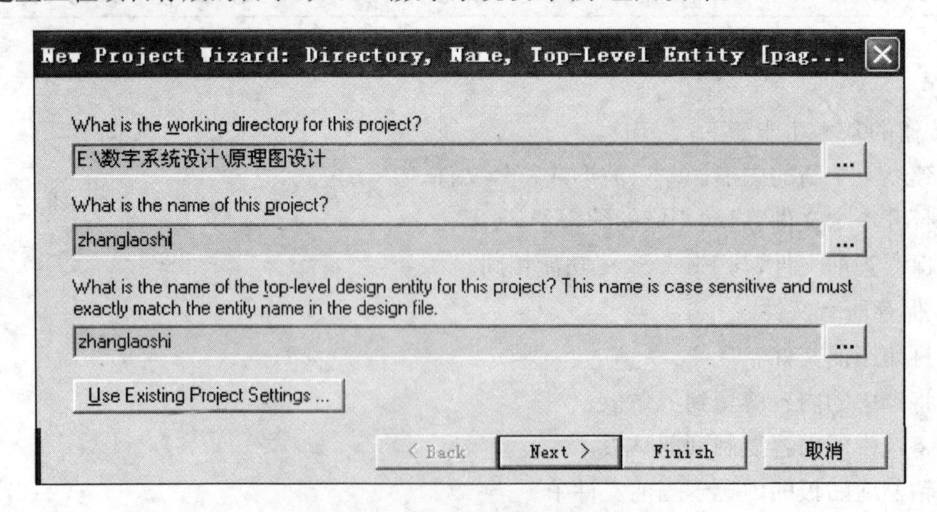

图 6.2.10　工程项目基本设置

②完成上述操作后,点击【Next】按钮,将弹出加入文件对话框,如图 6.2.11 所示。可以在 File 空白处选择将已存在的设计文件加入到这个工程中,也可以使用【User Libraries…】按钮,把用户自定义的库函数加入到工程中使用,完成后点击【Next】按钮,进入下一步。

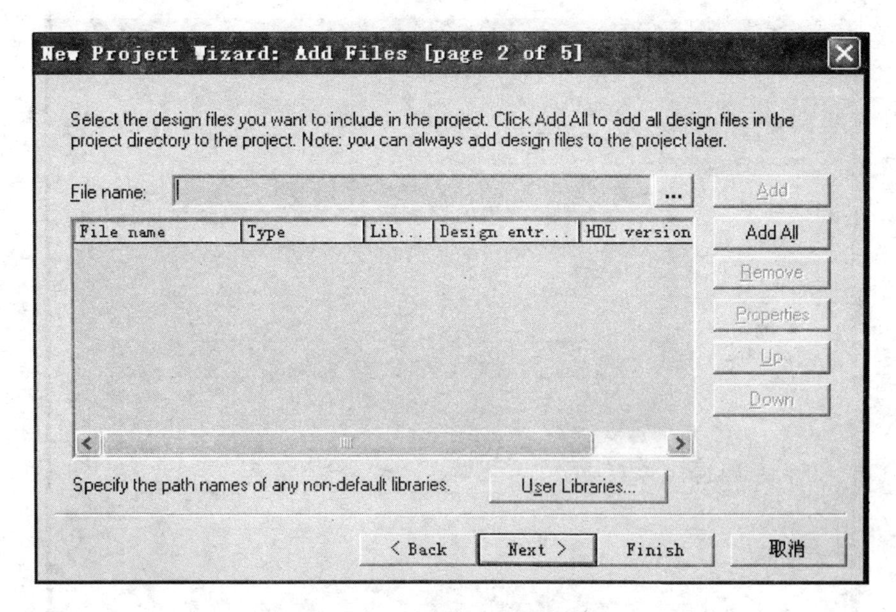

图 6.2.11 【加入文件】对话框

③如图 6.2.12 所示是选择可编程逻辑器件对话框，在此对话框可以选择器件的系列、器件的封装形式、引脚数目和速式、引脚数目和速度级别约束可选器件的范围，选好后点击【Next】。

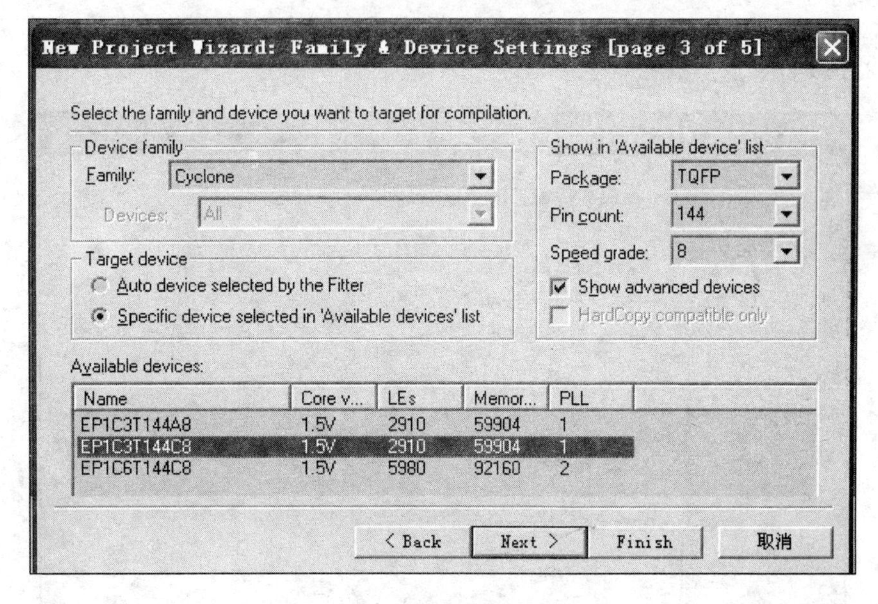

图 6.2.12 【选择器件】对话框

④如图 6.2.13 所示询问是否选择其他 EDA 工具，一般不需要选择其他的 EDA 工具，则直接选择【Next】。

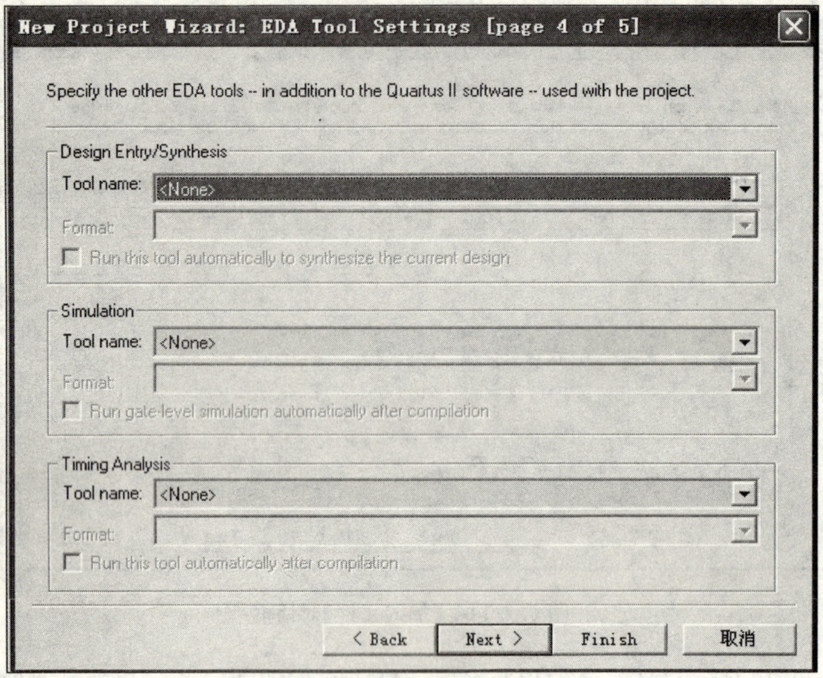

New Project Wizard: EDA Tool Settings [page 4 of 5]
Specify the other EDA tools -- in addition to the Quartus II software -- used with the project.
Design Entry/Synthesis
Tool name: <None>
Format:
Run this tool automatically to synthesize the current design
Simulation
Tool name: <None>
Format:
Run gate-level simulation automatically after compilation
Timing Analysis
Tool name: <None>
Format:
Run this tool automatically after compilation
< Back
Next >
Finish
取消

图 6.2.13　选择其他 EDA 工具

⑤显示由新建工程指南建立的工程文件摘要，在界面顶部标题栏将显示工程名称和存储路径，如图 6.2.14 所示，点击【Finish】。

New Project Wizard: Summary [page 5 of 5]
When you click Finish, the project will be created with the following settings:
Project directory:
E:/数字系统设计/原理图设计/
Project name: zhanglaoshi
Top-level design entity: zhanglaoshi
Number of files added: 0
Number of user libraries added: 0
Device assignments:
Family name: Cyclone
Device: EP1C3T144C8
EDA tools:
Design entry/synthesis: <None>
Simulation: <None>
Timing analysis: <None>
Operating conditions:
Core voltage: 1.5V
Junction temperature range: 0-85 癈
< Back
Next >
Finish
取消

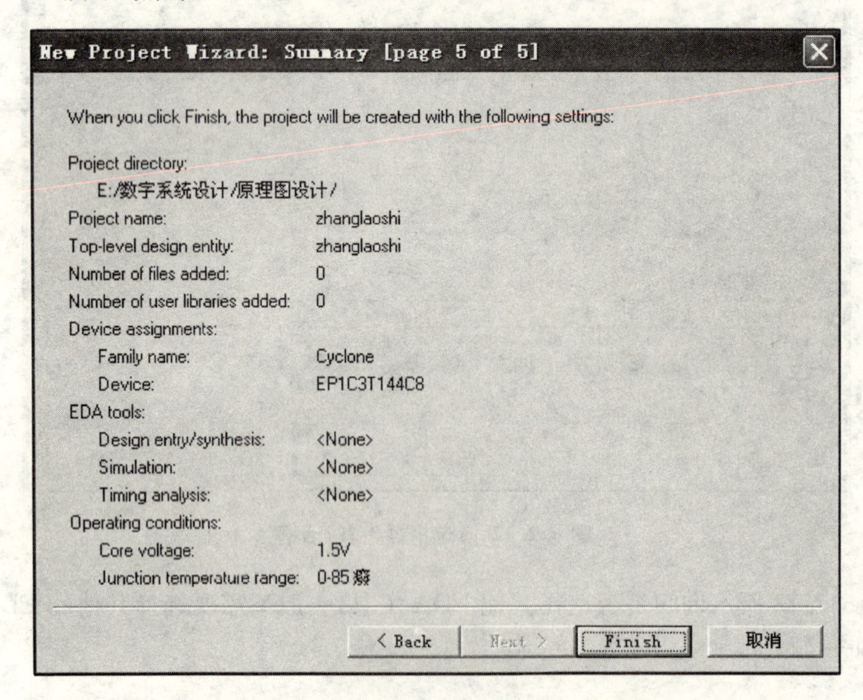

图 6.2.14　【新建工程文件摘要】对话框

(2) 新建原理图文件

①建立文件：执行【File】/【New…】命令

在菜单栏中选择【File】/【New…】命令，弹出如图 6.2.15 所示的对话框。

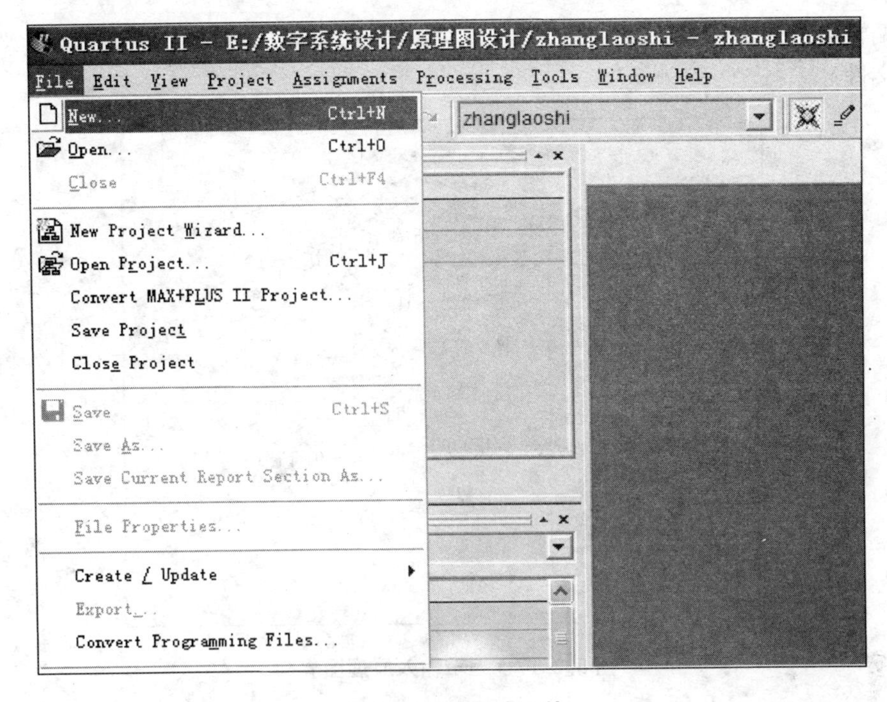

图 6.2.15 新建文件

②建立原理图文件

弹出新建原理图文件对话框如图 6.2.16 所示，然后选择 Block Diagram/Schematic File（原理图文件）。

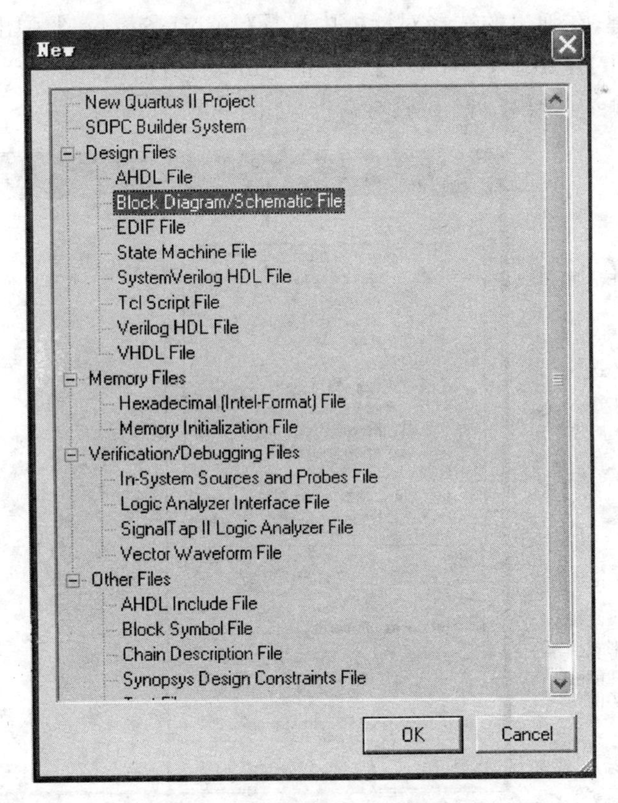

图 6.2.16 【新建原理图文件】对话框

进入编辑输入原理图的界面如图 6.2.17 所示，从图中可以看出常用绘图工具及其快捷键，随后保存文件。

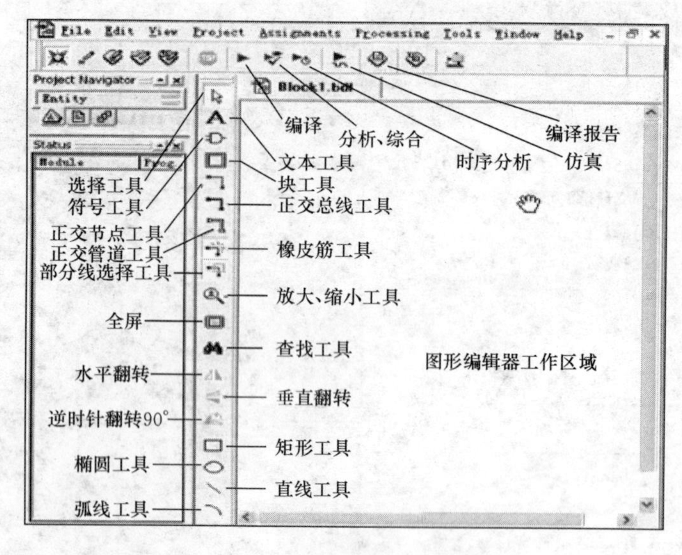

图 6.2.17　编辑输入原理图界面

(3) 输入原理图

①放置元件

首先要调元件库，调元件库有以下四种方法：

a. 双击鼠标的左键，弹出【Symbol】对话框。

b. 单击鼠标右键，在弹出的选择对话框中选择【Insert-Symbol】，弹出【Symbol】对话框。

c. 点击菜单【Edit】/【Insert-Symbol】，弹出【Symbol】对话框。

d. 点击绘图工具，弹出【Symbol】对话框，如图 6.2.18 所示。

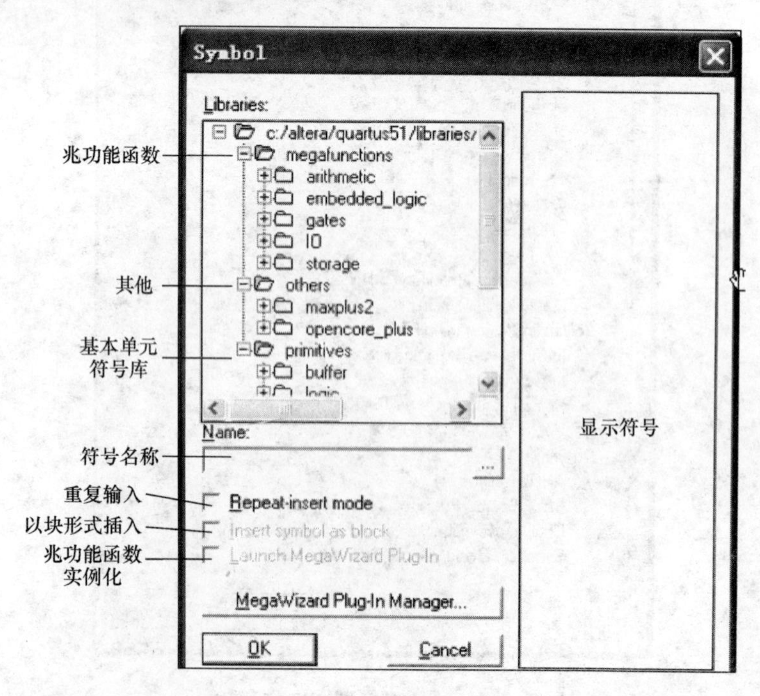

图 6.2.18　调用元件库

插入元件有以下两种方法：

a. 在 Libraries 库中找到该元件，点击【OK】。

b. 在 Name 中直接输入所需要的元件的名称，点击【OK】，如图 6.2.19 所示。

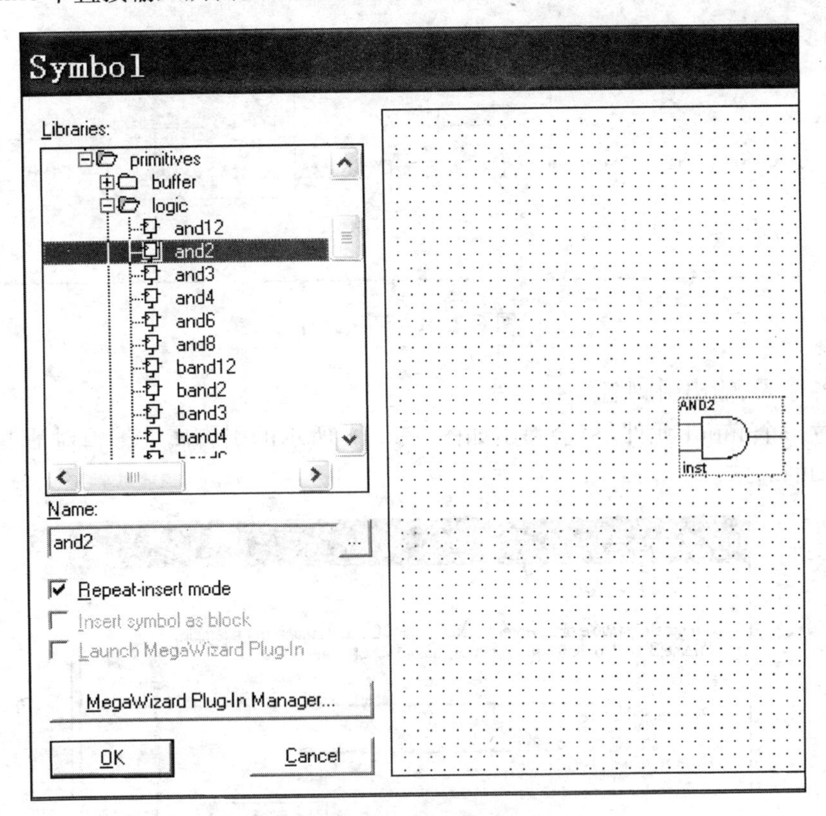

图 6.2.19　放置元件

只要输入所需要的元件的名称，同样的元件可以通过复制并选择重新插入新元件就可得到，如图 6.2.20 所示元件已放置完成。

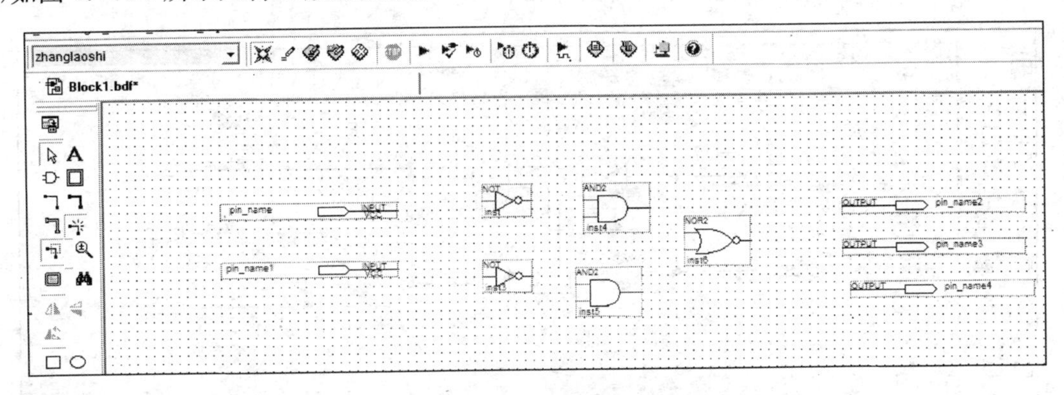

图 6.2.20　完成放置元件

②连接各个元件符号

把鼠标移至一个元件引脚连接处，单击鼠标左键，移至要与之相连的元件的连接处，松开鼠标即可连接这两个元件，如图 6.2.21 所示。

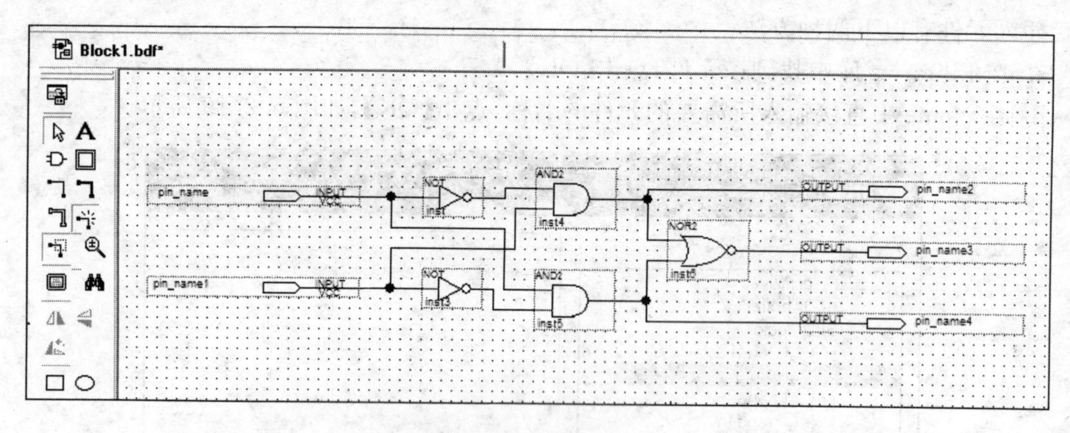

图 6.2.21　连接元件

③设定各输入、输出引脚名

双击任意一个 input 元件，将会弹出如图 6.2.22 所示的引脚属性编辑对话框，在对话框里可以更换引脚的名字。

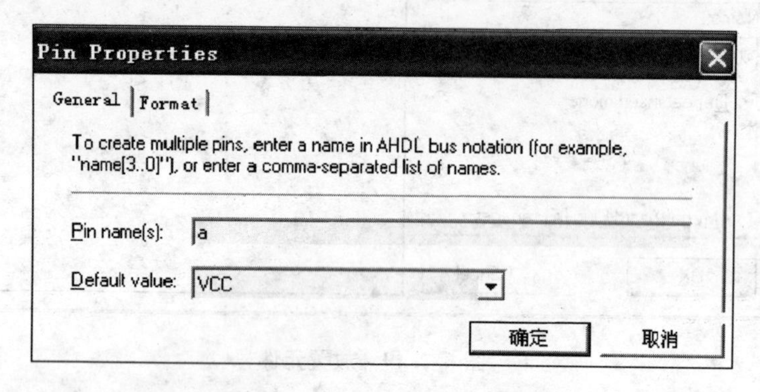

图 6.2.22　设定输入和输出引脚

如图 6.2.23 所示是已经编辑好引脚的电路。

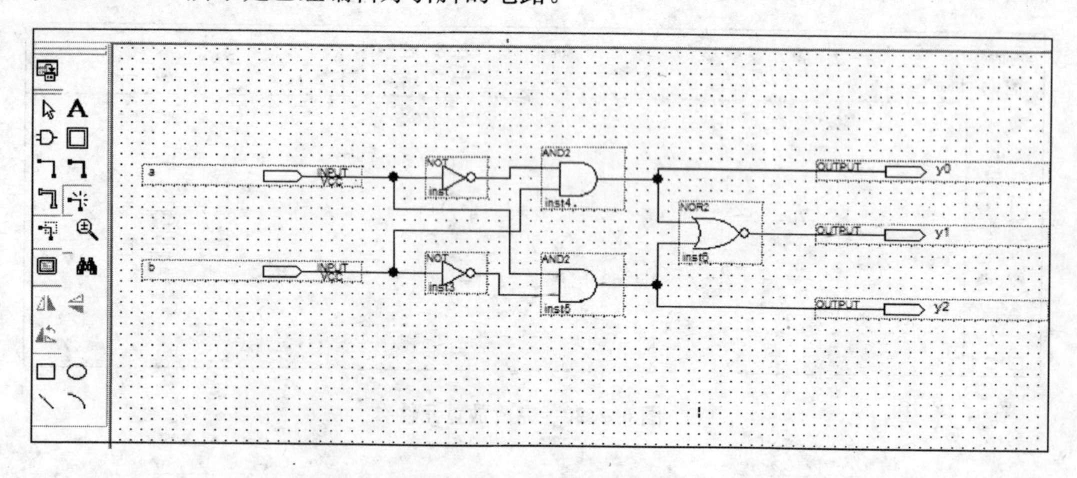

图 6.2.23　完成原理图输入

(4) 编译设计图形文件

编译设计图形文件有以下两种方法：

①执行【Processing】/【Start Compilation】，弹出如图 6.2.24 所示的对话框，进行编译。

②点击绘图工具 或 进行编译。

编译结束后将出现错误和警告提示。

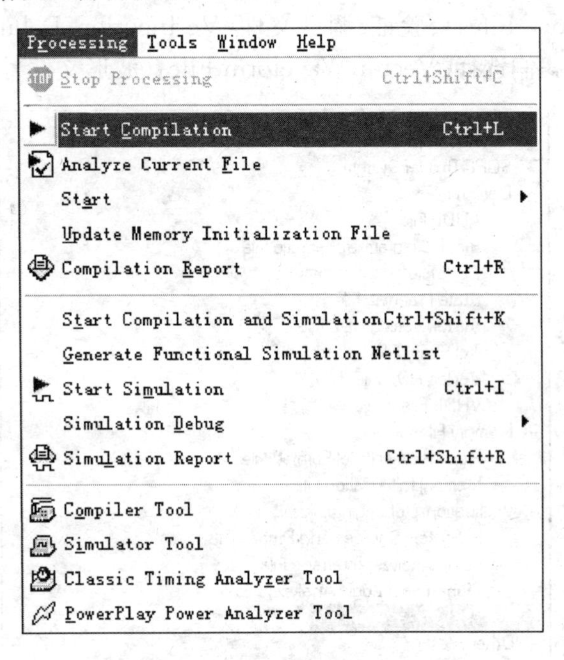

图 6.2.24 【执行编译命令】对话框

单击【Classic Timing Analysis】/【View Report】可以查看输出信号对输入信号的延时时间报告，如图 6.2.25 所示。

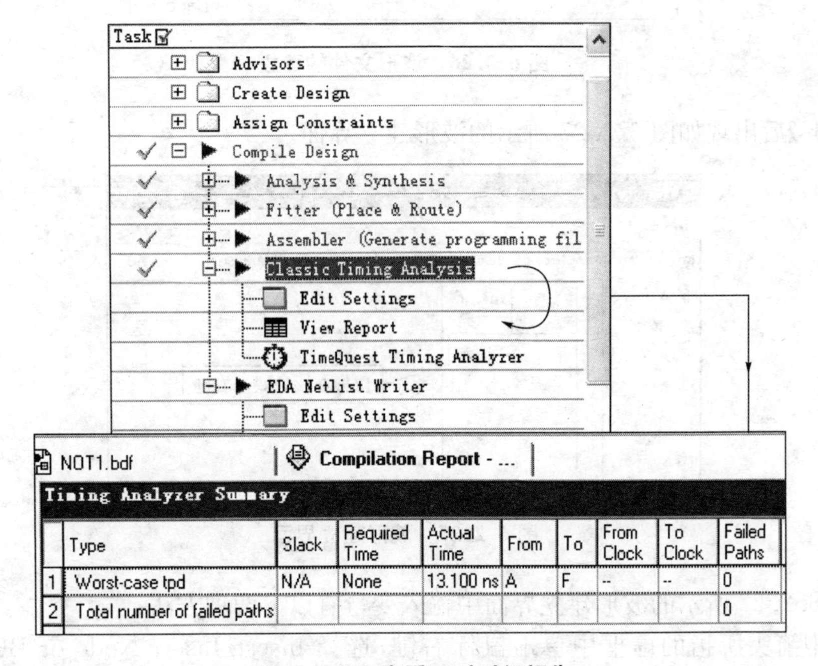

	Type	Slack	Required Time	Actual Time	From	To	From Clock	To Clock	Failed Paths
1	Worst-case tpd	N/A	None	13.100 ns	A	F	--	--	0
2	Total number of failed paths								0

图 6.2.25 查看延时时间报告

(5) 仿真设计

①新建用于仿真的波形文件

执行【File】/【New…】命令，可建立和编辑的文件有 4 类：器件设计文件（Device Design Files）、存储文件（Memory Files）、验证/调试文件（Verifiction/Debugging Files）和其他文件（Other Files）。在这里我们选择【Vector Waveform File】（波形文件），如图 6.2.26 所示。

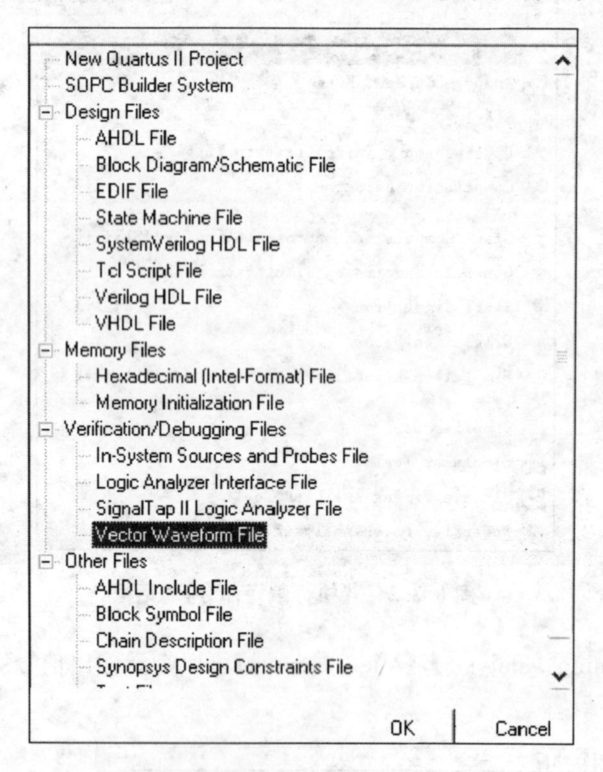

图 6.2.26　波形文件的建立

点击【OK】后出现如图 6.2.27 所示的波形建立界面。

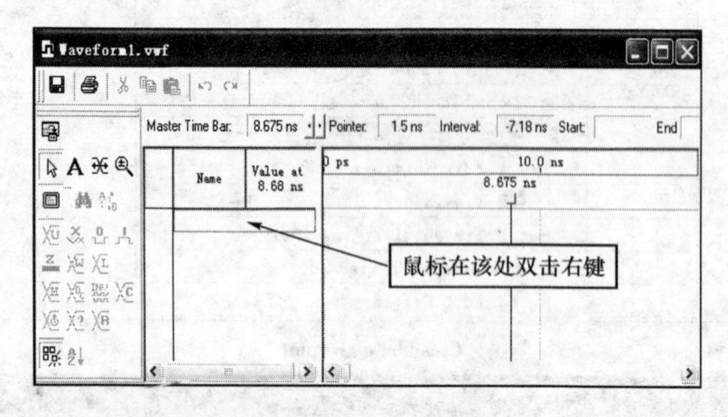

图 6.2.27　波形建立界面

在如图 6.2.27 所示的波形建立界面中输入变量有以下两种方法：

a. 在图中箭头所指的虚框中单击鼠标右键，选择 Insert/Insert Node or BUS，弹出如图 6.2.28A所示的对话框。

b. 在图中箭头所指的虚框中双击鼠标左键，弹出如图 6.2.28 所示的对话框。

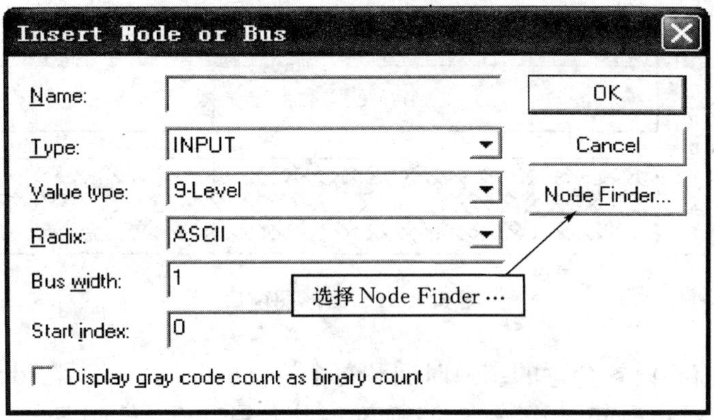

图 6.2.28　【插入节点】对话框

在如图 6.2.28 所示的插入节点界面中点击【Node Finder…】，出现如图 6.2.29 所示的 Node Finder 界面(a)。

在如图 6.2.29 所示的 Node Finder 界面(a)中左键单击【List】，出现如图 6.2.30 所示的 Node Finder 界面(b)。左键单击【 》】可以选择全部 I/O，或者单击【≥】有选择地选择 I/O，选完后单击【OK】。

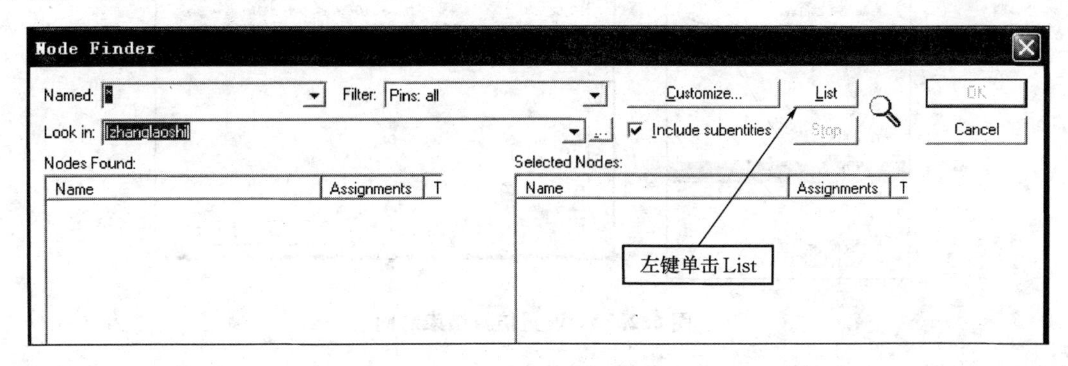

图 6.2.29　Node Finder 界面(a)

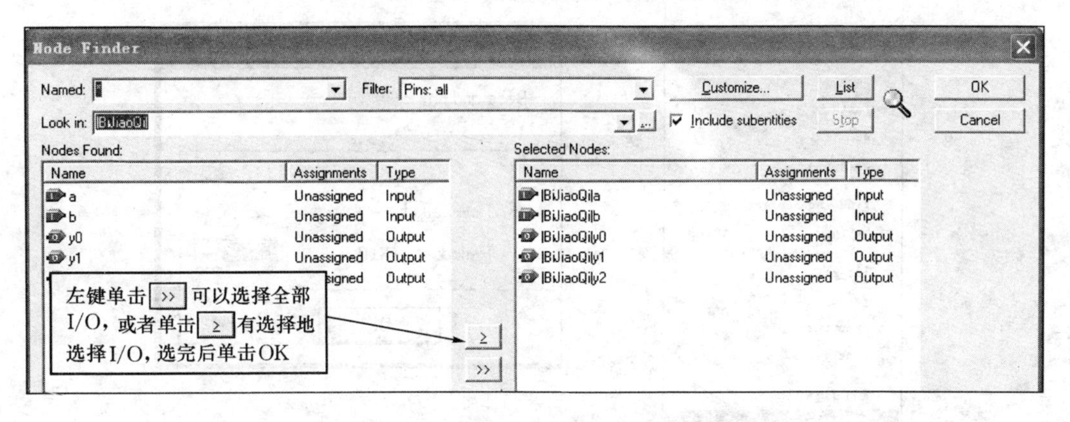

图 6.2.30　Node Finder 界面(b)

②设置仿真时间

图 6.2.31 是选择好 I/O 之后的波形图窗口。

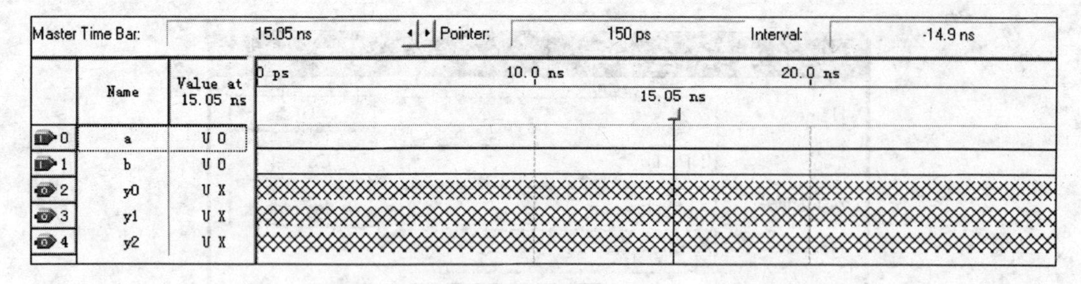

图 6.2.31　波形图窗口

在波形仿真之前要设置合适的结束时间和每个栅格的时间。执行【Edit】/【End Time…】命令，设置合适的仿真结束时间，如图 6.2.32 所示。执行【Edit】/【Grid Size…】命令，设置合适的栅格时间，如图 6.2.33 所示。

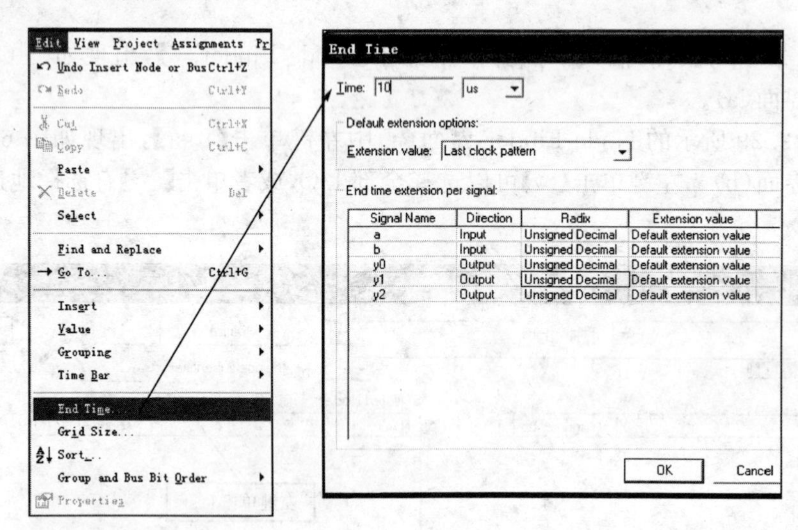

图 6.2.32　设置仿真结束时间

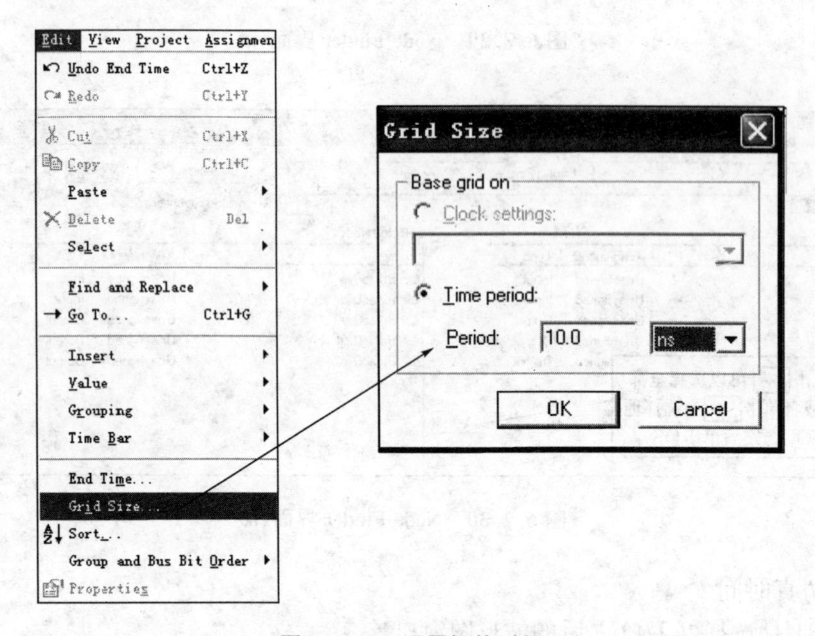

图 6.2.33　设置栅格时间

③设置输入信号波形

如图 6.2.34 所示，先用鼠标左键单击并拖动鼠标选择要设置的区域，单击工具箱中按钮【Forcing High(1)】，则该区域变为高电平。单击工具箱中按钮【Forcing Low(0)】，则该区域变为低电平。还可以在变量处单击鼠标左键选中该变量，然后单击工具箱中按钮【Overwrite Clock】，输入变量为时钟形式的高、低电平。

设置输入信号后保存文件，文件名默认后缀名为.vwf。

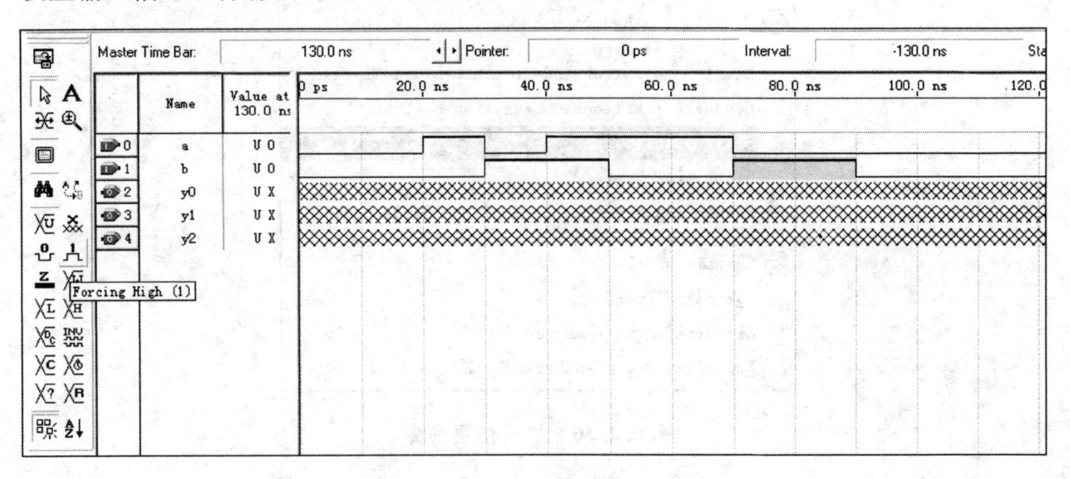

图 6.2.34　设置输入信号波形

④设置功能仿真或时序仿真

执行【Processing】/【Simulation Tool】命令，弹出如图 6.2.35 所示对话框。在【Simulation mode】中选择 Timing 为时序仿真，选择 Functional 为功能仿真。

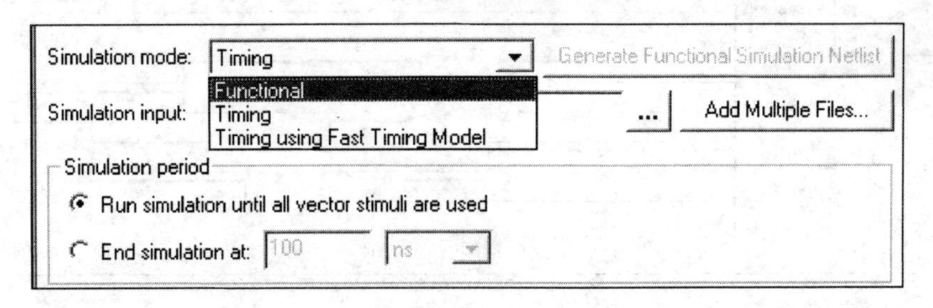

图 6.2.35　设置功能仿真或时序仿真

⑤进行仿真

执行【Processing】/【Start Simulation】命令，进行仿真，如图 6.2.36 所示。

可得到如图 6.2.37 所示的波形仿真结果，即是比较器的功能仿真结果。

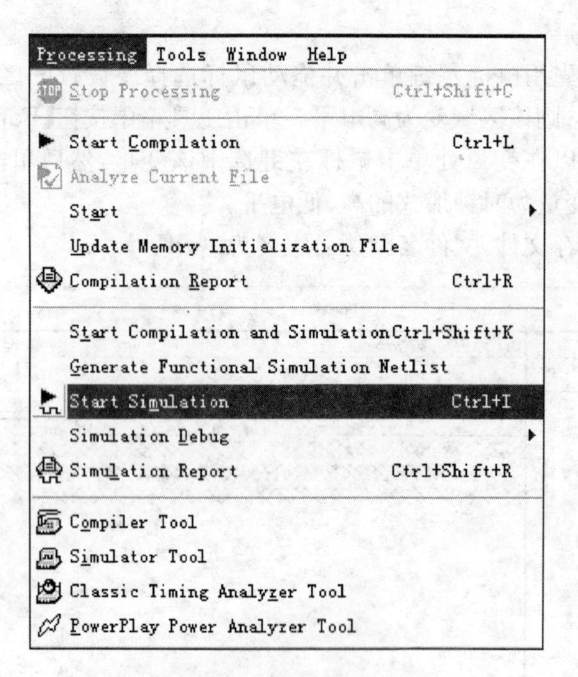

图 6.2.36　执行仿真命令

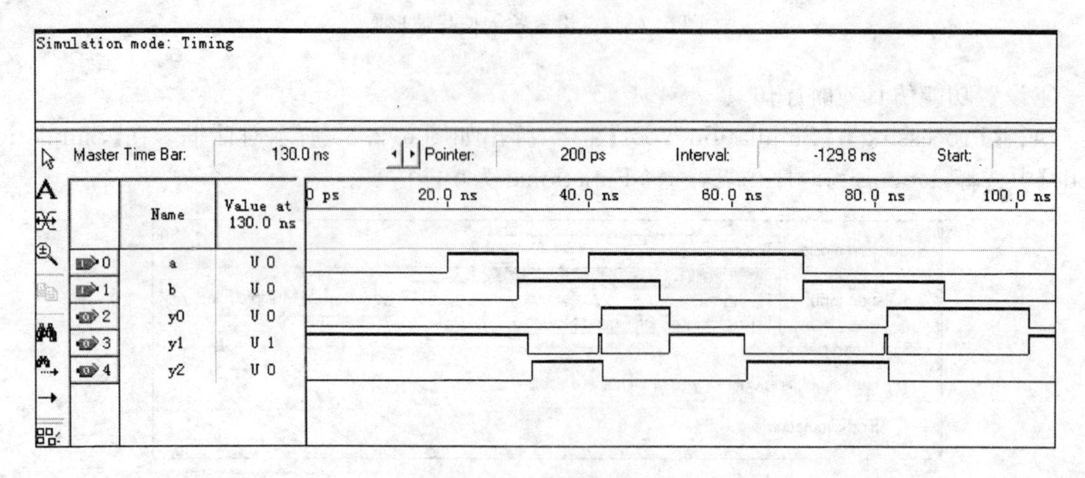

图 6.2.37　仿真结果

(6) 生成元件符号

执行【File】/【Create/Update】/【Create Symbol Files for Current File】命令，将本设计电路封装成一个元件符号，供以后在原理图编辑器下进行层次设计时调用。生成的符号存放在本工程目录下，文件名为 zhanglaoshi，文件后缀名为. bsf，如图 6.2.38 所示。

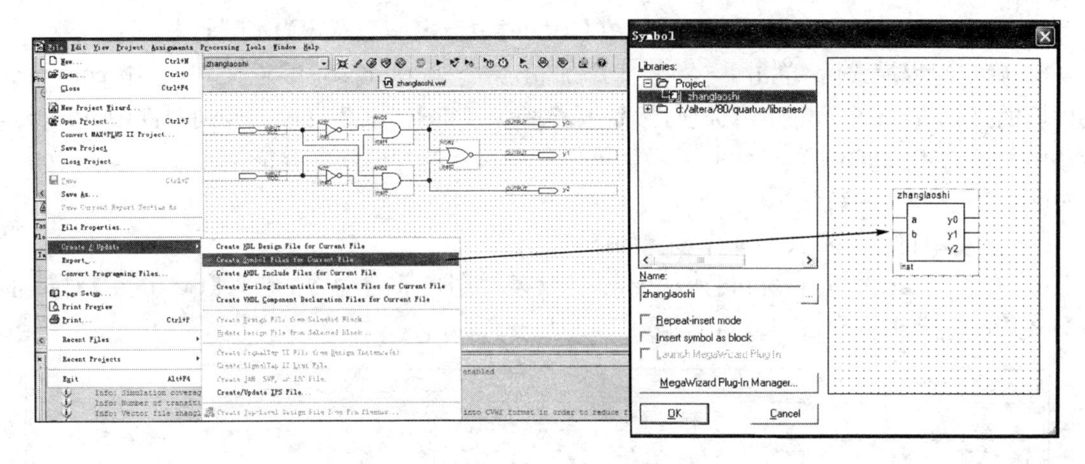

图 6.2.38　生成元件符号

(7) QuartusII 器件编程

编程硬件与编程模式

Altera 编程硬件：
- MasterBlaster 下载电缆
- ByteBlasterMV 下载电缆
- ByteBlasterⅡ 下载电缆
- USB-Blaste 下载电缆
- Altera 编程单元 APU

Programmer 具有以下四种编程模式：被动串行编程模式(PS Mode)、JTAG 编程模式(调试时使用)、主动串行编程模式(AS Mode，烧写到专用配置芯片中)、插座内编(In-Socket)。

①JTAG 编程下载模式

此方式的操作步骤主要分为三步：

选择 QuartusⅡ主窗口的【Tools】/【Programmer】命令或点击 图标，进入器件编程和配置对话框。如果此对话框中的【Hardware Setup】后为“No Hardware”，则需要选择编程的硬件。点击【Hardware Setup】，进入【Hardware Setup】对话框，如图 6.2.39 所示，在此添加硬件设备。

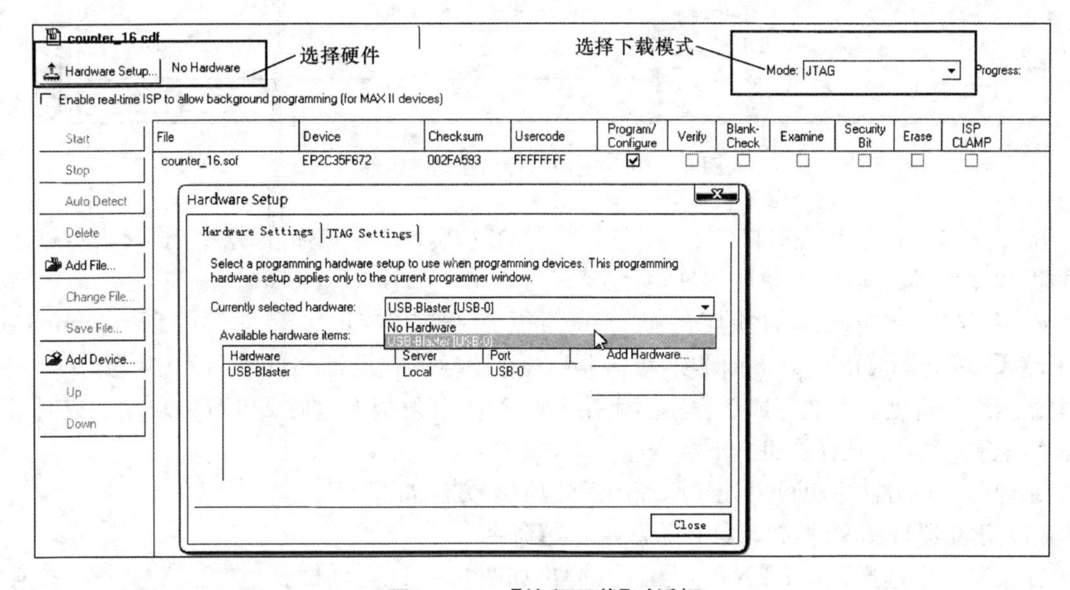

图 6.2.39　【编程下载】对话框

a. 配置编程硬件后，选择下载模式，在【Mode】中指定编程模式为 JTAG 模式；

b. 确定编程模式后，单击 Add File... 添加相应的 counter. sof 编程文件，选中 counter. sof 文件后的【Program/Configure】选项，然后点击 Start 图标下载设计文件到器件中，Process 进度条中显示编程进度，编程下载完成后就可以进行目标芯片的硬件验证了。

②AS 主动串行编程模式

AS 主动串行编程模式的操作步骤如下：

a. 选择 Quartus Ⅱ 主窗口【Assignments】菜单【Device】命令，进入【Settings】对话框的 Device页面进行设置，如图 6. 2. 40 所示。

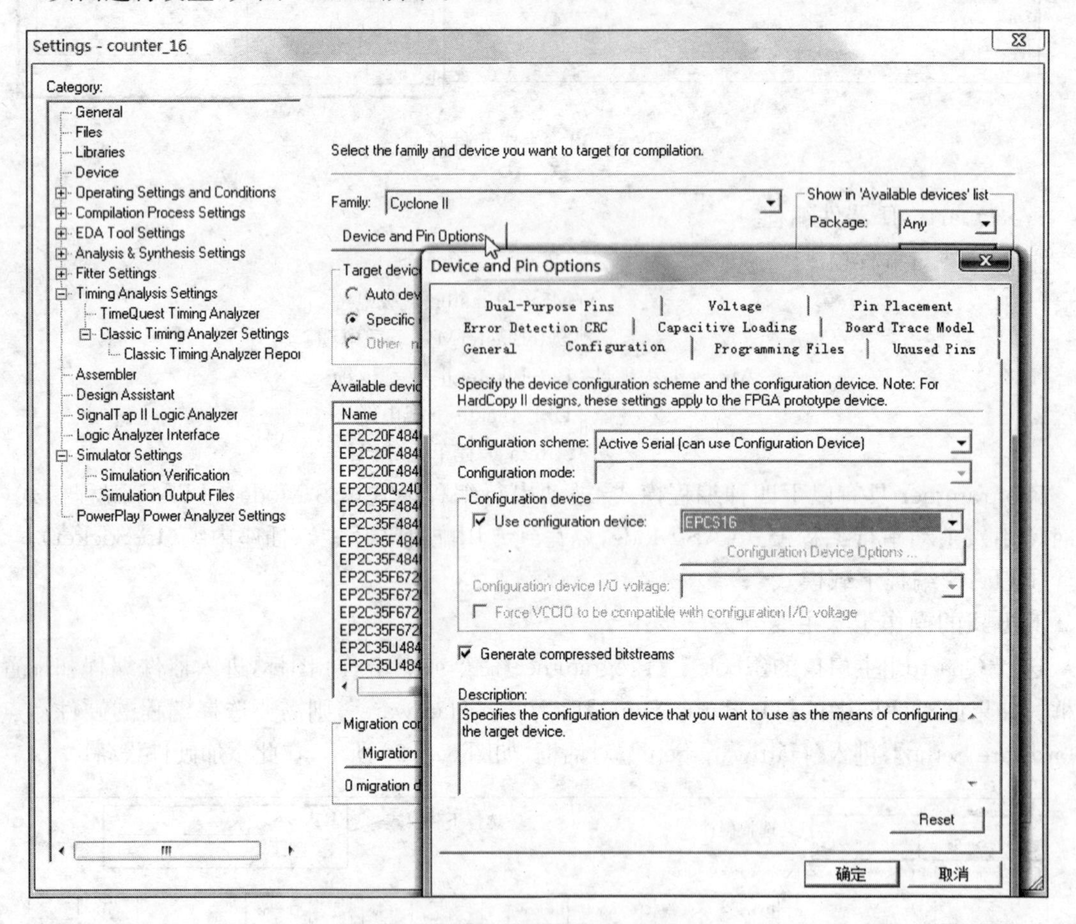

图 6. 2. 40　主动串行编程选择器件

b. 选择 Quartus Ⅱ 主窗口的【Tools】菜单下的【Programmer】命令或点击图标，进入器件编程和配置对话框，添加硬件，选择编程模式为 Active Serial Program。

c. 单击 Add File... 添加相应的 counter. pof 编程文件，选中文件后的【Program/Configure】、【Verify】和【Blank Check】项，单击 Start 图标下载设计文件到器件中，Process 进度条中显示编程进度。下载完成后程序固化在 EPCS 中，开发板上电后 EPCS 将自动完成对目标芯片的配置，无须再从计算机上下载程序。

原理图编辑方法中也可以先建原理图后建项目，方法如下：

(1) 建立原理图文件：执行【File】/【New…】命令

在菜单栏中选择【File】/【New…】命令，弹出如图 6. 2. 41 对话框。

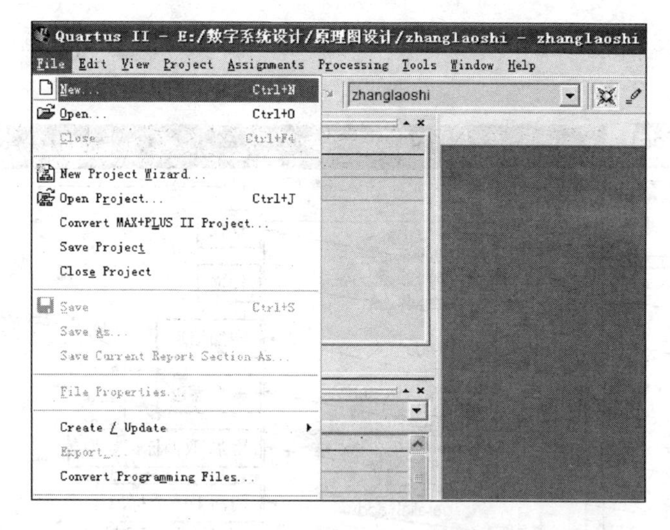

图 6.2.41 执行 File/New…命令

(2) 弹出新建文件对话框如图 6.2.42 所示，然后选择【Block Diagram/Schematic File】。之后就会出现编辑输入原理图的界面，然后按上面的原理图编辑方法将比较器的电路随后以默认的文件名保存原理图文件。

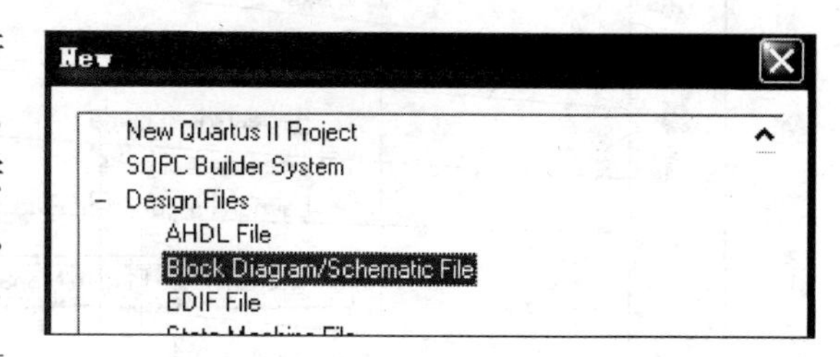

图 6.2.42 【新建文件】对话框

选择菜单命令【File】/【New Project Wizard】将弹出对话框，选择项目存放目录、填写项目名称，注意项目顶层设计实体名称必须和项目名称保持一致。

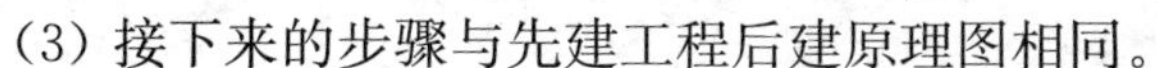
(3) 接下来的步骤与先建工程后建原理图相同。

2) 文本编辑方法

文本编辑方法适用于用 HDL 语言描述的电路设计，包括 AHDL、VHDL、Verilog HDL 等。用硬件描述语言设计电路的主要步骤与原理图法设计电路的步骤基本相同，只是两者的输入形式有所不同。

启动 QuartusII。

(1) 新建一个工程

利用 QuartusII 提供的新建工程指南建立一个工程项目，与原理图法新建工程相同。

(2) 新建文本文件

①建立文件：执行【File】/【New…】命令

在菜单栏中选择【File】/【New…】命令，弹出新建文件对话框如图 6.2.43 所示。

②建立文本文件

在弹出的新建文本文件对话框中选择【Verilog HDL File】或【VHDL File】或【AHDL File】，

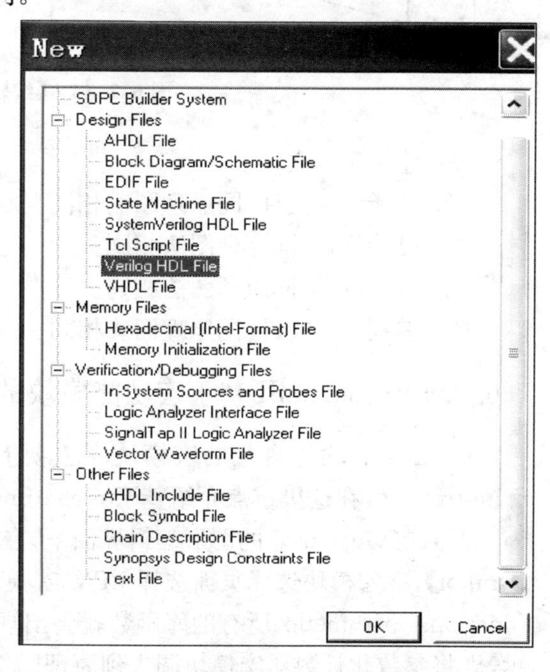

图 6.2.43 【新建文本文件】对话框

之后就会出现编辑输入文本文件的界面如图 6.2.44 所示，从图中可以看出常用的工具及其快捷键。

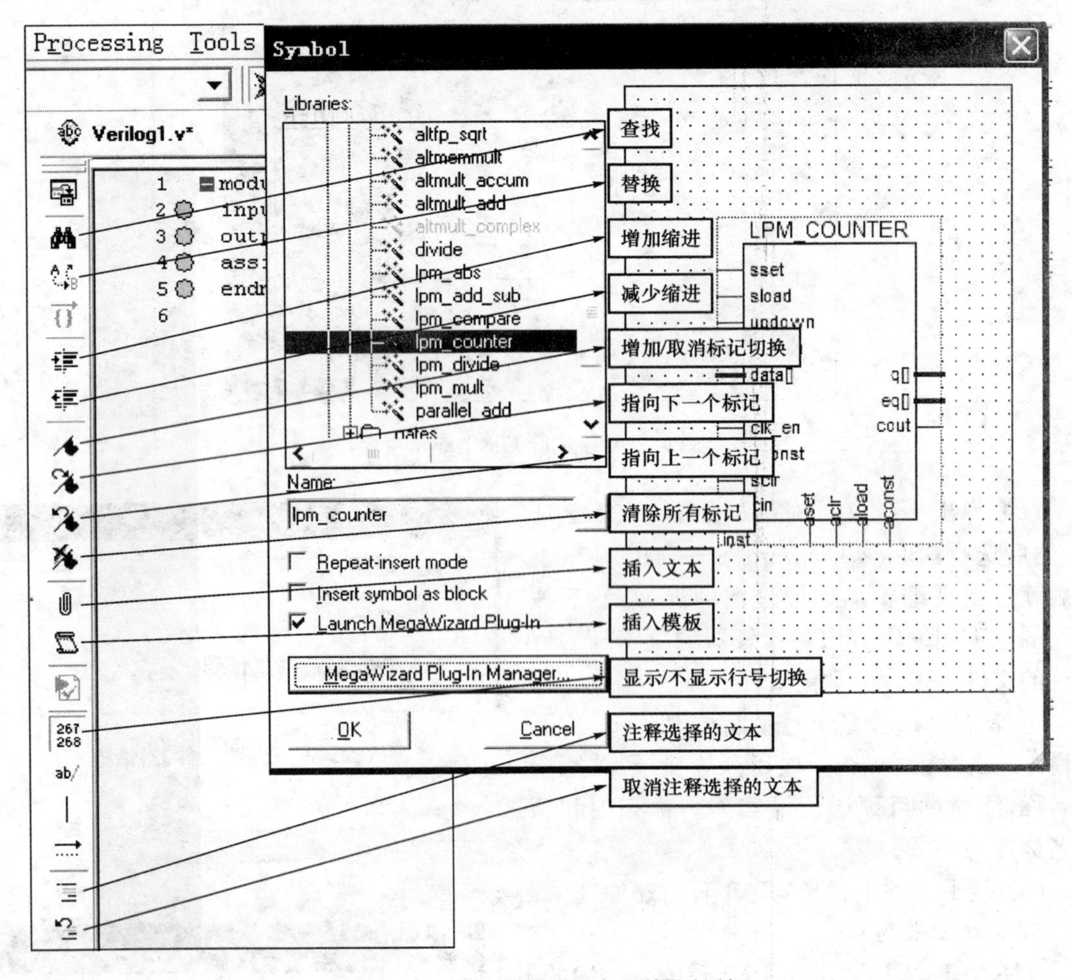

图 6.2.44 【编辑输入文本文件】对话框

(3) 输入文本文件

(4) 编译设计文件：同原理图法相同。

(5) 设计仿真：同原理图法相同。

(6) 生成符号：同原理图法相同。

(7) 编程下载文件：同原理图法相同。

6.2.4 QuartusII 基于宏功能模块的设计

QuartusⅡ软件自带的宏模块库主要有三个，分别是：megafunctions 库、Maxplus2 库和 primitives 库，在这里重点介绍基于 megafunctions 库的宏功能模块设计。

(1) 在 QuartusⅡ的图形编辑界面下，在空白处双击鼠标左键，或者单击右键，选择【Insert/Symbol】，在宏模块选择页面选择 LPM 宏模块库所在目录\altera\80\quartus\libraries\megafunctions\arithmetic，所有的库函数就会出现在窗口中，这里选择 lpm_counter，如图 6.2.45 所示，即将参数化计数器宏模块调入到原理图编辑窗口中。

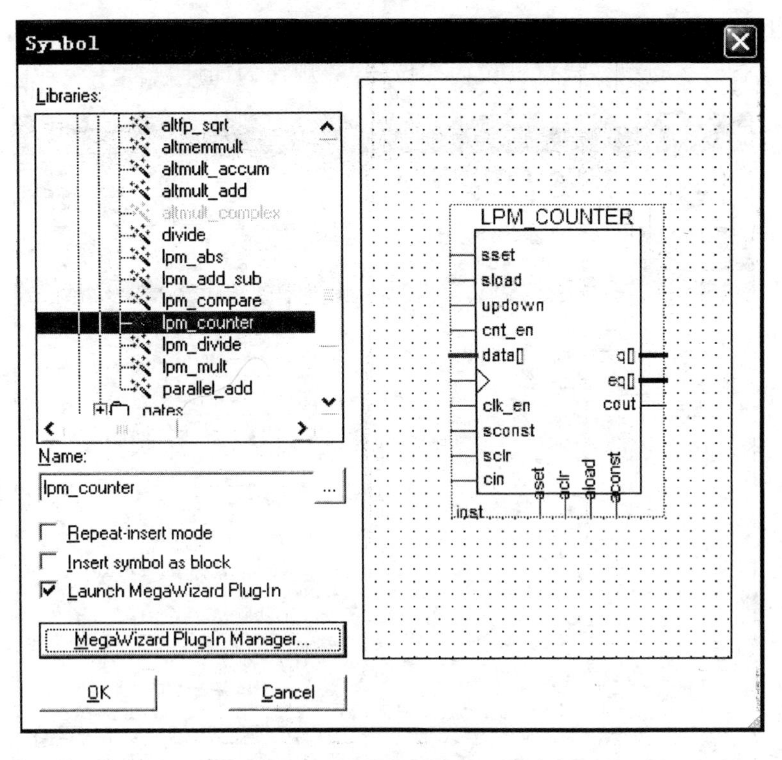

图 6.2.45　将参数化宏模块调入原理图编辑窗口

(2) 单击【OK】,进入计数器模块参数设置页面,如图 6.2.46 所示,这里我们将输出文件的类型设为 Verilog HDL,将文件名设为“CONVERT10”。

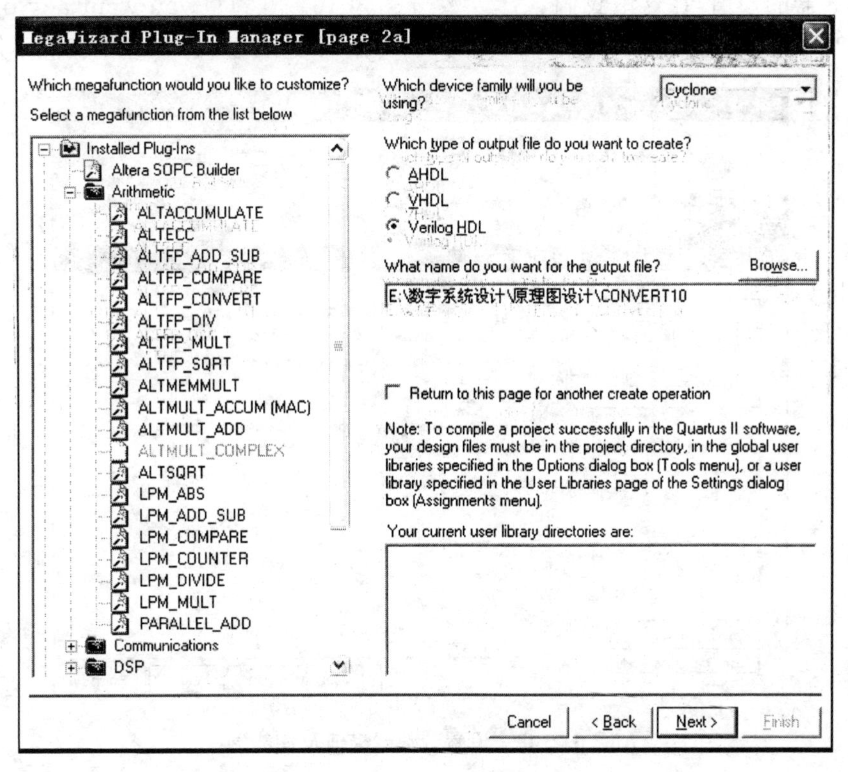

图 6.2.46　模块参数设置页面

(3) 单击【Next】,出现对计数器的输出宽度和计数规律进行设置的页面,如图 6.2.47 所示。这里将选择输出端的数据线宽度设为 4 位,计数规律为加计数。

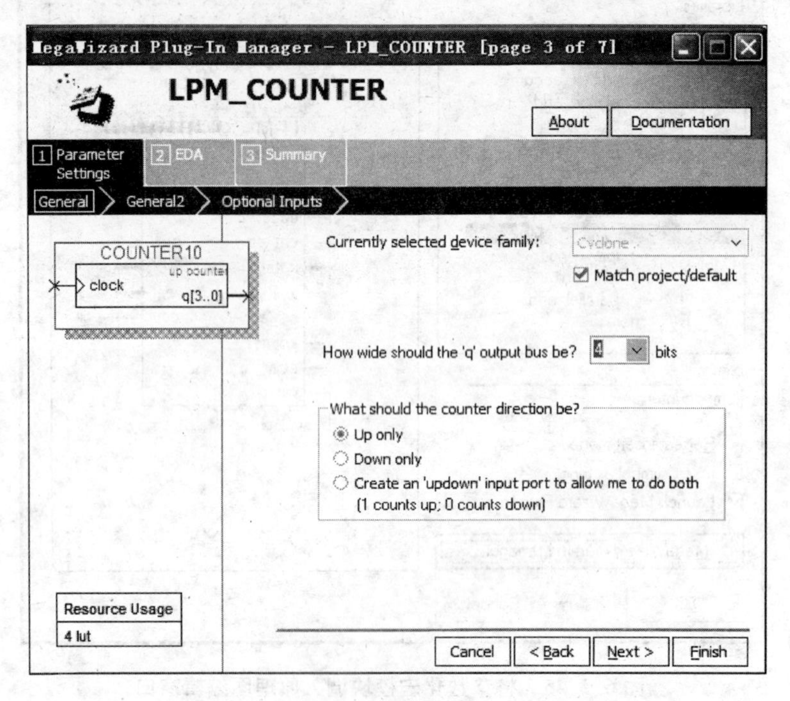

图 6.2.47　设置计数器输出宽度及计数规律

(4) 单击【Next】,出现如图 6.2.48 所示的页面,选择"modulus, with a count modulus of "可以设置计数器的模值,在这里我们选择计数范围为 10。在"Do you want any optional additional ports?"中可以选择时钟使能、计数使能、进位输入、进位输出,在这里我们不进行选择。

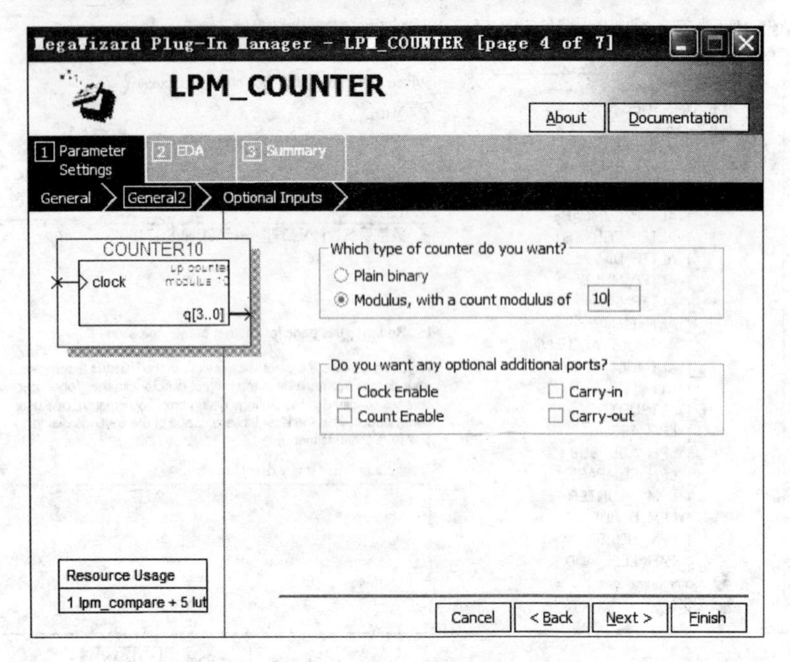

图 6.2.48　设置计数器模值及使能端

（5）单击【Next】，出现如图 6.2.49 所示的页面，在“Synchronous inputs（同步设置）”下选择 Clear（清零）和 Load（置数）。在“Asynchronous inputs（异步设置）”下也可以选择 Clear（清零）和 Load（置数）。在这里只对同步进行设置。

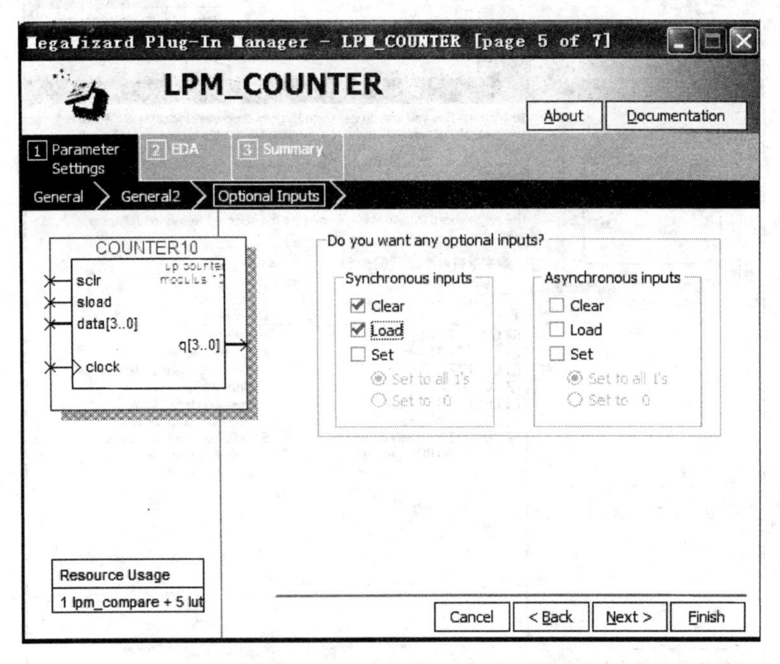

图 6.2.49　设置计数器同步及异步功能

（6）单击【Next】，建立计算器仿真模型，如图 6.2.50 所示。

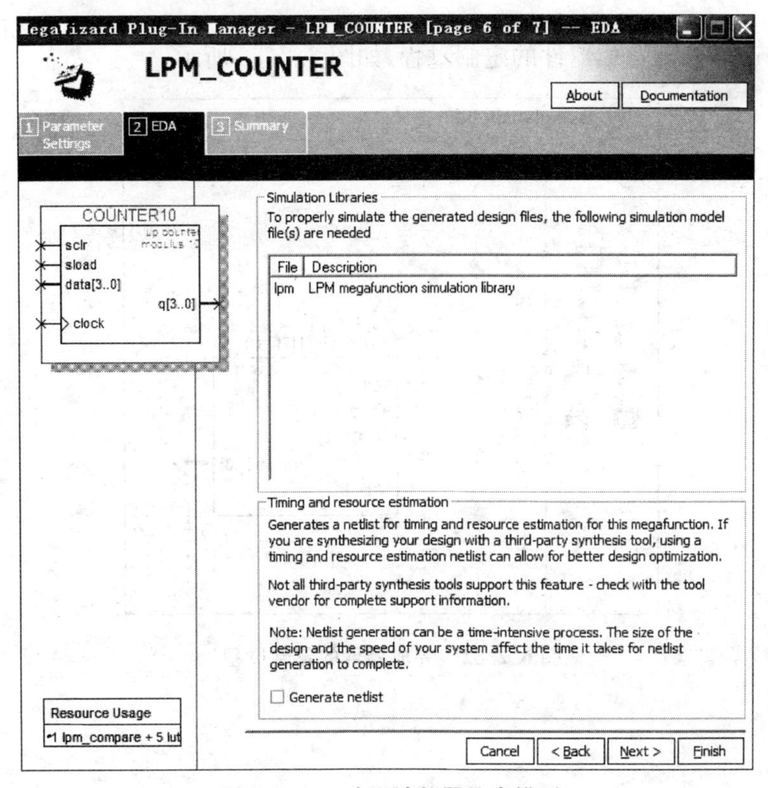

图 6.2.50　建立计数器仿真模型

(7) 单击【Next】,出现计数器模型描述窗口,如图 6.2.51 所示。

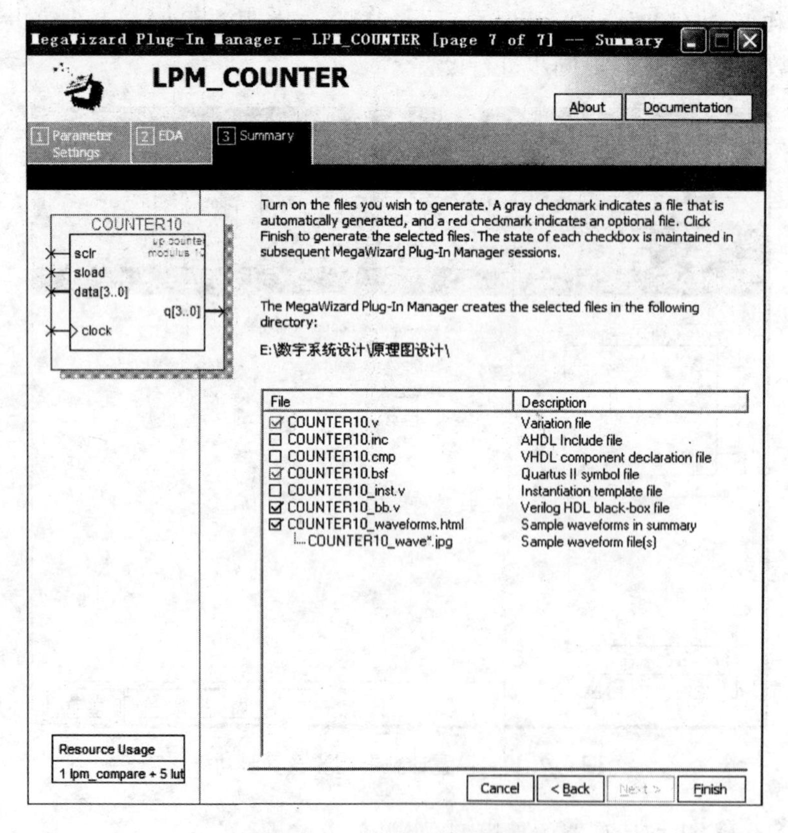

图 6.2.51　计数器模型描述

(8) 单击【Finish】,即完成器件的定制过程,如图 6.2.52 所示。

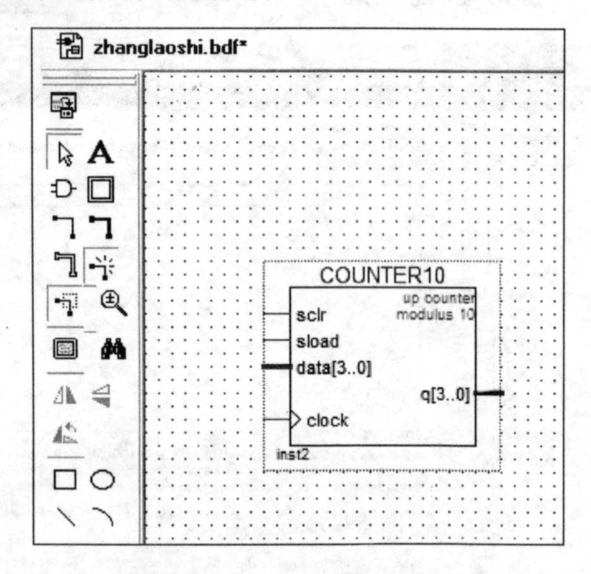

图 6.2.52　完成器件的定制过程

(9) 对上面的计数器电路进行功能仿真，得到仿真波形。

对定制的计数器加上输入端子、输出端子，编译后新建一个仿真波形进行仿真，结果如图 6.2.53 所示。

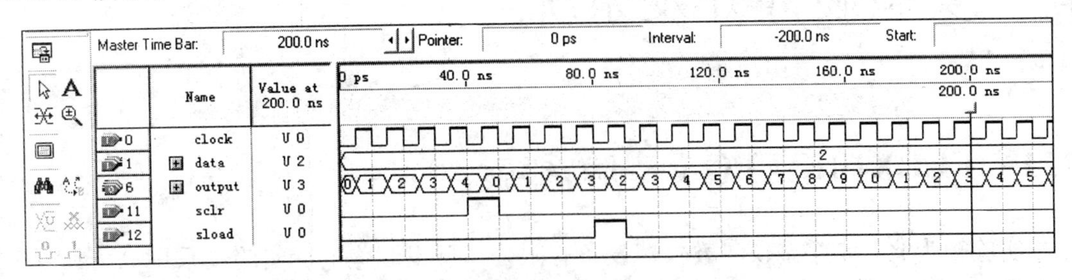

图 6.2.53 定制的计数器仿真波形图

7 实验硬件开发系统

7.1 FLEX10K FPGA 实验系统

本实验箱为北京掌宇金仪科教仪器设备有限公司开发制作的。实验箱采用 Altera 公司的 FPGA 可编程逻辑器件 FLEX EPF10K10LC84－4 为目标器件，该器件基于 SRAM 工艺，支持 JTAG 编程方式，可编程 1 万次以上；下载板的编程通过计算机并行口下载电缆完成。开发工具软件采用 Altera 公司的 EDA 工具 Max＋plusII 的基本版或商业版。利用本实验箱可以完成大量的实验，且不需增加任何其他芯片。

7.1.1 实验箱外观

FPGA 数字逻辑实验箱外观如图 7.1.1 所示，主要包括 FPGA 10K 下载板、I/O 实验板，另外，下载时需用 RS-232 连接线，下载及工作时需用电源线。

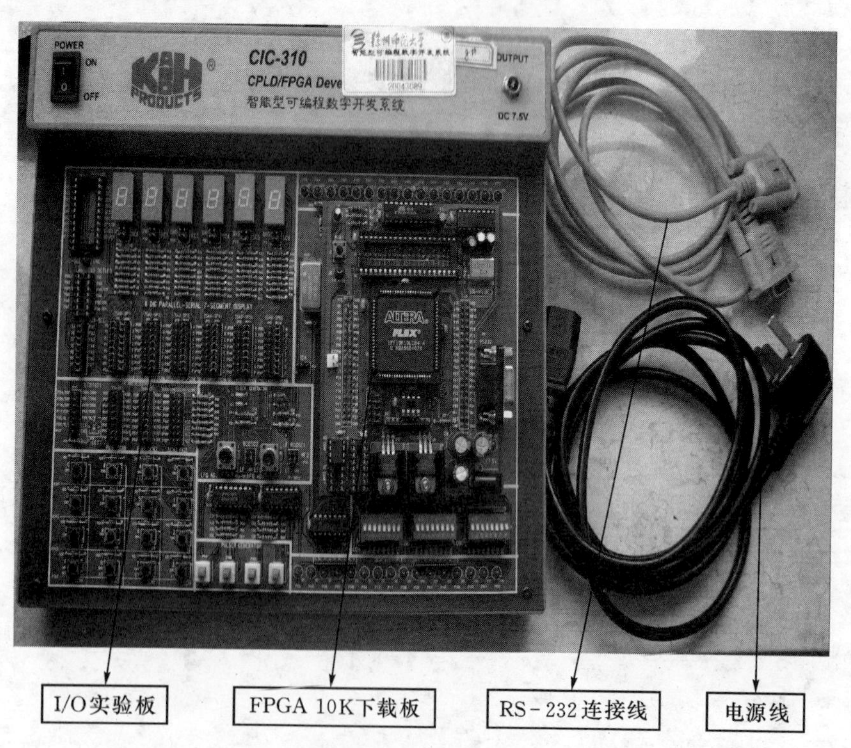

图 7.1.1 实验箱外观

7.1.2 部件及使用说明

1) FPGA 10K 下载板

FPGA 10K 下载板外观及说明如图 7.1.2 所示。

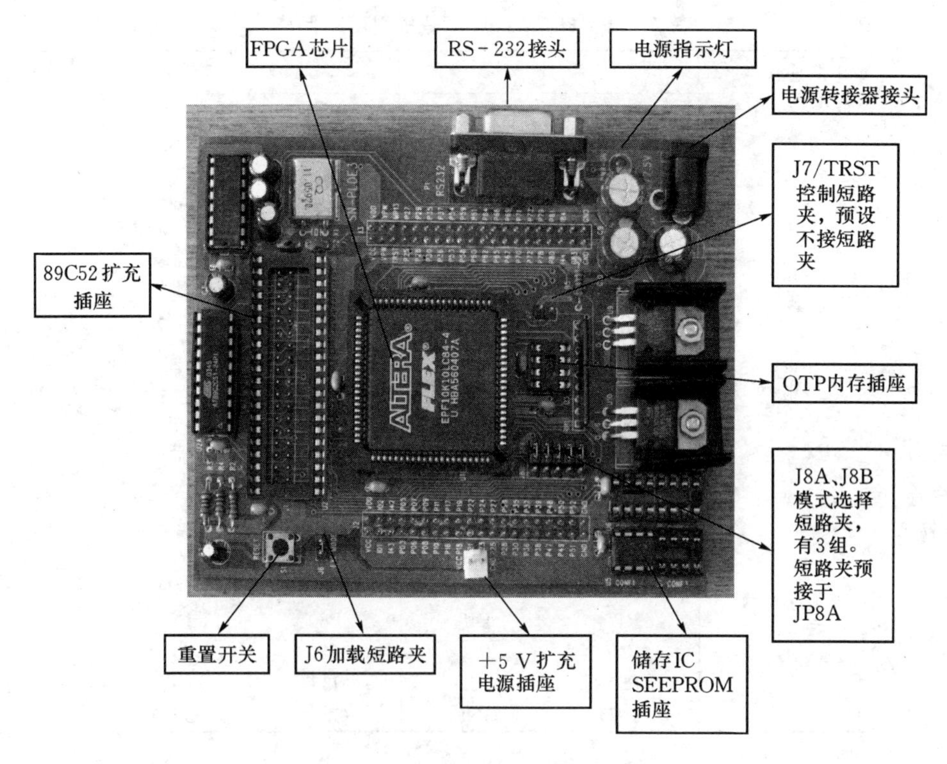

图 7.1.2 FPGA 10K 下载板外观

①Altera 公司的 FPGA 芯片，型号为 FLEX EPF10K10LC84-4。

②RS-232 接头：通过 RS-232 连接线，接收由 PC 传送来的资料。

③电源指示灯：用来指示有无电源。

④电源转接器接头：接收电源转接器输入的 7.5 V 直流电压。

⑤OTP 内存插座：提供使用一次编程内存时的场合，使用 OTP 内存时，JP8 的第三组短路夹要接上。

⑥J8A、J8B 模式选择短路夹：由于本系统采用的是串行被动式的资料下载方式，并且只有在 U5 插上一个 8K×8 的 SEEPROM(Serial EEPROM，适用于 FPGA 的配置可编程只读存储器)，在出厂时已先将短路夹插好。

⑦外配存储器 IC 插座：共有 U5、U6、U7、U8 四个 SEEPROM 插座，所以本系统最多可扩充到 32K×8 的存储空间。注意：FPGA 下载板上的 SEEPROM 不可拔掉，否则无法执行下载。

⑧+5 V 扩充电源插座：提供+5 V 外部电源的输入处。

⑨J6 加载短路夹：当加载 FPGA 的资料时，短路夹要接上，若要切换加载下一个资料时，只要拔插一次 J6 即可。

⑩重置开关：用来做系统的重置工作。

⑪89C52 扩充插座：此为单片芯片 89C52 的扩充插座。

FLEX 10K 下载板的引脚对照表如表 7.1.1 所示。

表 7.1.1　FLEX 10K 下载板引脚对照表

脚座代号	J2		J3	
引脚名称	VCC	VDD	VCC	VDD
	I01	I02	VPW	VPW
	I43	I42	TRST	MP13
	P03	P05	P25	P27
	P06	P07	P28	P29
	P08	P09	P30	P35
	P10	P11	P36	P37
	P16	P17	P53	P54
	P18	P19	P58	P59
	P21	P22	P60	P61
	P23	P24	P62	P64
	P25	P27	P65	P66
	P28	P29	P67	P69
	P30	P35	P70	P71
	P36	P37	P72	P73
	P38	P39	P78	P79
	P47	P48	P80	P81
	P49	P50	I44	I84
	P51	P52	I83	
	GND	GND	GND	GND

2）I/O 实验板

I/O 实验板外观如图 7.1.3 所示。

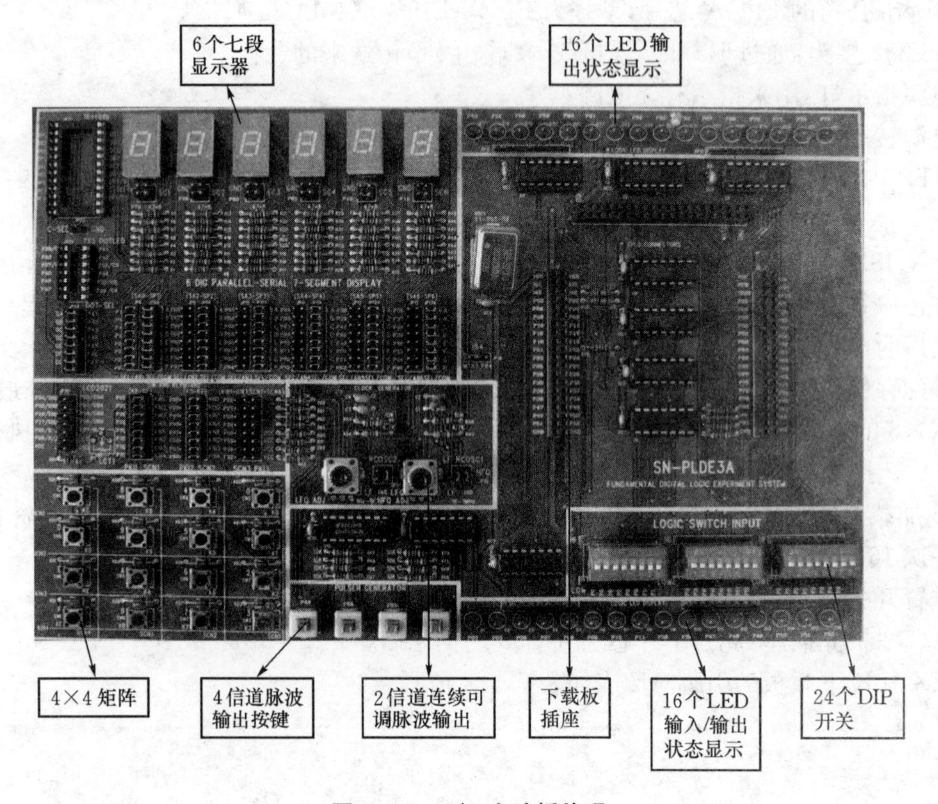

图 7.1.3　I/O 实验板外观

I/O 实验板可用于做基础实验，板上有简单的输入、输出组件，包括指拨逻辑输入开关DIP、LED、七段显示器、按键、振荡器、脉冲讯号等。

I/O 实验板各功能说明如下：

(1) 逻辑输入开关 (Logic Input Switch)

从图 7.1.3 中可看出，使用 3 个 8×1 位 DIP 输入开关，分别接到 FPGA 的接脚，其对应关系如表 7.1.2 所示。

表 7.1.2 FPGA 接脚与逻辑输入开关的对应关系

代　号	S1-1	S1-2	S1-3	S1-4	S1-5	S1-6	S1-7	S1-8
组件名称	DIP SWITCH1(S1)							
FPGA 脚位	P03	P05	P06	P07	P08	P09	P10	P11
代　号	S2-1	S2-2	S2-3	S2-4	S2-5	S2-6	S2-7	S2-8
组件名称	DIP SWITCH2(S2)							
FPGA 脚位	P38	P39	P47	P48	P49	P50	P51	P52
代　号	S3-1	S3-2	S3-3	S3-4	S3-5	S3-6	S3-7	S3-8
组件名称	DIP SWITCH3(S3)							
FPGA 脚位	P25	P27	P28	P29	P30	P35	P36	P37

DIP 开关向下时(OFF)经 10 kΩ 电阻排接地，为 LOW＝0，输入低电平；当开关往上时(ON)，则并接 2.2 kΩ 排阻到 VCC 电源，而令此输入接脚处于 HI＝1，输入高电平，这些开关可作为各种逻辑电平输入设定、控制实验及测试用。

(2) 逻辑电平监测 LED 显示器(Logic Led Display)

从图 7.1.3 中可看出，使用上下各两组 8×2 的 LED 输出显示，分别接到 FPGA 的接脚，其对应关系如表 7.1.3 所示。

表 7.1.3 FPGA 接脚与 LED 显示器的对应关系

代　号	D1	D2	D3	D4	D5	D6	D7	D8
组件名称	LED1(与 S1 相同)							
FPGA 脚位	P03	P05	P06	P07	P08	P09	P10	P11
代　号	D9	D10	D11	D12	D13	D14	D15	D16
组件名称	LED2(与 S2 相同)							
FPGA 脚位	P38	P39	P47	P48	P49	P50	P51	P52
代　号	D17	D18	D19	D20	D21	D22	D23	D24
组件名称	LED3							
FPGA 脚位	P53	P54	P58	P59	P60	P61	P62	P64
代　号	D25	D26	D27	D28	D29	D30	D31	D32
组件名称	LED4							
FPGA 脚位	P65	P66	P67	P69	P70	P71	P72	P73

处于面板最右下端的 16 个 LED(D1～D16)用来显示输入或输出的逻辑电平，而面板最右上端的 16 个 LED(D17～D32)完全用于输出逻辑状态的监测显示。

这 32 个 LED 输出逻辑电平监测输出是通过 CD40106 的缓冲输出驱动 LED 实现，因为是

CMOS 芯片，所以几乎不会有负载效应。

(3) 并列或串行的六位七段 LED 显示(Parallel Serial 7-Segment Display)

从图 7.1.3 中可看出，使用 6 个共阴极的七段 LED 显示器(DP1～DP6)，分别接到 FPGA 的接脚，其对应关系如表 7.1.4 所示。

表 7.1.4　FPGA 接脚与七段 LED 显示器的对应关系

代　号	DA1	DB1	DC1	DD1	DE1	DF1	DG1	DP1	SC1
组件名称	DP1 七段显示器								
FPGA 脚位	P16	P17	P18	P19	P21	P22	P23	P24	P78
代　号	DA2	DB2	DC2	DD2	DE2	DF2	DG2	DP2	SC2
组件名称	DP2 七段显示器								
FPGA 脚位	P25	P27	P28	P29	P30	P35	P36	P37	P79
代　号	DA3	DB3	DC3	DD3	DE3	DF3	DG3	DP3	SC3
组件名称	DP3 七段显示器								
FPGA 脚位	P53	P54	P58	P59	P60	P61	P62	P64	P80
代　号	DA4	DB4	DC4	DD4	DE4	DF4	DG4	DP4	SC4
组件名称	DP4 七段显示器								
FPGA 脚位	P65	P66	P67	P69	P70	P71	P72	P73	P81
代　号	DA5	DB5	DC5	DD5	DE5	DF5	DG5	DP5	SC5
组件名称	DP5 七段显示器								
FPGA 脚位	P38	P39	P47	P48	P49	P50	P51	P52	P10
代　号	DA6	DB6	DC6	DD6	DE6	DF6	DG6	DP6	SC6
组件名称	DP6 七段显示器								
FPGA 脚位	P25	P27	P28	P29	P30	P35	P36	P37	P11

各个七段 LED 显示器的共阴极接脚(SC1～SC6)，可以利用短路夹予以选择连接到 FPGA 接脚(P78～P81、P10、P11)作串行扫描控制，或直接接 GND 地端作并列独立显示。

DP3 及 DP4 七段 LED 显示器的输入端是与逻辑电平监测 LED 显示器 D17～D32 并联的；而 DP5 与 D9～D16、DIP SWITCH2 并联，DP2、DP6 与 DIP SWITCH3 并联。每个七段 LED 显示器接脚都各串联一只 100 Ω 的电阻用于限流保护。至于各七段 LED 显示器是以串行扫描显示，还是以并列独立显示，则由六组 8 连排短路夹(JP8-JP8A～JP13-JP13A)来选择。

①并列独立显示接线图

如图 7.1.4 所示为七段 LED 显示器并列独立显示的接线图，SC1～SC6 都用短路夹接地，令其对应阳极电位点亮显示，而 JP8～JP13 也都以 8 连排短路夹接至FPGA各对应接脚。

并列独立显示时两组 P25～P37(DP2、DP6)只能用一组。

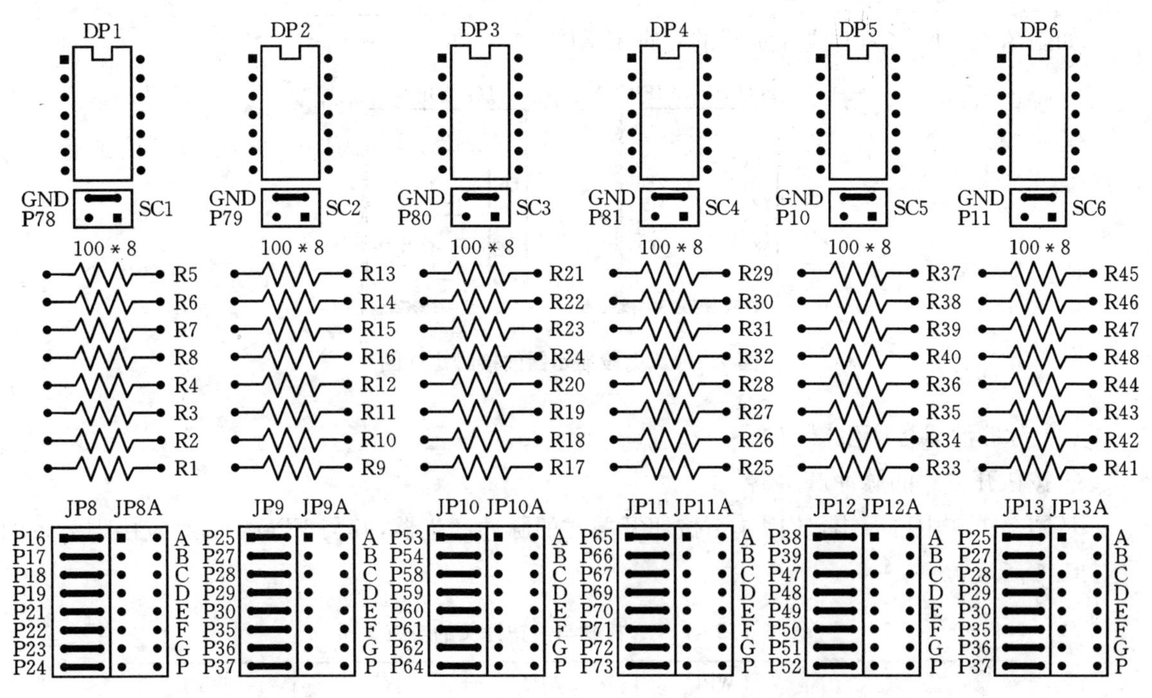

图 7.1.4　6 位七段 LED 显示器并列独立显示接线图

②串行扫描显示接线图

如图 7.1.5 所示为七段 LED 显示器串行扫描显示的接线图。图中将 SC1～SC6 都用短路夹接至 FPGA 的 P78～P81、P10、P11，形成共阴极，由 P78～P81、P10、P11 以高电平加以控制扫描，经内部反相器变换为低电平，而各七段 LED 显示器的阳极端则通过 8 连排短路夹全部予以并联到 A、B、C、D、E、F、G、P 端，再由另一组 8 连排短路夹并接到 P16～P24 或 P25～P37 或 P53～P64 或 P65～P73 或P38～P52 端共同扫描驱动。

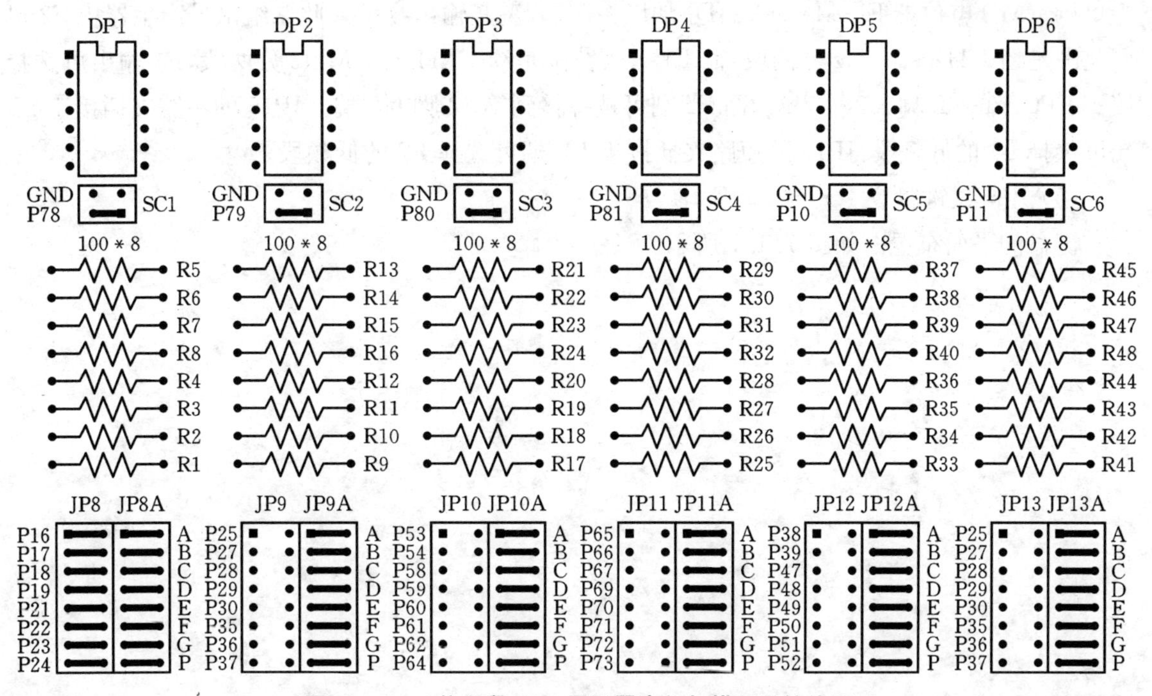

图 7.1.5　6 位七段 LED 显示器串行扫描显示接线图

如图 7.1.6 所示为七段显示器的接脚定义图。

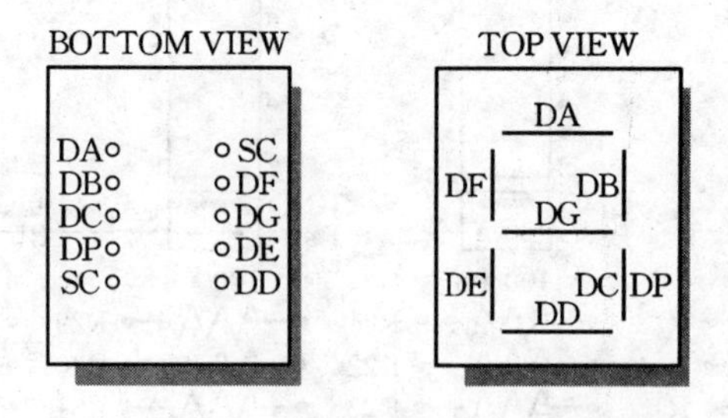

图 7.1.6　七段显示器的接脚定义图

(4) 脉冲波讯号产生器

①按钮开关式的脉冲产生器

从图 7.1.3 中可看出,使用 4 个按钮开关式的脉冲产生器,其与 FPGA 的对应接脚关系如表 7.1.5 所示。

表 7.1.5　FPGA 接脚与按钮开关的对应关系

代　号	SWP1	SWP2	SWP3	SWP4
组件名称	按钮式开关			
FPGA 脚位	P44	P84	P83	

SWP1～SWP4 为按钮式开关,没有压下时为 LOW 态,压下时则转为 HIGH 态,这些开关都经噪声消除,适合作计数器、缓存器的脉冲 CLOCK 输入。

②连续脉波讯号产生器

连续脉波讯号产生器由 CD40106 作 RC 振荡,分二段通过改变电容值而分成高低频段,由半可调 1 MΩ 电位器 F1-ADJ、F2-ADJ 加以控制,调整其输出频率。此二组讯号产生器中 F2 可调范围是约 1 Hz～1 kHz 分两段,而 F1 可调范围是约 1 kHz～1 MHz 分两段,F1 输出可选择接到 FPGA 的 02 脚 I02 输入端,而 F2 则可选择接到第 42 脚 I42 端。JP15 的短路夹插接于 LF 端可选择 F1 的低频段,JP17 的短路夹插接于 LF 端可选择 F2 的低频段。

(5) 矩阵式键盘

键盘的平面布置图如图 7.1.7 所示。

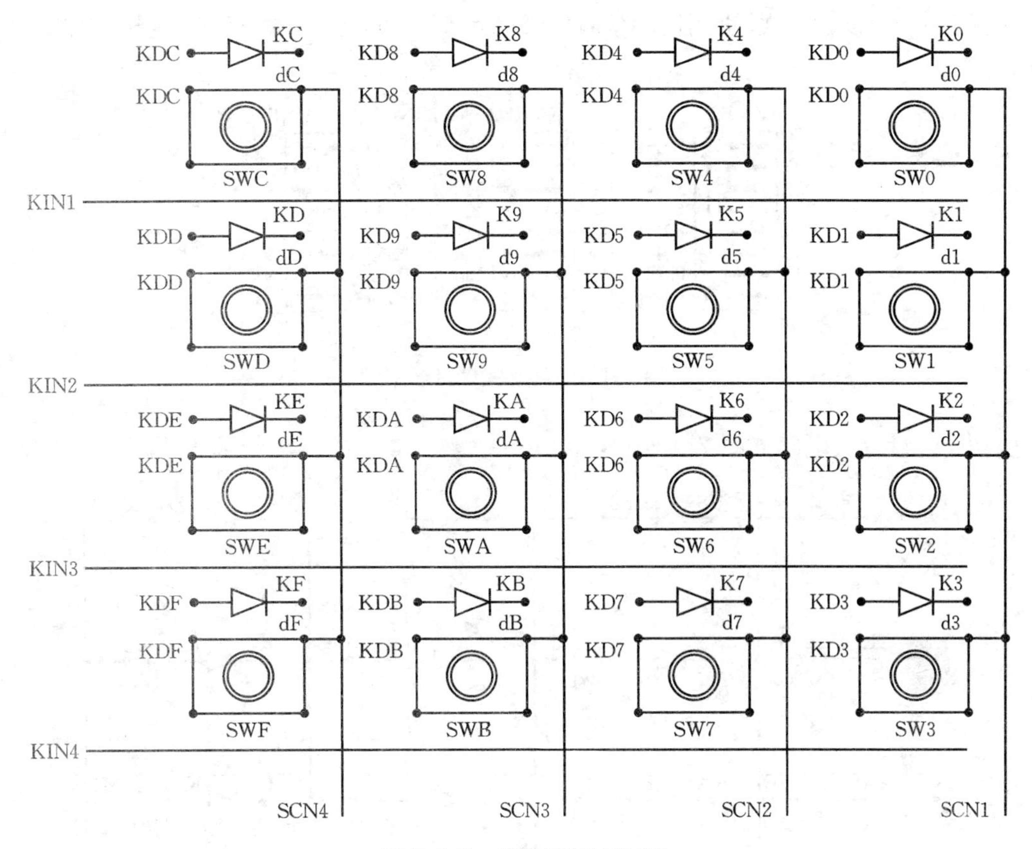

图 7.1.7 键盘平面布置图

键盘的电路连接图如图 7.1.8 所示。

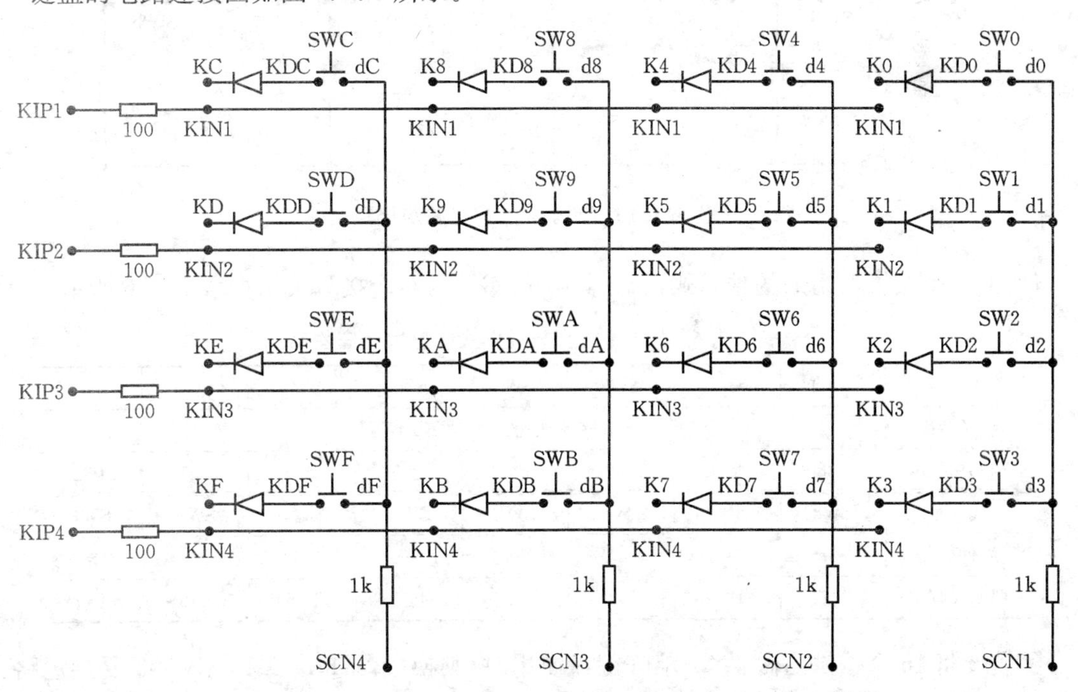

图 7.1.8 键盘电路连接图

①若要 16 个按键个别使用时，PKI1、PKI2、PKI3 都要接上短路夹，连接图如图 7.1.9 所示。

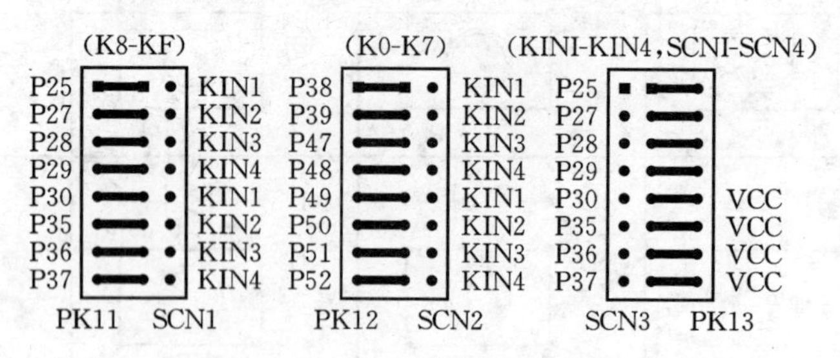

图 7.1.9　独立式键盘连接图

独立式键盘等效电路如图 7.1.10 所示。

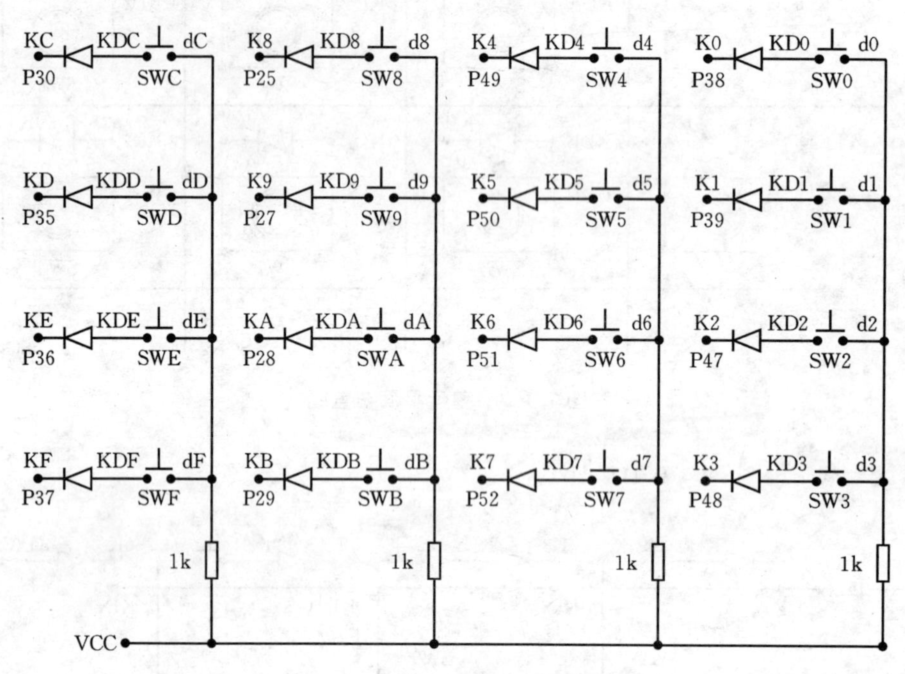

图 7.1.10　独立式键盘电路连接图

使用 16 个按键所组成的独立式键盘，其与 FPGA 的对应接脚关系如表 7.1.6 所示。

表 7.1.6　FPGA 接脚与独立式键盘的对应关系

代　号	SW0	SW1	SW2	SW3	SW4	SW5	SW6	SW7
组件名称	按钮式按键(K0-K7)							
FPGA 脚位	P38	P39	P47	P48	P49	P50	P51	P52
代　号	SW8	SW9	SWA	SWB	SWC	SWD	SWE	SWF
组件名称	按钮式按键(K8-KF)							
FPGA 脚位	P25	P27	P28	P29	P30	P35	P36	P37

②若要将 16 个按键当做 4×4 矩阵键盘使用时，则换成 SCN1、SCN2、SCN3 要接短路夹，连接图如图 7.1.11 所示。

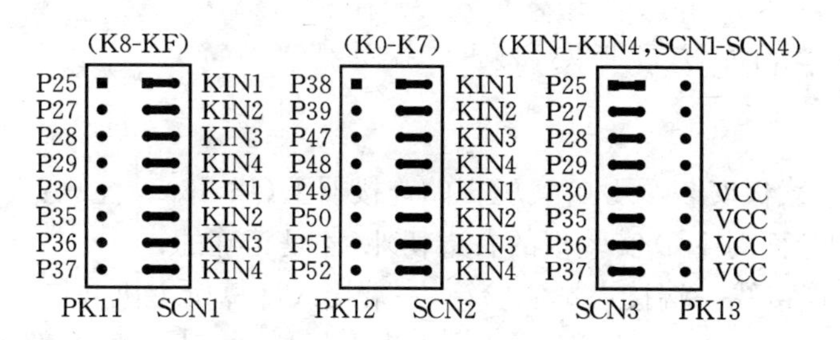

图 7.1.11 矩阵式键盘连接图

矩阵式键盘等效电路如图 7.1.12 所示。

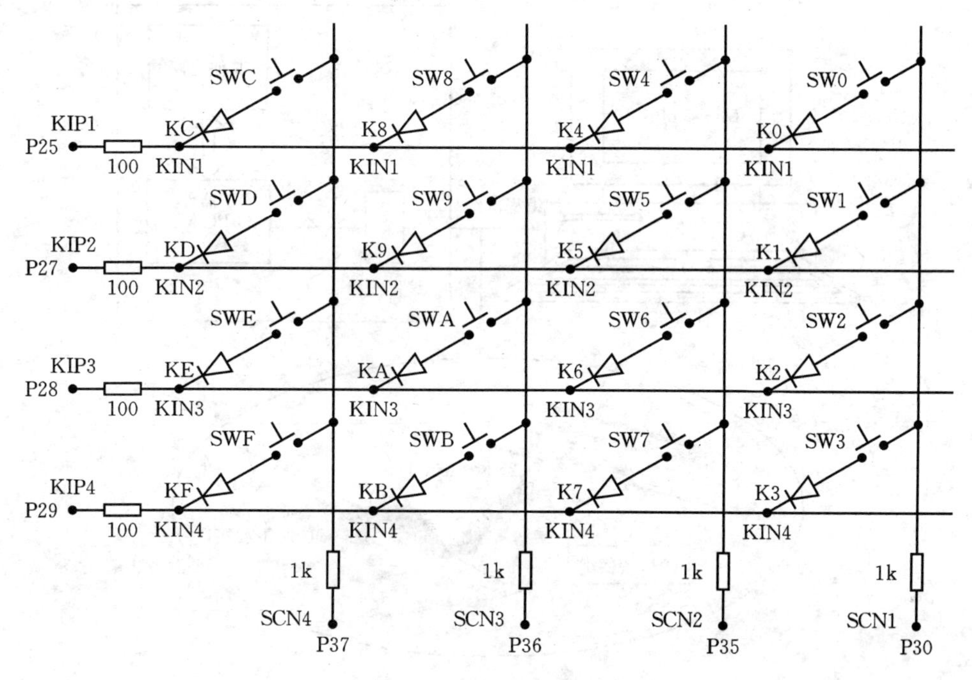

图 7.1.12 矩阵式键盘电路图

使用 16 个按键所组成的矩阵式键盘，其与 FPGA 的对应接脚关系如表 7.1.7 所示。

表 7.1.7 FPGA 接脚与矩阵式键盘的对应关系

FPGA 脚位	P25	P27	P28	P29	P30	P35	P36	P37
扫描时与之对应行列线名称	KIP1	KIP2	KIP3	KIP4	SCN1	SCN2	SCN3	SCN4

3) *扩充功能*

本实验箱上还预留了一些扩充功能，有：

(1) 外接实验线路：只要将 DIP 开关拿下来，即可从 S1、S2、S3 等处连接。

(2) 89C52 扩充脚座：本实验箱可使用户利用单片机 89C52 与 FPGA 搭配，使系统功能更加强大及完善。此脚座位于 FPGA 下载板的 U2 处。

(3) 可加配一些功能模块：如米字形显示器(脚座位于 JP21)、5×7 点矩阵显示器(脚座位于 JP22)、LCD 显示器(脚座位于 JP20)。

7.1.3　实验设备的连接及开发过程

1）设备连接

（1）将 FPGA 下载板安装至 I/O 实验板的连接器上(J2、J3)。注意:安装后的下载板,其上的 RS-232 接头必须是面对 I/O 实验板的右边朝外,才是正确的;

（2）将 RS-232 连接线一端接入本实验箱,一端接入计算机主机并口;

（3）将电源线一端接入本实验箱,一端接入供电插座,打开电源开关,电源指示灯将点亮。连接图如图 7.1.13 所示。

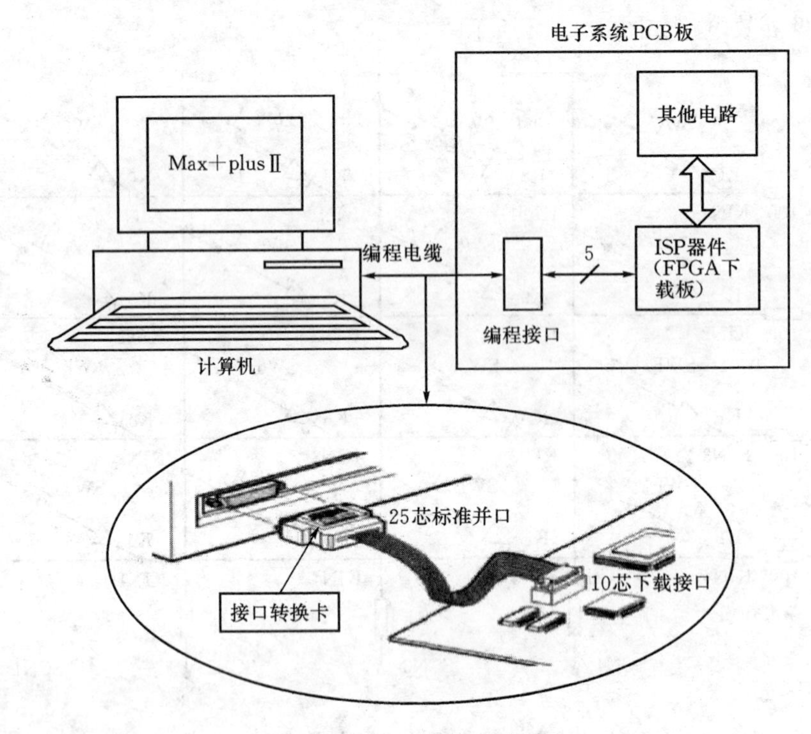

图 7.1.13　设备连接图

2）开发过程

（1）在个人计算机上安装 EDA 开发软件 Max＋plusII;

（2）设计者在计算机上将所设计电路以软件所要求的某种形式(如原理图或 HDL 语言)输入到软件当中,再利用该软件进行编译(综合、适配)及仿真;

（3）执行 Dnld10. exe 或 Dnld102. exe 程序,打开下载窗口,如图 7.1.14 所示。单击【Config】按钮将编译无误后所生成的网表文件加载到下载板中,下载无误则会依次出现图 7.1.15 中的 3 个提示界面,完毕后即可进行在线测试。

在图 7.1.14 当中,单击【Add】按钮,则可把选中的文件烧录保存于 SEEPROM 内,便于开机自动执行加载。

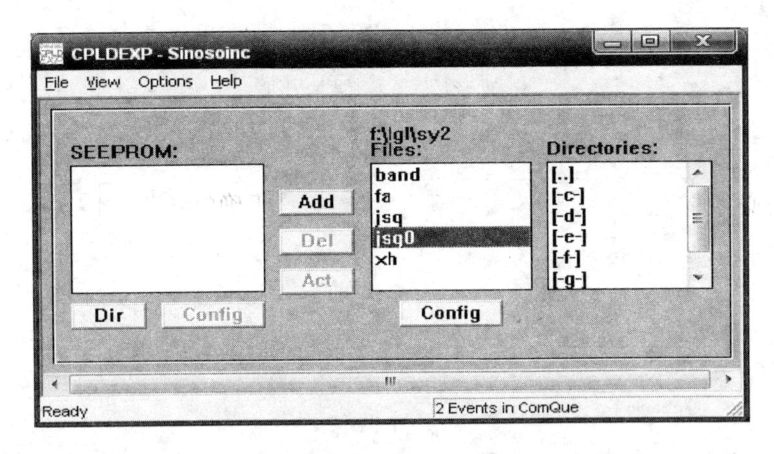

图 7.1.14　Dnld102 窗口

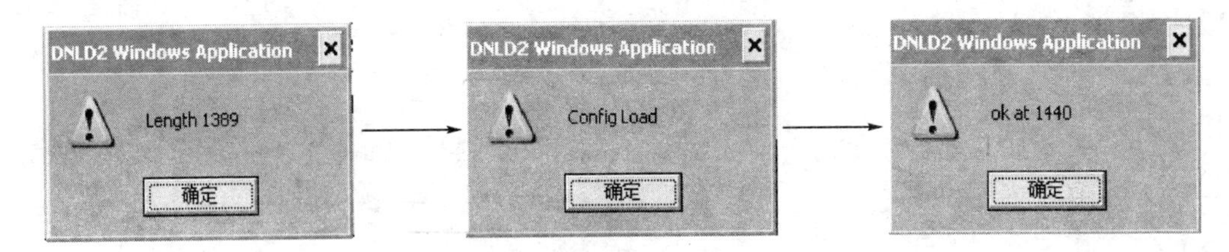

图 7.1.15　下载过程提示界面

7.1.4　实验箱的功能测试

要测试此实验箱的功能是否正常，可以通过如下步骤：

(1) 打开实验箱电源，激活 Dnld102 程序，其窗口如图 7.1.14；

点击【Dir】，出现已烧录在 SEEPROM 中的测试程序“0 test1 A * ”、“1 test2 A * ”。

(2) 执行“0 test1 A * ”可检查实验箱上的 6 位七段 LED 显示器及按钮式脉冲源 P84 是否正常；执行“1 test2 A * ”可检查 16 位 DIP 及 16 位 LED 显示器是否正常。

7.1.5　FLEX10K 系列器件简介

FLEX10K 是工业界第一个嵌入式的 PLD，具有高密度、低成本、低功耗等特点，已成为当今 Altera CPLD 中应用前景最好的器件系列之一。到目前为止，已经推出了 FLEX10K、FLEX10KA、FLEX10KV、FLEX10KE 等分支系列。其集成度已达到 250 000 门。

1) FLEX10K 系列器件性能介绍

表 7.1.8 列出了 FLEX10K 系列典型器件的性能对照。

2) ALTERA 器件的命名

本实验所用目标芯片为 EPF10K10LC84-4。这里的 EPF10K10LC84-4 表示所属器件系列是 EPF，器件类型是 10K10，封装形式为 L：Plastic J-lead chip carrier(PLCC)，工作温度为 C：民用品温度(0～70 ℃)，引脚数为 84，速度等级为 4。

表 7.1.8　FLEX10K 系列典型器件性能对照表

特　性	10K10 EPF10K10	EPF10K20	EPF10K30 EPF10K30 A	EPF10K50 EPF10K50 V	0 EPF10K10	EPF10 K130V	EPF10 K250A
器件门数	31 000	63 000	69 000	116 000	158 000	211 000	310 000
典型可用门数	10 000	20 000	30 000	50 000	100 000	130 000	250 000
逻辑单元数(LE)	576	1 152	1 728	2 880	4 992	6 656	12 160
逻辑阵列块数(LAB)	72	144	216	360	624	832	1 520
嵌入式阵列块数(EAB)	3	6	6	10	12	16	20
总 RAM 位数	6 144	12 288	20 480	24 576	32 768	40 960	
最大用户 I/O 引脚	150	180	246	310	406	470	470

7.2　Aquila-M250 型 FPGA 实验系统

Aquila_M250 型 FPGA 实验系统是一套多功能、高配置、高品质的用于学习 FPGA 设计开发技术，培养动手实践能力的通用硬件平台。

Aquila_M250 型 FPGA 开发板使用 25 万门的 Spartan-3E(XC3S250E)芯片，Spartan-3E 系列 FPGA 芯片提供了低成本数字系统平台，采用 90nm 工艺，最大可以提供 1.6M 个系统门，376 个用户 I/O，是目前工业界性价比最高的 FPGA 芯片。

7.2.1　实验箱外观

该实验系统的资源如图 7.2.1 所示，包括 Xilinx XC3S250E-4 /-5 FPGA、Xilinx XCF02S/04S Platform Flash 、PC-3 型 JTAG 调试下载电缆 1 根(长度 1 m)、16M SPI Flash(可选)、32K SRAM(可选)、50M 晶体振荡器、串口线 1 根、5VDC 开关电源适配器 1 只(长度 1.5 m)、接口:电源输入(+5VDC)、标准串口、标准 VGA 口、4 位数码管、4 位Push-Button、8 位 Switch-Button、8 个 LED 灯、PS/2 接口、JTAG 口、SPI Flash 下载口、用户自定义接口(28 脚)。

图 7.2.1　Aquila_M250 FPGA 实验系统外观

7.2.2　部件及使用说明

1) 部件位置及其标识

Aquila_M250 板部件位置及其标识如图 7.2.2 所示。

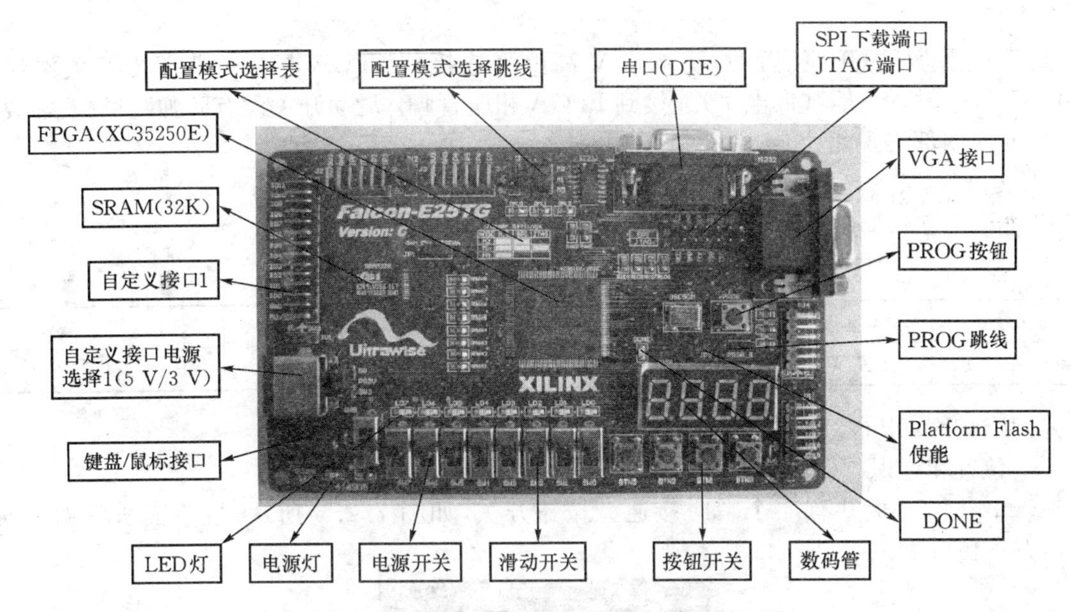

图 7.2.2 Aquila_M250 板部件位置及其标识

2) 滑动开关

(1) 位置和标识

滑动开关位于面板的左下部,SW0 从右侧开始。其外观如图 7.2.3 所示。

图 7.2.3 滑动开关及其标识

(2) 原理图

滑动开关原理图如图 7.2.4 所示。

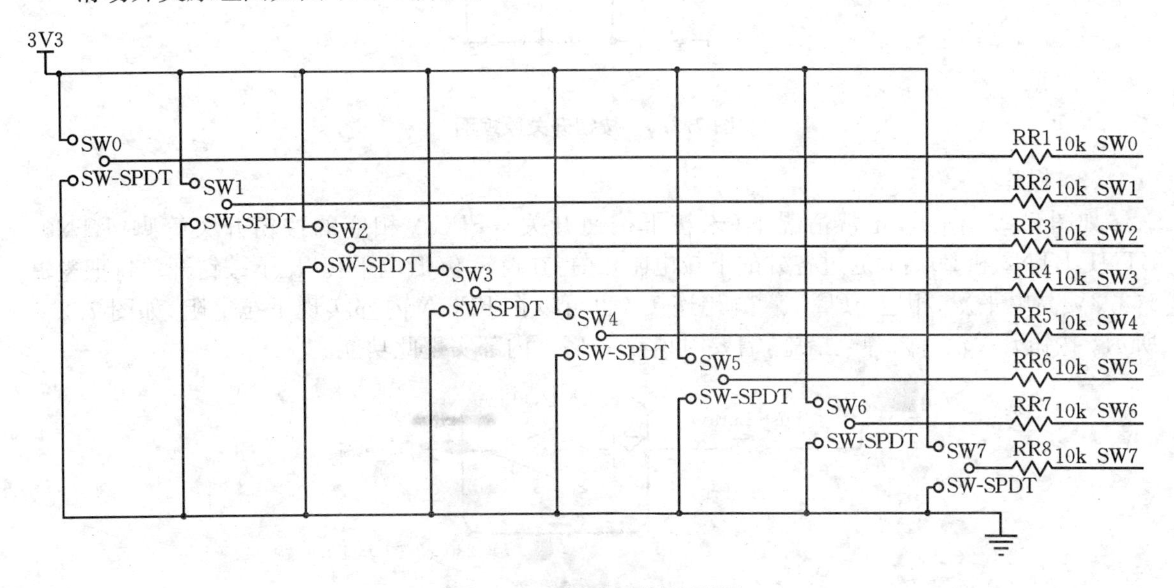

图 7.2.4 滑动开关原理图

(3) 操作

当开关滑动至“UP”位置时，将 3.3 V 高电平连接到 FPGA 相应管脚。当开关滑动至“DOWN”位置时，将“地”(低电平)连接到 FPGA 相应管脚。滑动开关没有防弹跳措施，需要时请在 FPGA 内部实现此功能。

(4) 引脚定义

滑动开关与 FPGA 芯片的引脚对应关系如表 7.2.1 所示。

表 7.2.1　滑动开关引脚定义表

代号	SW0	SW1	SW2	SW3	SW4	SW5	SW6	SW7
FPGA 脚位	P47	P41	P18	P12	P10	P6	P141	P136

3) 按钮开关(Push-Button Switches)

(1) 位置和标识

Aquila_M250 板共有 4 个瞬时接通型按钮开关，如图 7.2.5 所示，位于面板的右下部，BTN0 从右侧开始。

图 7.2.5　按钮开关及其标识

(2) 原理图

按钮开关原理图如图 7.2.6 所示。

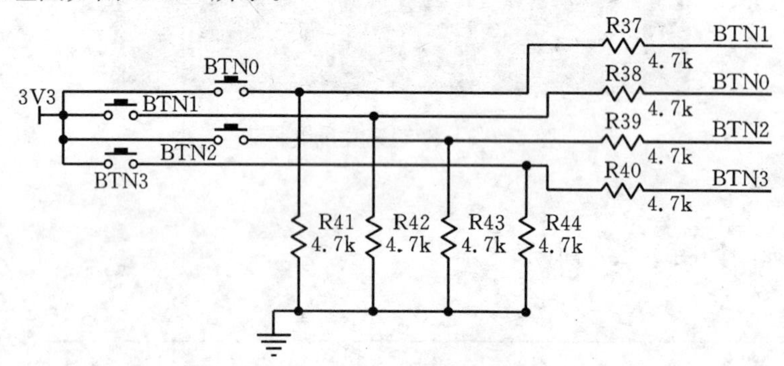

图 7.2.6　按钮开关原理图

(3) 操作

如图 7.2.7 所示，正常情况下(未按下按钮开关)，FPGA 相应的按钮开关管脚(BTN0、BTN1、BTN2 和 BTN3)通过各处的下拉电阻，保持在逻辑 0(低电平)。压下按钮开关将把逻辑 1(3.3V 高电平)与相应 FPGA 管脚相连接。也可以在 FPGA 内部实现下拉电阻，如图 7.2.7 所示。按钮开关没有防弹跳措施，需要时请在 FPGA 内部实现此功能。

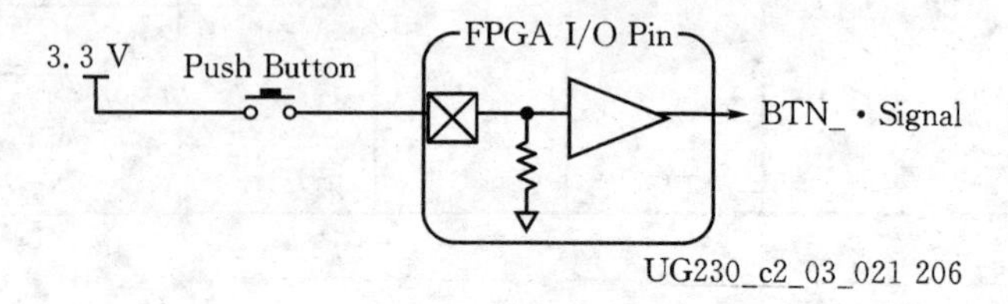

图 7.2.7　在 FPGA 内部实现管脚的下拉功能

(4) 引脚定义

按钮开关与 FPGA 芯片的引脚对应关系如表 7.2.2 所示。

表 7.2.2 按钮开关引脚定义表

代号	BTN0	BTN1	BTN2	BTN3
FPGA 脚位	P38	P36	P29	P24

4) LED 灯

(1) 位置和标识

Aquila_M250 板共有 8 个 LED 灯，如图 7.2.8 所示。LED 灯位于面板的左下部，滑动开关之上，LD0 从右侧开始。

图 7.2.8 LED 灯的位置及其标识

(2) 原理图

LED 灯的原理图如图 7.2.9 所示。

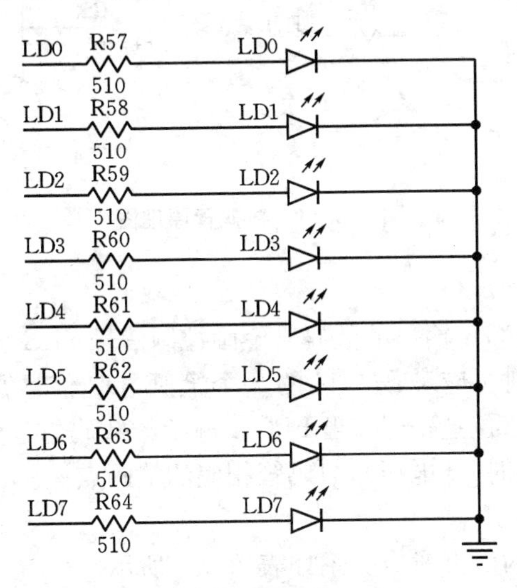

图 7.2.9 LED 灯原理图

(3) 操作

8 个 LED 灯的负极接地，另一端通过一个电阻接到 FPGA 相应管脚(LD0～LD7)。当 FPGA输出高电平时，LED 灯点亮。当 FPGA 输出低电平时，LED 灯熄灭。

(4) 引脚定义

LED 灯与 FPGA 芯片的引脚对应关系如表 7.2.3 所示。

表 7.2.3 LED 灯引脚定义表

代号	LED0	LED1	LED2	LED3	LED4	LED5	LED6	LED7
FPGA 脚位	P5	P4	P3	P2	P142	P140	P139	P135

5）数码管

（1）位置和标识

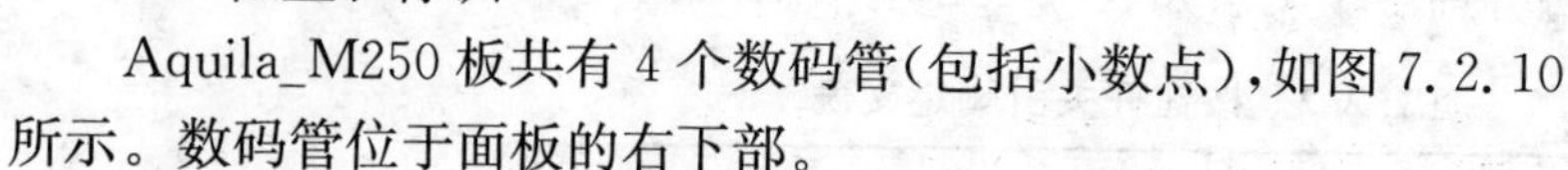

Aquila_M250 板共有 4 个数码管（包括小数点），如图 7.2.10 所示。数码管位于面板的右下部。

图 7.2.10　数码管位置和标识

（2）原理图

数码管的原理图如图 7.2.11 所示。

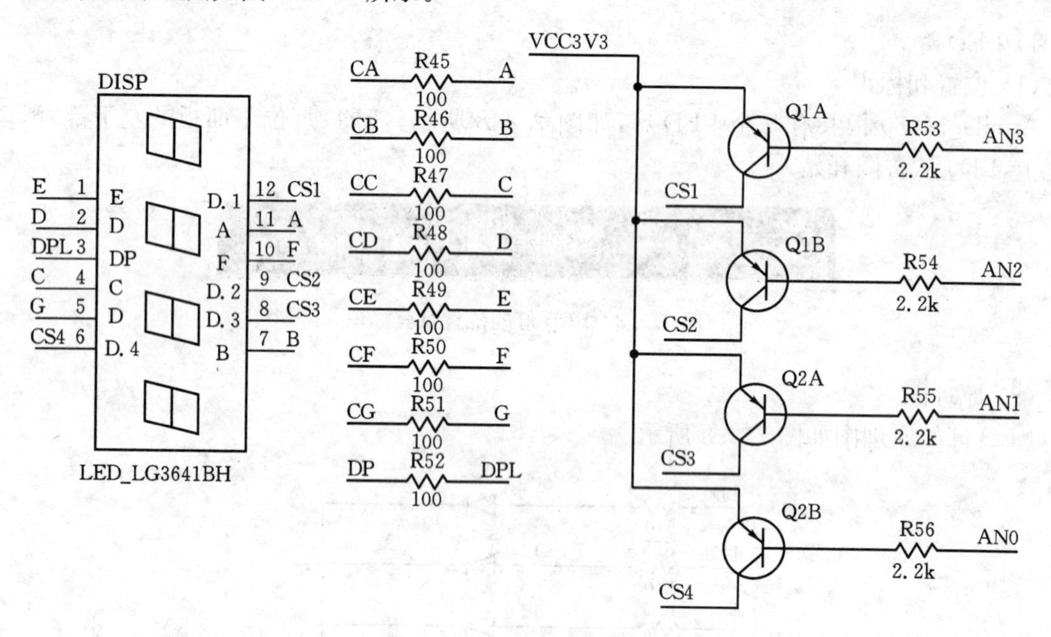

图 7.2.11　数码管原理图

（3）操作

数码管是共阳极的。FPGA 输出的数码管笔画控制信号 SEG0～SEG6 对应七段数码管的 A～G 信号，A～G 信号分别对应数码“日”的 7 个笔画，DP 信号是小数点控制信号，AN0～AN3 是 FPGA 输出的数码管位选信号。当 FPGA 输出的数码管位选信号有效（低电平），并且数码管控制信号 A～G 有效时（低电压），数码管相应的笔画点亮。

（4）引脚定义

LED 灯与 FPGA 芯片的引脚对应关系如表 7.2.4 所示。

表 7.2.4　LED 灯引脚定义表

代号	SEG0	SEG1	SEG2	SEG3	SEG4	SEG5	SEG6	DP
FPGA 脚位	P22	P26	P20	P14	P7	P21	P15	P16

代号	AN0	AN1	AN2	AN3
FPGA 脚位	P23	P25	P17	P8

6）VGA 接口

（1）位置和标识

Aquila_M250 板有 1 个标准 3 排 15 针 VGA 接口，如图7.2.12 所示。VGA 接口位于面板的右侧。

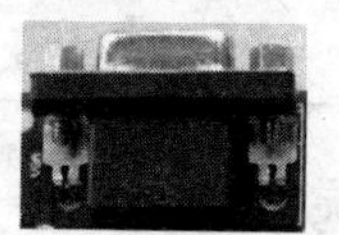

图 7.2.12　VGA 接口位置和标识

(2) 原理图

VGA 接口的原理图如图 7.2.13 所示。

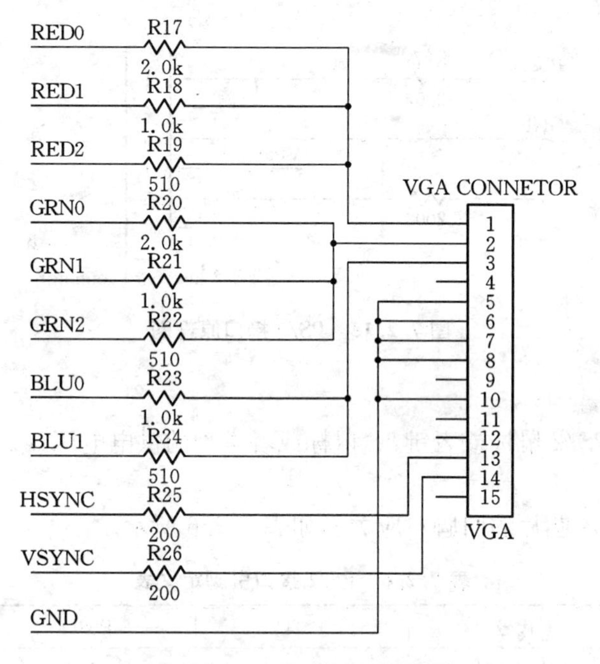

图 7.2.13 VGA 接口原理图

(3) 操作

FPGA 共提供了 8 个信号控制 VGA 的 RGB 输出，可以显示 256 种颜色。HSYNC 和 VSYNC 分别是水平同步信号和垂直同步信号。

(4) 引脚定义

VGA 与 FPGA 芯片的引脚对应关系如表 7.2.5 所示。

表 7.2.5 VGA 引脚定义表

代号	VGAGREEN0	VGAGREEN1	VGAGREEN2	VGABLUE0	VGABLUE1
FPGA 脚位	P81	P77	P76	P75	P74
代号	VGARED0	VGARED1	VGARED2	VSYNC	HSYNC
FPGA 脚位	P85	P83	P82	P59	P58

7) PS/2 接口

(1) 位置和标识

PS/2 接口位置和标识如图 7.2.14 所示。

图 7.2.14 PS/2 接口位置和标识

(2) 原理图

PS/2 接口原理图如图 7.2.15 所示。

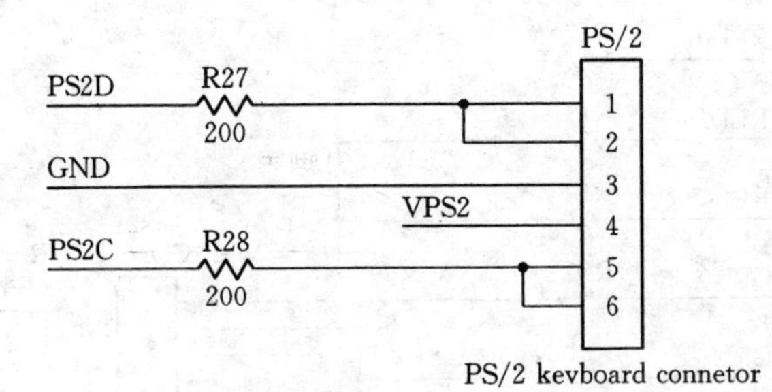

图 7.2.15　PS/2 接口原理图

(3) 操作

可以使用标准的 PS/2 鼠标或者键盘,鼠标或者键盘的供电电压 3.3 V 或者 5 V 可选。

(4) 引脚定义

PS/2 接口与 FPGA 芯片的引脚对应关系如表 7.2.6 所示。

表 7.2.6　PS/2 接口引脚定义表

代号	PS2C	PS2D
FPGA 脚位	P132	P132

8) RS232 串口

(1) 位置和标识

RS232 串行接口位置和标识如图 7.2.16 所示。

图 7.2.16　RS232 串行接口位置和标识

(2) 原理图

RS232 串行接口原理图如图 7.2.17 所示。

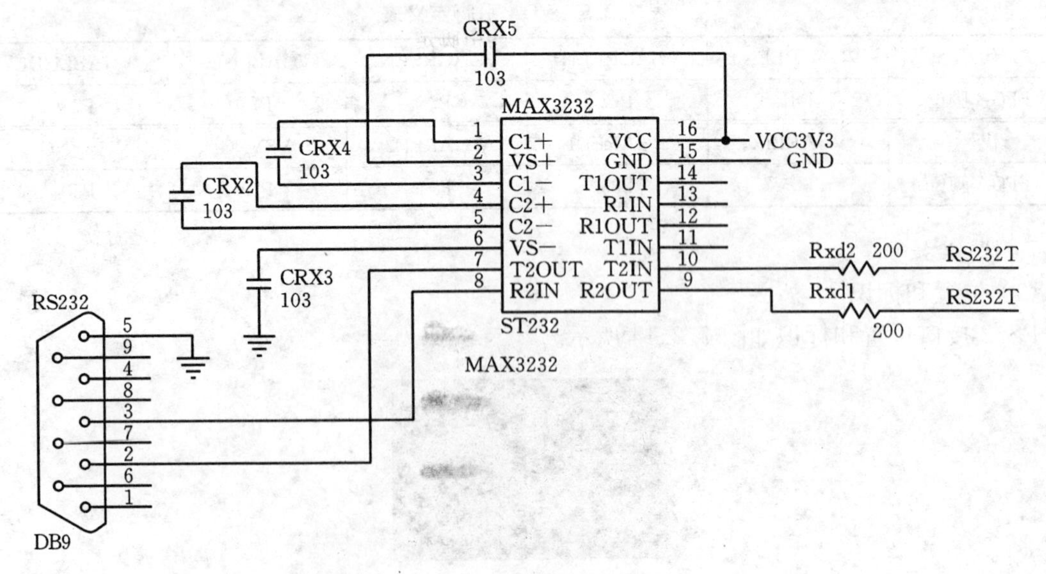

图 7.2.17　RS232 串行接口原理图

(3) 操作

使用串口通信时,要注意波特率的选择,否则会出现乱码现象。

(4) 引脚定义

RS232 串行接口与 FPGA 芯片的引脚对应关系如表 7.2.7 所示。

表 7.2.7　LED 灯引脚定义表

代号	rs232_rx	rs232_tx
FPGA 脚位	P78	P86

9) 振荡器

(1) 位置和标识

振荡器位置和标识如图 7.2.18 所示。

(2) 原理图

振荡器原理图如图 7.2.19 所示。

图 7.2.18　振荡器位置和标识

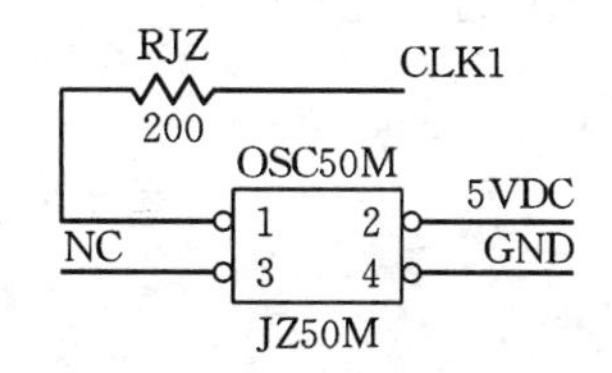

图 7.2.19　振荡器原理图

(3) 操作

时钟源使用的是 1 个 50 MHz 的石英晶体振荡器,提供 FPGA 内部工作,其他的频率和相信的时钟可以通过 FPGA 内部的 DCM 变换得到。

(4) 引脚定义

振荡器与 FPGA 芯片的引脚对应关系如表 7.2.8 所示。

表 7.2.8　振荡器引脚定义表

代号	CLK
FPGA 脚位	P54

10) SRAM

(1) 位置和标识

SRAM 位置和标识如图 7.2.20 所示。

图 7.2.20　SRAM 位置和标识

(2) 原理图

SRAM 原理图如图 7.2.21 所示。

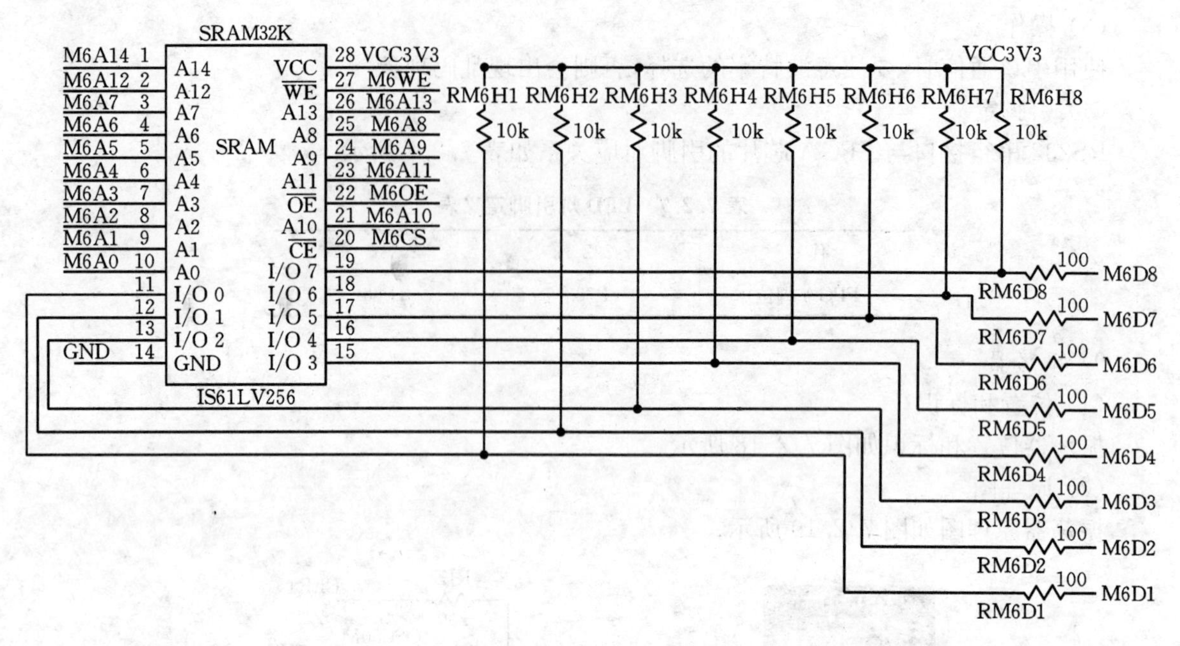

图 7.2.21 SRAM 原理图

(3) 操作

扩展版本的开发平台提供 1 片 32K 的 SRAM 存储器，用户可以自行编程使用。

(4) 引脚定义

SRAM 与 FPGA 芯片的引脚对应关系如表 7.2.9 所示。

表 7.2.9 SRAM 引脚定义表

代号	M6A0	M6A1	M6A2	M6A3	M6A4	M6A5	M6A6	M6A7
FPGA 脚位	P129	P130	P131	P106	P105	P103	P1103	P198
代号	M6A8	M6A9	M6A10	M6A11	M6A12	M6A13	M6A14	
FPGA 脚位	P92	P91	P112	P88	P97	P93	P96	
代号	M6D1	M6D2	M6D3	M6D4	M6D5	M6D6	M6D7	M6D8
FPGA 脚位	P128	P126	P125	P124	P123	P122	P117	P116
代号	M6CS	M6WE	M6OE					
FPGA 脚位	P113	P94	P87					

参考文献

[1] 常晓明. Verilog-HDL 工程实践入门. 北京:北京航空工业出版社,2005

[2] 阎石. 数字电子技术基础. 北京:高等教育出版社,2006

[3] 袁俊泉. Verilog HDL 数字系统设计及其应用. 西安:西安电子科技大学出版社,2002

[4] 侯伯亨. 现代数字系统设计. 西安:西安电子科技大学出版社,2004

[5] 杜玉远,李景华. 数字系统设计实验教程. 沈阳:东北大学出版社,2004

[6] 王金明. 数字系统设计与 Verilog HDL. 第四版. 北京:电子工业出版社,2011